"十四五"时期国家重点出版物出版专项规划项目
新能源先进技术研究与应用系列

新型储能多场景应用与价值评估

Multil-Scenario Application and Value
Evaluation of New Energy Storage

孙伟卿　李宏仲　王海冰　著

哈尔滨工业大学出版社
HARBIN INSTITUTE OF TECHNOLOGY PRESS

内 容 简 介

"3060"双碳目标背景下,我国正积极构建以新能源为主体的新型电力系统。由于新能源出力的间歇性、波动性与随机性,以及新能源发电与负荷用电在时间和空间维度上的不匹配问题,储能技术已成为公认的支撑新型电力系统建设的关键技术之一。本书由浅入深,分5篇介绍新型储能应用领域的最新研究成果。第1篇介绍各类储能技术的最新发展现状,详细阐述储能在电力系统各环节的应用模式;第2篇介绍管制市场和自由市场环境下储能与电源和电网的联合投资决策方法;第3篇从新能源消纳、电网设施替代、系统灵活性提升等不同角度,研究储能规划配置方法;第4篇结合电力市场的建设,研究市场化环境下储能与用户侧技术相结合后的配置、运行策略;第5篇针对储能的价值回报问题,提出基于系统价值评估理论的储能价值评估方法,并基于该方法开展储-输多阶段联合规划研究。本书内容丰富、视野广阔,结合了储能行业最新发展现状与作者科研团队最新研究成果,无论是对初步接触储能应用技术的学生,还是对具有一定知识积累的专业技术人员,都具有较高的参考价值。

本书既是储能技术应用领域的学术著作,又可作为电气工程及其自动化、储能科学与工程、新能源科学与工程等专业本科高年级学生或研究生学习用书。

图书在版编目(CIP)数据

新型储能多场景应用与价值评估/孙伟卿,李宏仲,
王海冰著.—哈尔滨:哈尔滨工业大学出版社,2023.10
(新能源先进技术研究与应用系列)
ISBN 978-7-5767-0655-0

Ⅰ.①新… Ⅱ.①孙…②李…③王… Ⅲ.①储能—研究 Ⅳ.①TK02

中国国家版本馆 CIP 数据核字(2023)第 032660 号

策划编辑 王桂芝
责任编辑 马毓聪 宋晓翠
出版发行 哈尔滨工业大学出版社
社　　址 哈尔滨市南岗区复华四道街 10 号　邮编 150006
传　　真 0451-86414749
网　　址 http://hitpress.hit.edu.cn
印　　刷 黑龙江艺德印刷有限责任公司
开　　本 787 mm×1 092 mm　1/16　印张 16.75　字数 408 千字
版　　次 2023 年 10 月第 1 版　2023 年 10 月第 1 次印刷
书　　号 ISBN 978-7-5767-0655-0
定　　价 89.00 元

前　　言

新型储能通常是指除抽水蓄能以外的新型储能技术,包括新型锂离子电池、液流电池、飞轮、压缩空气、氢(氨)储能、热(冷)储能等。新型储能单站体量可大可小,环境适应性强,能够灵活部署于电源、电网和用户侧等各类应用场景,可以作为抽水蓄能的增量补充。自2017年9月,国家发展改革委等五部委联合发布《关于促进储能技术与产业发展的指导意见》(发改能源〔2017〕1701号)以来,储能产业得到快速发展。2020年9月,我国政府提出"力争2030年前实现碳达峰,2060年前实现碳中和"(简称"双碳")目标,我国加快建设以新能源为主体的新型电力系统。以风电和光伏为代表的新能源出力具有间歇性、波动性和随机性,导致电能生产和消费的实时平衡难度日益加大、电能时空错配加剧、电网安全稳定运行受到挑战。面对这一问题,通过配置储能以提升新能源消纳能力、改善用电质量、维持电网稳定,已经成为行业内的共识。

面向"双碳"宏伟目标,出现巨大的专业人才缺口,加强储能领域的专业技术人员培养迫在眉睫。2020年9月,全国首个"储能科学与工程"专业由西安交通大学开设。至本书出版时,全国共有包括北京科技大学、华北电力大学、哈尔滨工业大学、上海理工大学在内共计60余所院校开设了"储能科学与工程"本科专业。2022年4月,教育部印发《加强碳达峰碳中和高等教育人才培养体系建设工作方案》(教高函〔2022〕3号),要求加快传统能源动力类、电气类、交通运输类和建筑类等重点领域专业人才培养转型升级,针对专业紧缺人才的培养,提出了加快储能和氢能相关学科专业建设的要求。为了实现大规模可再生能源的消纳目标,需要推动高校加快储能和氢能领域人才培养,以满足大容量、长周期的储能需求,并实现全链条的覆盖。

本书共分5篇14章,分别讲述了储能技术发展现状、储能在电力系统各环节的应用、储能在不同市场环境下的投资决策、满足不同需求场景的储能规划配置、储能与用户侧相结合参与电力市场的机制与方式、储能的系统价值评估理论和方法等。全书内容涵盖了新型储能的技术原理、应用场景、配置方法、控制策略、价值评估等多个领域,有助于本专业领域的学生或工程人员快速掌握新型储能在新型电力系统建设中的作用与地位。

本书是作者在国家自然科学基金(51777126)、江苏省储能变流及应用工程技术研究中心实验室基金(NYN51201801326、NYN51202101352)等科研项目的支持下,基于所取得成果撰写而成的。上海理工大学博士研究生田坤鹏、杨策,硕士研究生向威、裴亮、宋赫、罗静、张婕、刘唯、郑钰琦、刘晓楠、幸伟、陈涵冰、宫瑶、王思成,为本书的撰写及修改工作提供了大力支持,在此一并表示感谢。另外,本书在撰写过程中参阅了相关文献和书籍,同时也向这些作者致以诚挚的谢意!

　　由于作者水平有限,在理论和技术方面还有很多不足,还未能将更多的国内外最新成果涵盖其中,衷心希望广大读者批评指正!作者将努力在后续的工作中对本书做进一步完善。

作　者

2023 年 8 月

目　　录

第3篇　储能规划配置专题

第4篇　储能参与电力市场专题

第 5 篇　储能的系统价值评估专题

第1篇 支撑新型电力系统建设的储能技术

第1章 储能技术发展现状

1.1 电化学储能技术

1.1.1 锂离子电池

"十三五"期间,电化学储能技术驶入发展快车道,储能产业也进入由示范应用转变为商业应用的转型期。中国能源研究会储能专委会中关村储能产业技术联盟(CNESA)发布的《储能产业研究白皮书2021(摘要版)》显示,根据不完全统计,截至2020年底,全球已投运的储能项目累计装机规模已达191.1 GW,同比增长3.4%。其中,电化学储能和锂离子电池的累计装机规模均首次突破10 GW大关。该报告指出,2020年电化学储能的累计装机容量仅次于抽水蓄能,为14.2 GW,其中锂离子电池的累计装机规模最大,为13.1 GW。2015—2020年,锂离子电池特别是磷酸铁锂电池,在系统稳定性、能量密度、生产成本、市场发展路径等方面是性价比最高的技术方向,2021年磷酸铁锂电池已达到1.5元/(W·h)的系统成本,储能经济性的拐点已经出现。随电池生产成本和储能装置成本的逐步下降,庞大潜在市场将被逐步打开。由此可见,目前锂离子电池产业是电化学储能领域最具发展潜力的产业。

中研普华产业研究院《2022—2027年储能锂离子电池市场投资前景分析及供需格局研究预测报告》显示:2021年我国锂离子电池产量324 GW·h,同比增长106%,其中消费、动力、储能型锂离子电池产量分别为72 GW·h、220 GW·h、32 GW·h,分别同比增长18%、165%、146%。锂离子电池四大关键材料产量增长迅猛,据研究机构测算,正极材料、隔膜、电解液产量增幅接近100%。锂离子电池全行业总产值突破6 000亿元。随着锂离子电池制造成本的不断降低,从全生命周期综合成本角度看锂离子电池已经具备成本优势,截至2021年底,我国电化学储能新装项目中有88%以上是锂离子电池。目前,锂离子电池储能已经成为电化学储能的主流发展方向。

锂离子电池主要由正极、负极、电解液和隔膜四大部件组成,如图1.1所示,一般锂离子电池的组成部分包括含有易于分离的锂离子的正极和负极,用于润泡正负极的电解液,在正负极之间给锂离子提供流动通道的隔膜。锂离子通过隔膜的过程会导致锂离子电池的充电和放电。

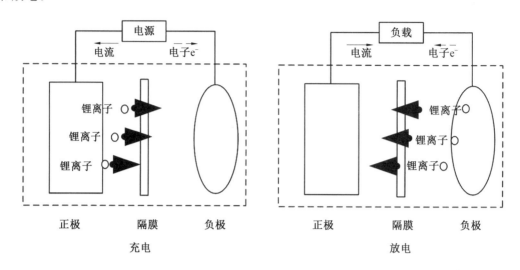

图 1.1　锂离子电池内部结构及工作原理图

在众多储能设备中,锂离子电池以自身具有的比能量较高,工作电压高,循环使用寿命长,自放电小,清洁无污染,加工灵活性较好等诸多优点,成为储能领域最有应用前景的储能设备。锂离子电池比能量较高主要体现在其比能量是镍镉电池的 2 倍以上,是铅酸电池的 4 倍,即同样储能能力条件下其体积仅是镍镉电池的一半。因此,便携式电子设备使用锂离子电池可以使其小型轻量化;工作电压高是指一般单体锂离子电池的电压约为 3.6 V,有些甚至可达到 4 V 以上,是镍镉电池和镍氢电池的 3 倍,铅酸电池的 2 倍;循环使用寿命长表现在锂离子电池 80%DOD(放电深度)充放电可达 1 200 次以上,远远高于其他电池,具有长期使用的经济性;自放电小是指锂离子电池一般月均放电率 10% 以下,不到镍镉电池和镍氢电池的一半。当然,锂离子电池也有一些待解决的问题,例如锂离子电池内部电阻较高,工作电压变化较大,部分电极材料的价格较高,充电时需要保护电路防止过充等。

2021 年新型储能的累计装机规模仅为 25.4 GW,同比增长 67.7%,其中,锂离子电池占据绝对主导地位,市场份额超过 90%。在基础研究方面,新的突破主要有复旦大学研制出的可以编织到纺织品中的新型纤维聚合物锂离子电池,以及中国科学院物理研究所通过溶解气体 CO_2 作为界面形成添加剂,在保证盐包水电解质的宽电化学稳定性窗口的前提下,减少了锂盐浓度带来的高成本问题。在关键技术方面,新的突破主要包括快充技术和半固态电池技术,快充技术主要有蜂巢能源宣称通过革新锂离子电池正负极、电解液等关键材料,可实现充电 10 min,续航 400 km;在半固态电池研发方面,蔚来发布了基于原位固态化技术的 150 kW·h 的动力锂离子电池技术,电芯能量密度达 360 W·h/kg 以上,使得搭载该电池的 ET7 轿车单次充电续航达到 1 000 km 以上。在集成示范方面,宁德时代在晋江建设的 36 MW/108 MW·h 基于锂补偿技术的磷酸铁锂储能电池寿命达到 1 万次,在福建省调频和调峰应用方面取得了较好的应用效果。蔚来发布了三元正极与磷酸铁锂电芯混合排布的新电池包(75 kW·h),构成双体系电池系统,可实现低温续航损失降低 25%,也有望未来用于规模储能系统。

1.1.2　铅酸蓄电池

近年来,我国铅酸蓄电池产量较为稳定,均维持在 20 000 万 kV·Ah 以上,如图 1.2 所示。根据工业和信息化部数据,2020 年,全国电池制造业主要产品中,锂离子电池产量约 188.5 亿只,同比增长 14.4%;铅酸蓄电池产量约 22 735.6 万 kV·Ah,同比增长12.28%。在全球市场范围内,铅酸蓄电池与锂离子电池同时在二次电池中占据着主导地位,预计整体市场需求量将持续增长。

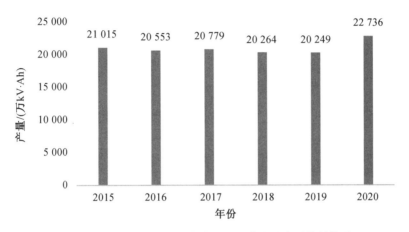

图 1.2　2015—2020 年中国铅酸蓄电池产量统计情况

"十四五"期间,铅酸蓄电池行业高质量发展对培育内生动力提出更高要求,在政策的驱动下,铅酸蓄电池行业格局持续优化,产业结构升级使得龙头优势更加明显,行业集中度有望加速提升。目前,铅酸蓄电池产业已是我国国民经济的重要组成部分,与工业、交通、通信、金融、国防军工、航海航天、新能源储能和人民日常生活等方面的发展与利益密切相关,在经济和国防建设事业中发挥了不可或缺的重要作用。在我国铅酸蓄动力电池市场规模持续稳定增长的背景下,结合国内锂离子电池对铅酸蓄电池替代情况,如图 1.3 所示,保守估计"十四五"期间我国铅酸蓄电池产量将以 2% 的年复合增长率低速增长,到 2026 年达到 25 604 万 kV·Ah。

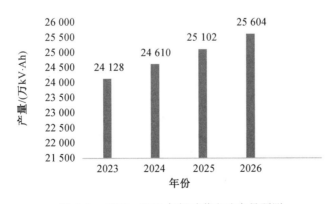

图 1.3　2023—2026 年铅酸蓄电池产量预测

铅酸蓄电池，又称铅蓄电池，是蓄电池的一种，是指电极主要由铅及其氧化物制成、电解液是硫酸溶液的一种蓄电池。铅酸蓄电池产业链上游为铅酸蓄电池原材料市场。铅酸蓄电池在生产过程中，主要使用铅及铅制品（包括铅、铅合金、极板、端子），用于电池壳、隔板、板栅等制造的塑料（玻璃纤维、PP 材料、ABS 材料等），以及硫酸等原材料，其中铅及铅制品成本占铅酸蓄电池生产成本的 $60\%\sim70\%$。铅酸蓄电池产业链下游为铅酸蓄电池应用领域，目前铅酸蓄电池下游应用领域众多，分布在交通工具、电力系统、通信设备、工业设备、国防军工、后备电源等众多领域。在全球市场范围内，铅酸蓄电池在启动电池领域的地位无可替代，主要核心优势包括技术成熟、成本低、安全可靠，但是放电功率较低，寿命较短。

铅蓄电池的研发主要集中于铅炭电池，通过在负极添加高活性的碳材料，可以有效抑制部分荷电态下由负极硫酸盐化引起的容量快速衰减，并可以提高电池的快速充放电能力。在基础研究方面，目前研究主要包括碳材料对负极活性物质的作用机理、电化学效应、结构特性，碳添加于负极活性物质的工艺，高倍率部分荷电态性能等方面。中国科学院福建物质结构研究所陈远强分别采用聚吡咯（PPY）/炭黑（CB）复合材料和聚苯胺/木素复合膨胀剂，以改善负极析氢问题及不可逆"硫酸盐化"问题，显著提高了铅酸蓄电池的循环寿命，其中采用聚吡咯/炭黑复合材料的电池循环寿命可达 7 578 次，比对照组的电池（负极只添加 CB）提高了约 109%。在关键技术方面，近来的研究主要聚焦于铅炭储能系统集成技术及智能管理技术，突破了充放电智能管理技术，使电池运行在合理的区间内，并延长系统使用寿命。在集成示范方面，2021 年，中国铁塔和中国联通通过公开招标，分别采购了 1.097 GW•h 和 1.089 GW•h 铅炭电池。2020 年并网的雉城（金陵变）12 MW/48 MW•h 铅炭储能项目已实现正式运行。

1.1.3　钠离子电池

"锂电的性能，铅酸的价格"，曾经有一名电池专家如此形容钠离子电池。在诸多新技术中，钠离子电池最受青睐。钠离子电池的工作原理与锂离子电池类似，是利用钠离子在正负极之间的嵌脱过程实现充放电的。充电时，Na^+ 从正极脱出经过电解质嵌入负极，同时电子的补偿电荷经外电路供给到负极，保证正负极电荷平衡。放电时则相反，Na^+ 从负极脱出，经过电解质嵌入正极。在正常的充放电情况下，钠离子在正负极间的嵌入脱出不会破坏电极材料的基本化学结构。钠是地球上储量最丰富的资源之一，可以说是用之不竭。钠盐的价格也较为便宜，通常为锂盐的 1/10。据调查，水系钠离子电池平均售价略低于锂离子电池，高于铅酸电池，但在使用寿命上却大大高于铅酸电池，因此，水系钠离子电池具有较好的市场前景。随着技术水平的不断提高，水系钠离子电池的生产成本有望进一步降低，未来水系钠离子电池的售价将更加低廉，非常适合替代锂离子电池。

钠离子电池关键技术主要是材料技术，让电池拥有长寿命的关键是开发出具备高稳定特性的材料，包括正极材料、负极材料和电解质。由于钠离子电池中能量储存和转换均发生在正负极材料内，因此正负极材料技术尤为关键。目前，正极材料方面，主要有过渡金属氧化物、聚阴离子类材料、类普鲁士蓝材料等；负极材料方面，主要有碳材料、合金材料、金属氧化物材料等；电解质方面，主要有固体电解质、有机液态电解质等。

目前，我国钠离子电池产业化最前沿的当属中科海钠。中科海钠于 2018 年完成了全球首辆钠离子电池低速电动车示范,2019 年完成了全球首座 100 kW·h 钠离子电池储能电站示范。2020 年 3 月,钠离子电池生产线的中试完成。2020 年 9 月,钠离子电池产品实现量产,当时的电芯产能为 30 万只 / 月,海外订单第一期 10 万只,国内的联合开发产品出货量数万只。2021 年 6 月,中科海钠和华阳股份共同开发出了具有里程碑意义的 1 MV·h 钠离子电池储能系统,1 MV·h 的储能系统已经具有产业化应用价值。目前,他们的钠离子电池已经可以做到 145 kW·h 的能量密度,4 500 次的循环次数。

1.2 机械储能技术

1.2.1 压缩空气储能

传统压缩空气储能系统是基于燃气轮机技术开发的储能系统。在用电低谷,将空气压缩并存于储气室中,使电能转化为空气内能存储起来;在用电高峰,高压空气从储气室被释放,进入燃烧室同燃料一起燃烧,然后驱动透平发电。目前投入商业应用的大型压缩空气储能电站仅有德国的 Huntorf 电站和美国的 Mclntosh 电站,其主要应用为调峰、备用电源、黑启动等。但是,传统压缩空气储能系统存在三个主要技术瓶颈:一是依赖天然气等化石燃料提供热源;二是需要大型储气洞穴,如岩石洞穴、盐洞、废弃矿井等;三是系统效率较低,Huntorf 电站和 Mclntosh 电站效率分别为 42% 和 54%。为解决传统压缩空气储能的技术瓶颈问题,近年来,国内外学者开展了新型压缩空气储能技术研发工作,包括绝热压缩空气储能、蓄热式压缩空气储能及等温压缩空气储能(不使用燃料)、液态空气储能(不使用大型储气洞穴)、超临界压缩空气储能和先进压缩空气储能(不使用大型储气洞穴、不使用燃料)等。目前,国际上已建成兆瓦级新型压缩空气储能系统示范的机构共 4 家,分别是英国 Highview 公司(2 MW 液态空气储能系统,2010 年)、美国 SustainX 公司(1.5 MW 等温压缩空气储能系统,2013 年)、美国 General Compression 公司(2 MW 蓄热式压缩空气储能系统,2012 年)和中国科学院工程热物理研究所(1.5 MW 超临界压缩空气储能系统,2013 年;10 MW 先进压缩空气储能系统,2016 年)

我国压缩空气储能技术研究起步较晚,2005 年才开始发展,但进步迅速。中国科学院工程热物理研究所于 2016 年建成国际首套 10 MW 先进压缩空气储能示范系统,系统效率达 60.2%,是全球目前效率最高、规模最大的新型压缩空气储能系统。截至 2021 年底,我国压缩空气储能新增投运规模大幅提升,达到 170 MW,是其 2020 年底累计规模的 15 倍,源侧新能源配置储能及独立储能成为新增装机的主要推动力。2021 年 9 月 23 日,山东肥城压缩空气储能调峰电站项目正式实现并网发电,这标志着国际首个盐穴先进压缩空气储能电站已进入正式商业运行状态。近年来,全国有多个压缩空气储能项目投入运营,具体见表 1.1。

表 1.1　我国压缩空气储能项目

项目	重要性	项目介绍
张家口百兆瓦先进压缩空气储能示范项目	国际首套压缩空气储能项目	规模:100 MW 先进压缩空气储能示范系统 1 套,220 kV 变电站 1 座,系统设计效率为 70.4%。 最新进展:于 2021 年 8 月完成电站主体二建施工,于 2021 年 12 月完成主要设备安装及系统集成,于 12 月 31 日成功实现并网,并正式进入系统带电调试阶段,建成投运后为北京冬奥会场馆提供绿色电能
金坛盐穴压缩空气储能项目	世界首个非补燃压缩空气储能电站;我国压缩空气储能领域唯一国家示范项目;首个商业化应用的盐穴压缩空气发电站	规模:位于江苏常州金坛区,投资达 55 亿元,分三期进行。第一期项目总投资 5 亿元,将建成 1 套 60 MW×5 h 的盐穴非补燃式压缩空气储能发电系统,金坛二期压缩空气储能项目建设工作正加紧推进中,项目规模 400 MW。 最新进展:2018 年 12 月 25 日开工建设,2021 年 9 月 30 日并网试验成功,可将电能转换效率提升至 60% 以上(国际上投入商业运营的压缩空气储能系统均为补燃式,电能转换效率只有 20% 左右)
山东肥城压缩空气储能调峰电站项目	科技部重点研发计划项目;列入全国《首台(套)重大技术装备推广应用指导目录》	规模:总体建设规模 310 MW,总投资约 16 亿元,总占地约 170 亩(1 亩 ≈ 667 m²),分两个阶段建设,其中第一阶段建设 10 MW,占地 20 亩;第二阶段建设 300 MW,占地 150 亩。 最新进展:一期 10 MW 示范电站项目于 2019 年 11 月 23 日正式开工建设,2021 年 9 月 23 日正式实现并网发电,这标志着国际首个盐穴先进压缩空气储能电站已进入正式商业运行状态;二期 300 MW 调峰电站项目已于 2023 年 3 月开工建设。全部建成后预计年可实现发电量近 33 亿 kW·h,销售收入约 20 亿元,利润 5.2 亿元

目前,压缩空气储能技术在实践和应用中发展迅速,但压缩空气储能技术在技术和政策方面存在发展瓶颈和挑战。首先,压缩空气储能的技术性能需要进一步提升,目前,新型压缩空气储能最高效率为 60% 左右,同 300 MW 级抽水蓄能的效率 70%～75% 相比尚有提升空间;其系统最大规模为 10 MW,尚未达到传统压缩空气储能 100 MW 规模;其单位成本约为 6 000～10 000 元/kW 暨 1 500～2 500 元/(kW·h),仍有下降空间。其次,系统规模需进一步增大,大规模化是压缩空气储能技术的发展趋势,也是其降低成本和提升性能的主要途径。现已实现应用的新型压缩空气储能技术规模偏小(1～10 MW),还不能满足规模化和经济性的要求。因此,迫切需要启动更大规模(100 MW 级)的新型压缩空气储能技术研发,预计 100 MW 级新型压缩空气储能技术的效率可以提高到 70%,其单位成本可降为约为 4 000 元/kW 左右暨 1 000 元/(kW·h)左右。最后,需要探索建立压缩空气储能技术的相关规范和技术标准,为示范项目和产业发展提供政策激励和政策保障。

1.2.2　飞轮储能

飞轮储能技术由于具备有功与无功相对独立、负荷响应迅速、无污染等优点,近年来在电力系统中越来越受到重视。该技术于 20 世纪 50 年代被提出,并首先应用于电动汽车。自 20 世纪 90 年代起,由于转子材料、支撑材料、电能变换技术都取得了重大突破,飞轮储能技术因此取得重大进展,并在电力系统中首次被应用于电网侧储能。飞轮储能系统又称飞轮电池,其基本结构由飞轮转子、轴承、电动机 / 发电机、电力电子控制装置、真空室等 5 个部分组成。飞轮储能系统是将能量以高速旋转飞轮的转动动能的形式存储起来的装置。它有 3 种模式:充电模式、放电模式、保持模式。充电模式即飞轮转子从外界吸收能量,使飞轮转速升高,将能量以动能的形式存储起来,充电过程飞轮做加速运动,直到达到设定的转速;放电模式即飞轮转子将动能传递给发电机,发电机将动能转化为电能,再经过电力电子控制装置输出适合用电设备的电流和电压,实现机械能到电能的转化,此时飞轮将做减速运动,飞轮转速将不断降低,直到达到设定的转速;保持模式即当飞轮转速达到预定值时既不吸收能量也不向外输出能量,如果忽略自身的能量损耗其能量保持不变。由此,整个飞轮系统实现了能量的输入、输出及存储。

飞轮储能具有功率密度较高、可充放电次数多、工作环境要求低、无污染等特点,在短时高频领域具有很好的应用前景。在基础研究方面,西安电子科技大学探究了飞轮储能系统充放电过程控制,提出了一种复合控制模型,以提高响应速度和输出电压精度;在关键技术方面,国内学者的研究重点在大储能量飞轮本体、高速电机和调节控制技术等方面。由中国科学院工程热物理研究所、清华大学等单位参与的内蒙古自治区重大专项"MW 级先进飞轮储能关键技术研究"完成了系统方案设计及工程样机研制,已于 2023 年成功并网。在集成示范方面,国家能源集团宁夏灵武电厂光火储耦合 22 MW/4.5 MW·h 飞轮储能项目开工,该项目是国内第一个全容量飞轮储能 — 火电联合调频工程,是大功率飞轮单体工程应用的实现。2021 年国电投坎德拉(北京)新能源科技有限公司 MW 级飞轮储能系统成功交付,该项目飞轮储能系统规模为 1 MW/200 kW·h,将应用于霍林河循环经济的"源网荷储用"示范项目大规模混合储能系统。

1.3　电磁储能技术

1.3.1　超导磁储能

超导磁储能概念于 20 世纪 60 年代末被提出,20 世纪 70 年代以来,美国、日本、德国等国家先后对其进行研究,一直以来都是超导电力技术研究热点之一。超导磁储能是将电磁能存储在超导储能线圈中,需要时再将电磁能回馈给电网的储能方式。超导磁储能主要包括超导储能线圈、功率变换系统、低温制冷系统、快速测量控制系统四大组成部分,超导储能线圈是核心部件。超导储能线圈包括低温超导储能线圈、高温超导储能线圈两大类,已研发问世的产品中,高温超导储能线圈储能容量更大。现阶段,全球研究超导磁储能的高校、科研机构与企业主要分布在北美、西欧、东亚地区,例如美国 SuperPower 公司、德国 ACCEL 集团、日本中部电力、韩国电力研究院等。其中,美国在超导磁储能技术研究领域处于领先地位,技术水平最为先进,是全球最大的超导磁储能市场。

对于我国电网系统而言,主要电力资源供应地与电力资源需求地分布不匹配,跨区域输电成为解决方案,导致电网调峰困难。同时,我国太阳能发电(以下简称光伏)、风力发电(以下简称风电)等装机容量不断上升,新能源发电不连续、不稳定特点突出。超导磁储能以超导体为材料,电阻基本为零,储能时损耗极小,与其他电网储能方式相比,超导磁储能的突出优点是响应速度快、储能效率高,响应速度可达到毫秒级,储能效率可达到 90% 以上,此外还具有体积小、质量轻、功率大、环境适应能力强、使用寿命长、维护简单、有功和无功功率输出可灵活控制等优点,在提升电网供电可靠性方面具有重要意义。

2021 年,高性能高温超导材料及磁储能应用被列入"高端功能与智能材料"重点专项,我国政府对超导磁储能行业发展支持力度加大。现阶段,在价格方面,超导磁储能的投资成本很大程度上是由超导材料的费用决定的,而高温超导材料价格一直居高不下,成为限制超导磁储能发展的一个重要瓶颈。超导磁储能在发展中,应当联合超导材料生产企业,针对性地开展超导材料的研发,提高材料性能,降低价格。在政策支持方面,国家政策已经给了超导储能大力支持,释放了积极信号。在市场接受方面,出于包括上述已经提及的多种原因,超导磁储能商业化和大规模部署的道路依然不平坦。为了得到市场认可,应当联合设备制造商、市场需求方等各环节,共同实施现场试验和示范运行,积累经验,评估性能;应当采用产业界接受的规划和运行工具来进行储能设计开发。各方在此过程中获得的第一手经验和数据,以及形成的良好市场反馈机制,将加快产业发展和市场化。

1.3.2 超级电容器储能

随着下游应用场景的不断扩展,对超级电容器的需求也在不断增长,如图 1.4 所示,2015—2020 年我国超级电容器行业市场规模逐年增长,到 2020 年我国超级电容器市场规模增长至 155 亿元,同比上升 13.97%。未来,在新能源汽车、轨道交通、电力系统等领域的需求推动下,我国超级电容器行业将继续保持高速增长。

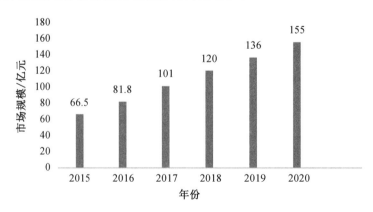

图 1.4 2015—2020 年我国超级电容器行业市场规模统计

超级电容器是一种重要的功率型储能器件,具有功率密度高、循环寿命长、充放电速度快等优点,在智能电网、轨道交通、新能源汽车、工业装备及消费类电子产品等领域具有重要的应用市场。当前超级电容器通常指双电层电容器,由正极、负极、电极之间的隔膜及电解液构成。在双电层电容器中,电荷在近表面的区域聚集,吸引了电解液中的正负离子,因而电极和电解质间形成静电场用以储能。由于在两极各有一层正负电荷对,因此称之为双电层电容器。与铅酸蓄电池、锂离子电池相比,双电层电容器的储能反应是高度可逆的物理吸附,循环稳定性极好,具有功率密度高、充放电速度极快、能量转换效率高、使用寿命长、温度工作性能强大、安全系数高等特点,但由于吸附的电荷有限,能量密度并不高。

2021 年,我国在超级电容器的基础研究、单体制备技术、成组管控技术、系统集成与应用等方面取得了重要进展。基础研究方面,电极材料、水系超级电容器、柔性超级电容器、金属离子电容器等是目前超级电容器的重点研究方向。在关键技术方面,清华大学联合中天科技等公司,建立了物理沉积铝－氧化去除模板－梯度退火的泡沫铝制备技术路线,搭建了国际首套连续沉积、一体化制备装备与生产线,实现了宽幅达 500 mm、厚度为 1～2 mm 泡沫铝的产线制备,在超级电容器、高功率锂离子电池等领域具有重要的应用。在集成示范方面;2021 年,国网江苏省电力有限公司自主研制的国内首套变电站超级电容微储能装置在南京江北新区 110 kV 虎桥变电站投运;西安合容新能源科技有限公司制备的超级电容器储能系统应用于连云港自贸区－直流电压波动治理系统,其是国内首次针对直流微网应用的超级电容器储能系统。

1.4　其他新型储能技术

1.4.1　热储能

潜热储能、显热储能及化学储热是储热技术主要的类型。在介质温度提高的基础上实现热存储是显热储能的显著特点。潜热储能又被称为相变储能,该模式的储能技术主要是在材料发生相变的情况下,吸收热量或者释放热量。现阶段最流行的相变储能模式为固－液相变。相变储能和显热储能最明显的不同在于相变储能的温度较为稳定,产生的能量密度较大。化学储热在存储热能时主要是通过化学可逆反应的方式,能呈现出宽温域梯级储热的特点。化学储热储存能量的密度远远高于其他方式的储热技术,如潜热储能、显热储能。化学储热技术对材料的要求较高,在材料选择上有较大困难,因此现阶段普遍采取的储热技术以潜热储能、显热储能为主。

与电化学储能、电储能等其他储能技术相比,热储能在装机规模、储能密度、技术成本和使用寿命等方面具有明显优势。与压缩空气储能和抽水蓄能这两种机械储能技术相比,热储能技术具有占地面积小、成本低、储能密度高、对环境影响小、不受地理和环境条件限制等优点。储热技术作为一种高能量密度、高转换效率、高性价比的大规模储能方式,将在建设清洁、低碳、安全高效的能源体系,建设以新能源为主体的新电力系统,保障电力系统安全稳定运行等方面发挥重要作用。

经过十几年的发展,我国太阳能光热储能发电已有 3 座试验电站、9 座商业化电站建成并网发电,总装机容量达 521 MW。我国企业在国外总包建成和在建的光热储能电站装机容量超过 1 000 MW。2018 年,首航高科在敦煌建成了国内首座装机容量 100 MW 熔盐塔式电站,配置了 11 h 的熔盐双罐储热系统,可实现 24 h 连续运行;2019 年 12 月 31 日,我国在敦煌建成了世界上第一座以熔盐为吸热、储热工质的商业化线性菲涅尔式光热发电站;2020 年,中船新能在内蒙古乌拉特中旗建成 100 MW 导热油槽式光热电站,配置 10 h 熔盐储热系统,据蒙西电网统计,2021 年 1 月至 11 月,该项目累计上网电量 2.05 亿 kW·h,占全国同时段光热发电总量的 30.48%;中广核德令哈 50 MW 槽式电站(储热 9 h)是我国首个大型商业化光热示范电站,2021 年 9 月 19 日至 2022 年 1 月 4 日已经连续运行 107 天,刷新了 2020 年最长连续运行 32.2 天的纪录。我国太阳能光热储能发电核心技术已经成熟,形成了具有完全自主知识产权的产业链,关键设备部件已全部国产化。

1.4.2 氢储能

在可再生能源高占比的电力系统中,弃风弃光问题随着风电、光伏装机总容量的不断增加而日益突出。由于风电、光伏出力的预测准确程度有限,其出力随机性会对电网造成一定冲击。氢储能系统可利用新能源出力富余的电能进行制氢,储存起来或供下游产业使用;当电力系统负荷增大时,储存起来的氢能可利用燃料电池进行发电回馈电网,且此过程清洁高效、生产灵活。当前氢储能系统的关键技术主要包含制氢、储运氢和燃料电池技术三个方面。

目前电解水制氢主要分为碱水电解、固体氧化物电解和质子交换膜(proton exchange membrane,PEM)纯水电解技术 3 种。其中,碱水电解制氢发展成熟、商业化程度高、成本较低,是可再生能源制氢项目的首选方式。

储运氢技术作为氢气从生产到利用过程中的桥梁,至关重要。可通过氢化物的生成与分解储氢,或者基于物理吸附过程储氢。氢能源具有质量能量密度大但体积能量密度小的特点,制约其储运技术发展的关键在于在兼顾安全、经济的前提下,提高氢气的能量密度。高压气态储氢技术成熟、成本较低、应用最多,但并非最佳方案。有机液态储氢凭借其安全、便利及高密度的特点,具有较大发展潜力,是当前研究的重要方向。

燃料电池通过电化学反应将氢气的化学能直接转化为电能,清洁无污染,能量转化效率高,是氢能源的最佳利用方式,在全球范围内具有广阔的应用前景。燃料电池类型主要包括碱性电解质、质子交换膜、磷酸、熔融碳酸盐和固体氧化物,区别在于电解质和工作环境温度不同,适合的应用场景也有差异。

2021 年,氢燃料电池汽车国家补贴政策全面落地,"3＋2"的全国燃料电池汽车示范格局正式形成,氢燃料电池汽车大规模商业运营开始。2021 年 8 月,我国首批 3 个燃料电池汽车示范城市群落地,分别由北京市、上海市和广东省佛山市牵头。2021 年 12 月,河南、河北两大城市群相继获批,全国 5 个燃料电池汽车示范应用城市群共涵盖 47 座城市,跨地域开展氢燃料电池汽车推广,"国家＋地方"两级配套补贴力度大。表 1.2 为氢燃料电池汽车"3＋2"示范城市政策城市分布。

表 1.2 氢燃料电池汽车"3＋2"示范城市政策城市分布

时间	示范城市群	目标
2021 年 8 月	京津冀城市群	示范期间,8 项核心零部件取得技术突破和产业化,推广车辆不少于 5 300 辆,新建加氢站不低于 49 座
2021 年 8 月	上海城市群	规划建设加氢站 100 座,产出规模达 1 000 亿元,推广燃料电池汽车 10 000 辆
2021 年 8 月	广东城市群	实现 8 大关键零部件自主可控,达到自主知识产权配套应用,推广超过 10 000 辆燃料电池汽车,建成 46 万 t 的供氢体系,建成 200 座以上加氢站,氢气售价降至 35 元 /kg 以下
2021 年 12 月	河南城市群	到 2025 年,推广氢燃料电池汽车超 5 000 辆,建成加氢站 80 个以上,氢燃料电池汽车产值规模突破 1 000 亿元
2021 年 12 月	河北城市群	到 2025 年,累计建成加氢站 100 座,燃料电池汽车规模 10 000 辆

参 考 文 献

[1]何可欣,马速良,马壮,等.储能技术发展态势及政策环境分析[J].分布式能源,2021,6(6):45-52.

[2]王鹏博,郑俊超.锂离子电池的发展现状及展望[J].自然杂志,2017,39(4):283-289.

[3]薛飞宇,梁双印.飞轮储能核心技术发展现状与展望[J].节能,2020,39(11):119-122.

[4]戴少涛,王邦柱,马韬.超导磁储能系统发展现状与展望[J].电力建设,2016,37(8):18-23.

[5]韩伟,彭玉丰,严海娟.能源互联网背景下的电力储能技术展望[J].电气技术与经济,2020(5):11-12,18.

[6]何雅玲.热储能技术在能源革命中的重要作用[J].科技导报,2022,40(4):1-2.

[7]张浩.氢储能系统关键技术及发展前景展望[J].山东电力高等专科学校学报,2021,24(2):8-12.

[8]侯明,衣宝廉.燃料电池技术发展现状及展望[J].电化学,2012,18(1):1-13.

第2章 储能在电力系统各环节的应用

关于储能技术在提高电网对新能源的接纳能力、电网调频、削峰填谷、提高电能质量和电力可靠性等方面的重要作用已经在国际上达成共识。储能应用场景丰富,本章从电力系统发输配用各个环节着手,阐述储能装设在电力系统各个环节的作用。

2.1 电源侧应用场景

储能系统在电源侧的主要应用场景包括"新能源＋储能"、调峰调频辅助服务等。

2.1.1 "新能源＋储能"

在发电侧,储能设备最主要的用途是集中式新能源并网。与常规电源相比,新能源(如风电、光伏等)由于自然资源地理分布的不均匀、发电高峰时段与用电高峰时段的不完全重合,以及具有显著的间歇性、波动性、随机性等特征,给电网的供需匹配带来困难。风电、光伏等新能源发电逐渐被纳入"并网发电厂辅助服务管理实施细则"和"发电厂并网运行管理实施细则"(简称"两个细则")统一考核标准,在新能源电场中建设储能系统,有助于在外界环境变化时平抑新能源发电出力波动,稳定输出水平,满足新能源出力考核,最大程度上减少弃风弃光。山西、山东、宁夏、青海、内蒙古等多地陆续出台了新能源配置储能方案,要求新能源电站按照光伏储能配比约 10% 配置储能。

按照光伏储能配比 10%,储能时长 2 h 计算,5 MW 的光伏设备配备容量为 1 MW·h 的储能设备,储能设备工程总承包(EPC)总价为 140 万元,按照每年运维费用为 EPC 总价的 1%,储能寿命十年计算,总运维费为 14 万元。 假设光伏设备年均有效工作时长为 1 400 h,则十年总计发电量为 70 GW·h。将储能成本平摊至光伏发电的度数,计算得到对应储能的度电成本为 0.022 元 /(kW·h)。叠加国内目前集中式光伏发电站 0.3 元 /(kW·h) 的度电成本,配备储能设备后的度电成本约为 0.322 元 /(kW·h)。考虑到未来配比逐步上升的趋势,本书对不同光伏储能配比和储能时长要求下的度电成本(光伏＋储能)进行计算,结果见表 2.1。

表 2.1 不同光伏储能配比和储能时长要求下的度电成本　　　　　单位:元

储能时长	光伏储能配比						
	10%	20%	30%	40%	50%	60%	70%
1 h	0.311	0.322	0.333	0.344	0.355	0.366	0.377
2 h	0.322	0.344	0.366	0.388	0.41	0.432	0.454
3 h	0.333	0.366	0.399	0.432	0.465	0.498	0.531
4 h	0.344	0.388	0.432	0.476	0.52	0.564	0.608

由表 2.1 可知,随着光伏储能配比与储能时长的增加,度电成本相应增加。并且在储能时长相同,光伏储能配比范围为 10% ~ 70% 时,每增加 10% 光伏储能配比,度电成本按同比例增加;同样,当光伏储能配比相同,储能时长范围为 1 ~ 4 h 时,每增加 1 h 的储能时长,度电成本也按同比例增加。因此,在此范围内,度电成本对光伏储能配比和储能时长的敏感性相同。

"3060"双碳目标的提出必将加快推动风电、光伏等新能源的跨越式发展,高比例可再生能源对电力系统灵活调节能力将提出更高要求,新能源与储能结合,对于保障电力可靠供应与新能源高效利用,实现双碳目标具有重要意义。

2.1.2　调峰调频辅助服务

"十四五"作为实现碳达峰、碳中和的关键期,要求加快建设低碳能源体系。优先发展以风电、光伏等为代表的可再生能源已成为大势所趋,然而其出力具有随机性,导致电网调峰调频问题尤为突出。储能系统跟踪负荷变化能力强,响应速度快,具备优良的调节性能。因此,在电源侧配备储能系统,独立或联合火电机组提供调峰调频辅助服务,具有显著的经济效益和调峰调频效果。

我国越来越重视将储能应用于调峰调频辅助服务,国家能源局发布了《关于促进电储能参与"三北"地区电力辅助服务补偿(市场)机制试点工作的通知》,将调峰辅助服务与调频辅助服务确立为主体地位,国家能源局区域监管局将根据"按效果补偿原则"尽快调整调峰调频辅助服务计量公式,提高服务补偿力度。储能辅助火电机组参与调峰调频已经在国内得到了示范应用,表 2.2 和表 2.3 分别总结了国内部分储能调峰和调频项目。

表 2.2　国内部分储能调峰项目

项目名称	规模	储能技术
翅山储能电站	4.8 MW/4.8 MW·h	磷酸铁锂电池
盐穴先进压缩空气储能调峰电站	100 MW/800 MW·h	压缩空气储能
大连液流电池储能调峰电站(一期)	100 MW/400 MW·h	全钒液流电池
葛洲坝山东肥城压缩空气储能调峰电站项目	50 MW/300 MW·h	压缩空气储能

表 2.3　国内部分储能调频项目

项目名称	规模	储能技术
北京石景山热电厂电池储能项目	2 MW/0.5 MW·h	锂离子电池
内蒙古新丰热电公司储能调频项目	9 MW/4.478 MW·h	锂离子电池
内蒙古上都电厂储能 AGC 调频项目	18 MW/8.957 MW·h	锂离子电池
广东华润海丰储能辅助 AGC 调频项目	30 MW/14.93 MW·h	锂离子电池
山西同达电厂储能 AGC 辅助服务项目	9 MW/4.478 MW·h	锂离子电池
贵州兴义清水河储能调频项目	20 MW/10 MW·h	锂离子电池

关于储能参与电源侧调峰调频辅助服务的收益计算,《南方区域电化学储能电站并网运行管理及辅助服务管理实施细则(试行)》是国内首个专门针对电储能参与辅助服务出台的文件,根据该细则,储能参与调频辅助服务补偿包括基本补偿和调用补偿两部分。

基本补偿 BC_1 为

$$BC_1 = 12K_A \Delta P_K \tag{2.1}$$

式中,K_A 为机组每月自动发电控制(automatic generation control,AGC)的投运率,即投入 AGC 的时间与月有效时间的比值;ΔP_K 为机组可调节容量,即机组可投入 AGC 运行的调节容量上下限之差。

调用补偿 BC_2 是发电机组参与所在控制区频率或者联络线偏差控制调节,按发电机组 AGC 调节容量被调用时增发或少发的电量进行的补偿,计算方法为

$$BC_2 = 80Q_{AGC} \tag{2.2}$$

式中,Q_{AGC} 为单次调用补偿电量。

由此可计算得到参与调频辅助服务的收益为

$$BC_{AGC} = n_{AGC}(BC_1 + BC_2) \tag{2.3}$$

式中,n_{AGC} 为年平均调频次数。

储能为电网系统调峰,其经济效益来自于调峰辅助服务补偿,其收益 BC_{tf} 为

$$BC_{tf} = n_{tf}R_{tf}Q_{tf} \tag{2.4}$$

式中,Q_{tf} 为储能单次的调峰电量;R_{tf} 为储能调峰补偿;n_{tf} 为储能年平均调峰次数。

因此,储能系统参与辅助服务的收益为

$$I = BC_{AGC} + BC_{tf} \tag{2.5}$$

2.2 电网侧应用场景

2.2.1 典型应用场景

电网侧储能是指直接接入公用电网的储能系统,通常在已建变电站内、废弃变电站内或专用站址等地区建设,主要承担事故安全响应、优化电网结构、解决电网阻塞、增强电网调节能力、延缓电网投资、参与电网调峰调频、改善电能质量等功能。目前诸多学者开展了电网侧储能规划研究,使我国电网侧储能实现快速发展,已有多个电网侧储能示范项目并网运行(表2.4)。但是,2019 年第二轮输配电定价成本监审办法明确规定电储能设施不得计入输配电定价成本,电网侧储能面临应用价值难以评估、成本无法收回的问题,发展出现停滞。在这样的背景下,有必要客观评估和尽可能挖掘发挥电网侧储能的应用价值,推动电网侧储能可持续发展。

表 2.4　电网侧应用场景下的储能示范项目

应用场景	示范项目	储能配置
能效评价指标	衢州灰坪乡大麦源储能项目	铅蓄电池 30 kW/450 kW·h
电网调峰	江苏镇江储能电站示范工程	锂离子电池 101 MW/202 MW·h
延缓电网升级改造	河南省电网侧储能项目	锂离子电池 100.8 MW/125.8 MW·h

　　随着特高压工程的发展,电网范围进一步扩大,电网运行特性也会发生巨大变化,运行复杂性和难度进一步提升。风电、光伏等可再生能源发展势头迅猛,越来越高比例的可再生能源并网既是对于环保的重视,也是发展的必然结果。但是,可再生能源发电具有间歇性、随机性和波动性,导致并网后对电网的稳定性造成冲击,影响电网安全稳定运行。高比例可再生能源并网后,扣除可再生能源出力后的电力系统"净负荷"短时波动将非常明显,使得电网对于调峰调频、负荷跟踪能力的需求大大增加。因此,为确保电网的安全稳定运行,电网侧储能项目典型应用场景如图 2.1 所示。

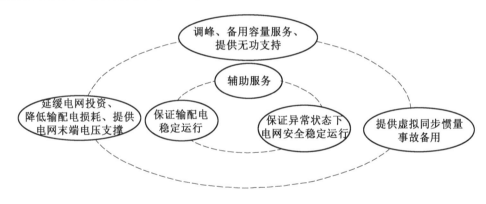

图 2.1　电网侧储能项目典型应用场景

　　由图 2.1 可知,储能的主要应用场景是参与调峰调频等辅助服务、保证异常状态下电网安全稳定运行,以及保证输配电稳定运行。

2.2.2　应用效益分析

下面对储能系统的具体效益进行量化分析。

1.提高供电可靠性收益

　　提高供电可靠性收益难以量化,因此采用减少的停电成本间接计算。停电成本与停电频率、停电发生时间、停电持续时间等因素密切相关,提高供电可靠性收益可以表示为

$$I_1 = N_t \bar{t} P_m (p_1 - p_2) \tag{2.6}$$

式中,N_t 为年平均停电次数;$\bar{t}$ 为年平均停电时间;P_m 为储能系统容量;p_1 为销售电价;p_2 为上网电价。

2.调峰收益

对于独立运营的储能电站,其在为电网系统调峰时,可获取调峰辅助服务补偿,补偿标准参照具体地区辅助服务市场实施细则,因此储能系统的调峰收益用式(2.7)计算:

$$I_2 = BC_{tf} = n_{tf}R_{tf}Q_{tf} \tag{2.7}$$

3.降低网损收益

$$I_3 = \Delta P_p \pi_p - \Delta P_l \pi_v \tag{2.8}$$

式中,ΔP_p 为高峰时减少的线路有功功率;ΔP_l 为低谷时增加的线路有功功率;π_p 为高峰时减少线路单位有功功率的网损收益;π_v 为低谷时增加线路单位有功功率的网损成本。

4.延缓电网升级收益

储能能够从根本上改变传统电网"供需实时平衡"的运行模式,延缓电网的升级扩建,则电网升级需要的资金所产生的时间价值即可视为储能系统延缓电网升级的收益:

$$\begin{cases} I_4 = \left[C_{trans}P_{lmax}(1+\tau)^{\Delta M} + C_{line}P_{BS}^{max} \right] \left[1 - \left(\dfrac{1}{1+r} \right)^{\Delta M} \right] \dfrac{r(1+r)^y}{(1+r)^y - 1} \\ \Delta M = \dfrac{\lg(1+\lambda)}{\lg(1+\tau)} \end{cases} \tag{2.9}$$

式中,C_{trans} 为变压器的单位更换费用;P_{lmax} 为负荷的最大功率;τ 为负荷的年增长率;ΔM 为可延缓的电网升级扩建年限;C_{line} 为线路扩容的单位费用;P_{BS}^{max} 为储能容量;r 为融资利率;y 为原计划电网设备建设年限;λ 为储能的削峰率。

也就是说,原计划第 y 年投资建设的,现在可以延缓 ΔM 年再建。

5.支撑末端电压收益

电网在正常运行状态下存在一定的电压崩溃风险,通过安装储能装置可在该状态下实现电压支撑,收益可通过计算电网由正常状态到电压崩溃状态的损失费用来等价评估。假设正常状态下发生导致电压不稳定的故障频率为 5 次/年,事故后系统以概率 λ 发生电压崩溃,或以概率$(1-\lambda)$进入事故后稳态,此时系统仍存在概率为 γ 的电压崩溃可能性,需进行主动切负荷操作。电压崩溃预想停电损失 I' 和切负荷预想损失 I^* 分别为

$$I' = B\left[\lambda F_B + (1-\lambda)\gamma F_B \right] \tag{2.10}$$

$$I^* = (1-\lambda)F_S \tag{2.11}$$

$$F_B = p_B C\omega T_B \tag{2.12}$$

$$F_S = Lp_e T_S \tag{2.13}$$

式中,B 为电压不稳定故障频率;F_B 为电压崩溃造成停电的预想总损失;γ 为电压崩溃概率;F_S 为避免电压崩溃所进行的切负荷造成的总损失;p_B 为每小时停电损失;C 为崩溃损失负荷量;ω 为修正系数(电网逐渐恢复过程中,$0 < \omega < 1$);T_B 为区域电网完全恢复供电时间;L 为切负荷量;p_e 为单位切负荷量对应的经济损失;T_S 为事故修复时间。

因此,系统电压崩溃产生的损失费用即安装储能装置实现电网末端电压支撑的收益可以表示为

$$I_5 = I' + I^* \tag{2.14}$$

2.3 用户侧应用场景

储能系统在用户侧的典型应用场景包括峰谷价差获利、降低容量电价、提升特殊用户电能质量、需求响应等,是提升传统电力系统运行灵活性和经济性的重要手段。

2.3.1 峰谷价差获利

随着经济发展,社会用电结构改变,电网峰谷差日益增大,给电网的安全稳定带来严重的冲击,为用户配置储能系统可以从源头缓解峰谷差的问题。2021 年 7 月 15 日,国家发展改革委和国家能源局发布了《关于加快推动新型储能发展的指导意见》,提出完善峰谷电价形成机制,加大峰谷电价实施力度,运用价格信号引导电力削峰填谷。这标志着储能应用最广泛的峰谷价差获利模式在政策扶持下可得到进一步推广。

目前我国主要实行分时电价政策,分时电价是一种用电价格随时间、季节和日期类型(工作日或节假日)而变化的费率计划。基于这一费率计划,用户侧储能系统可依据分时电价采取低充高放策略,在负荷低谷和低电价时段充电,在负荷高峰和高电价时段放电。峰谷价差获利示意图如图 2.2 所示。

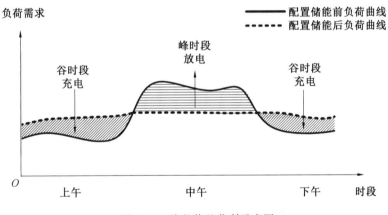

图 2.2 峰谷价差获利示意图

2.3.2 降低容量电价

目前对大规模用电企业采用两部制电价定价方法,即电费由与容量成比例的固定容量电价和与用电量成比例的可变用电量电价组成。以北京市非居民销售电价为例,基本电价按照最大需量 48 元/(kW·月)计算。对于最大需量为 10 MW(10 000 kW)的企业来说,安装储能设备前和安装容量为 1 MW·h 的储能设备后的每年基本电价见表 2.5。可以看到,通过安装储能设备每年可以节省电价 57.6 万元,投资回收期约为 3.7 年。

表 2.5　降低容量电价经济性测算表

	安装前	安装后
最大需量	10 MW	9 MW
基本电价	480 000 元／月	432 000 元／月
储能设备总价	0 元	196 万元
每年基本电价	576 万元	518.4 万元
每年维护费用	0 元	4 万元
每年节省电价	57.6 万元	
每年实际收益	53.6 万元	
投资回收期	约 3.7 年	

工商业储能设备经济性主要来源是储能设备对降低容量电价的作用。在现有储能设备的成本条件下，按照每年 2% 的维修保养成本计算，投资安装 1 MW·h 的储能设备仅需要 4 年左右的时间就可以收回成本。不过需考虑到各地的容量电价不同，北京市属于容量电价最高的城市之一，在黑龙江、吉林、辽宁等容量电价相对较低（33 元／(kW·月)）的省，同等成本和安装条件下投资回收期将会延长到 5.5 年左右。但相比于目前储能设备普遍在 10 年以上的正常使用寿命，工商业储能设备仍然具有明显的经济性。

2.3.3　提升特殊用户电能质量

作为商品或产品，电能的"质量"是由标志其好坏的各种指标来衡量的，所谓"好"或"坏"主要是由用电负荷、用户或相关的电气设备在用电中的"感受"所决定的。随着用电负荷的多样化，电能质量指标正在不断发展和完善之中。供电企业按照我国国标要求提供优质的电力供应，能够满足绝大多数用电设备的用电需求。但是，仍有部分特殊的用电设备，对于电源的扰动表现出敏感的不耐扰动的特性，某些电压扰动甚至会造成这些用电设备停止工作或非正常工作。为避免这些敏感设备在极其重要的场合停机或出现非正常的工作状态，国内外学者研究了大量定制电力设备的输出特性，储能设备是其中一类定制电力设备，能够给敏感设备提供稳定的供电。储能设备具有四象限运行特性，可以在充放电的任何时段吸收或发出无功功率，维护系统电压稳定，改善电网的电能质量，从而减少配电网的无功设备投资。随着工商业等特殊用户对电能质量的要求日益提升，生产企业可以安装储能设备替代各类电能质量改善装置，利用储能设备的冗余容量治理生产过程中出现的功率因数低、电压不平衡等电能质量问题。

2.3.4　需求响应

需求响应（demand response，DR）是指电力用户根据电价信号或实时调度指令，动态改变用电行为，以减少临界峰值需求，在不同时间段转移用电量的机制。随着智能电网技术的推广,双向通信技术得到了相应的发展和普及,为整合中小型用户负荷资源提供了可能性,使得用户侧用电弹性得以发挥其参与市场调节的作用。负荷聚合商(load aggregator,LA)作为一类新兴的售电主体,聚合用户可调节的柔性负荷资源,根据用户用电意愿和对用户用电量的预测,结合市场价格信息,参与市场投标竞争。但由于用户响应行为的不确定性,用户的实际用电量与负荷聚合商的投标量之间存在出入,无法保证需求响应的可靠性。

LA 根据市场价格信息,结合用户用电意愿和对用户用电量的预测,决策最优投标计划,参与市场投标。为提高聚合资源的平稳性和可控性,LA 可以通过配置储能资源来应对 DR 不确定性造成的违约情况。LA 配置储能资源运营模式如图 2.3 所示。

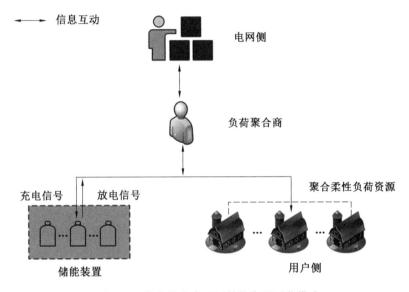

图 2.3   负荷聚合商配置储能资源运营模式

由于实施 DR 后用户的响应情况是不确定的,可能会出现过响应和欠响应两种状态。当用户响应量不足时,用户处于欠响应状态,LA 调用储能装置向电网放电,缓解因用户响应不确定性引起的自身违约情况,规避市场惩罚。当用户的响应量过剩时,用户处于过响应状态,过剩的响应量资源被充入储能装置中,减少储能充电的部分购电成本,避免有功功率过剩影响电网的安全稳定运行。

用户侧储能参与需求响应时,收益主要来自两个方面:一方面是通过基于价格的需求响应,节省电费;另一方面是通过激励机制参与响应,获得补贴或优惠电价。同时,用户侧储能参与需求响应可以缓解政府财政压力,通过引导用户侧储能夏季参与削峰需求响应,冬季参与填谷需求响应,能够大规模减少国家的发电厂投资支出。目前,已有江苏和上海等省(区、市)用户侧储能设施成功参与电网需求响应的案例。在能源互联网背景下,需求响应作为一种灵活资源会占有更加重要的位置,因此随着政策和市场对需求响应的重视和推动以及储能技术经济性的不断提升,储能系统协助用户侧参与需求响应将有很好的应用前景。

2.4　微网侧与综合能源系统应用场景

2.4.1　电－热联合微网

电－热联合微网(其结构如图 2.4 所示)是指面向终端用户电、热等多种用能需求,因地制宜、统筹开发、互补利用传统能源和新能源建设的一体化集成供能基础设施。电－热联合微网继承了能源互联网多网流耦合的思路,面向终端用户,以微网的形式将电能与热能耦合,通过储能技术、能量管理技术等为用户提供电与热两种形式的能量供应,是能源互联网的基础单元。在风电、光伏接入的电－热联合微网中,为提高消纳可再生能源出力的能力,平抑可再生能源出力波动,通过热泵－混合储能协同控制,实现电、热能量流的优化协调,保证功率波动平抑效果。

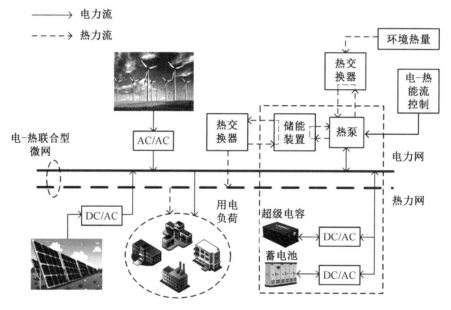

图 2.4　电－热联合微网结构

电－热联合微网的关键在于对电、热两类储能设备的协调互补。若仅由蓄电池、超级电容组成混合储能系统通过充放电对功率波动进行平抑,投资成本相对较高,频繁充放电还会缩减蓄电池的运行寿命。热泵通过实时调节压缩机的运行功率,同样能够改善功率波动特性。此外,由于系统对电－热能流的控制方式进行了耦合,对于在热泵与混合储能间对可再生能源出力波动进行协同分配的电－热联合微网,其电－热协同互补的控制方式提升了功率波动平抑效果,且总体投资成本相对于单能流微网的储电系统具有明显优势。电－热联合微网综合考虑了热能"易存储,难运输"与电能"易运输,难存储"的互补特征,热力网与电力网平行,通过将热泵作为电热转换的核心元件,以多类型混合储能技术为手段,对电－热能流进行联合管理与控制,以提升电－热联合微网的运行控制灵活性与互补经济性,为匹配可再生能源出力波动特性、满足用户多能量需求提供了新的解决思路。

2.4.2　综合能源系统

21 世纪以来,环境污染、能源安全和能源效率等问题给能源领域的发展带来了诸多挑战。传统能源系统随着新能源比重不断扩大,用户能源需求越来越多元化,其基本特征正在发生变化。一方面,由于系统中分布式发电所占比重逐步增大,能源供给侧的随机性波动增多,可控性下降;另一方面,能源需求侧的负荷种类更加多样化,包括家用电器、电动汽车和电动机等,冷 / 热 / 电耦合程度日益加深,导致需求波动也大不相同。如何平抑功率波动并保证供需能量平衡是亟待解决的问题。面向智慧城市的综合能源系统(integrated energy system,IES)旨在通过开源和节流来实现能源的可持续发展。IES 具有灵活的运行方式和可调度性能,是当前能源发展的主要趋势,正在成为世界范围内的一大研究热点。储能系统作为综合能源系统的重要组成单元,能够实现能量的跨时段转移,削峰填谷,协调网络内的"源 — 荷"间不平衡,因此,在综合能源系统中安装储能系统能够最大化地利用分布式可再生能源,减少柴油发电机运行时间,在提高供电可靠性并降低环境污染的同时,储能系统也可获得最大的经济收益。

IES 通过将多种能源综合生产、分配,可以大幅提高供能的经济性和可靠性,提高用能的舒适度。IES 设备构成复杂且繁多,面对不同的负荷需求和能源供应情况,需要因地制宜、因时制宜地选择供能方案。典型 IES 结构如图 2.5 所示,主要设备有冷热电联产机组(combined cooling heating and power,CCHP)、燃气锅炉、热泵及多元储能设备等,其中冷热电联产机组包含燃气轮机、高温余热锅炉等;多元储能设备包含蓄冰槽、蓄电池和蓄热罐。

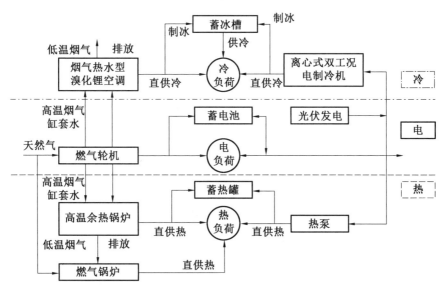

图 2.5　典型 IES 结构

2.5 云储能参与形式下的应用场景

2.5.1 云储能系统框架

作为共享经济新形式,云储能储能形式可以是集中式也可以分布式,因此它能与微电网结合起来,充分利用风、光等新能源,并且在微源的协调调度中发挥作用,例如,当风、光发电短时波动时,储能通过快速响应、频繁充放电,进行短时间内输出功率的波动控制。

云储能的实现依赖于共享资源达到规模效益,云储能技术可将原本分散在用户侧的储能装置集中到云端,用云端的虚拟储能容量来代替用户侧的实体储能。在云储能系统中,无论储能形式是集中式还是分布式,都应由云储能供应商统一管理、统一操作,用户则通过消费获得相应时间内的储能服务,并按照自身需要对储备池进行充电及用电。图 2.6 所示为云储能系统概念图。

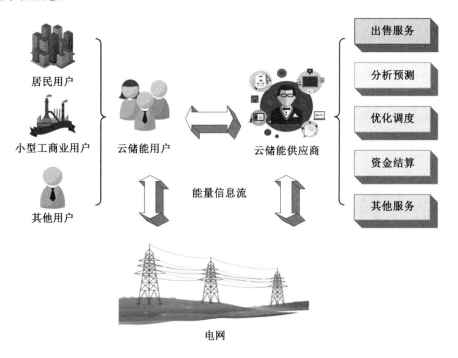

图 2.6　云储能系统概念图

由图 2.6 可知,用户买卖虚拟储能可以控制云端虚拟电池充放电,云储能用户不需承担用户安装和维护储能设备的附加成本,这与实体储能不同。由于云储能系统建成后用户数量庞大,而其运作需获得一定利润,因此,制定合理的商业模式是构建云储能系统的一个重要环节。另外,决定用户充放电需求的因素主要包括用户(实时／峰谷)电价、用户负荷,以及用户的分布式能源发电量的大小。对于云储能供应商而言,其实体电池的充放电运行由所有用户的充放电需求确定。

如图 2.7 所示,云储能可从运营、对象及市场三条主线进行研究与分析,各条主线密切相关,三者共同组成了未来云储能的主要研究内容。云储能利用减少各方面的成本使利益最大化。所得到的利益会在用户及云储能供应商两者间均衡分配,不但可以使用户感觉云储能比实际蓄能更节约开支,也保证了云储能供应商可以盈利。

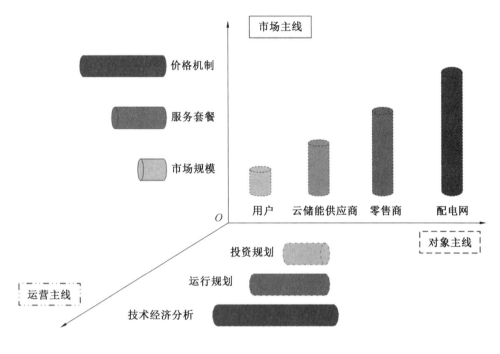

图 2.7　云储能研究框架

2.5.2　云储能特性与市场前景

云储能具备虚拟化、界面友好、资源共享这几个特点。虚拟化即消费者能够借助网络进行虚拟的电力调配;界面友好指的是消费者在使用云能源时操作简单;资源共享指的是全体云储能消费者对资源池中的电力都可以进行使用,根据用户需要合理进行分配,实现资源使用最大化。上述特点使云储能的优点相当突出:

(1)可以借助消费者的互补性,让云储能供应商投入少量的资金就能够满足用户需要,因为不同的消费者使用电力的时间段不同。

(2)可以借助规模效应。集中式储能设备规模较大,所以其保存电力的成本要少于分散式的,进一步减少了投入的总投资。

(3)借助各种信息,云储能供应商能够利用估测技术得到大量资料,比如精确的电价、消费者能源需要等,从而制定出优化策略,提升云储能供应商收益,减少资金投入。

云储能商业形式涉及多个成员,包括用户、云储能供应商、零售商、配电网等,如图 2.8 所示。用户使用云储能可以减少费用,价格比实体服务要便宜。由于这一优势,云储能用户会改变以往的消费方式及管理模式。因此,需要对用户的规划及储电容量、价格等之间的关系进行分析,来为后面的决策做铺垫。云储能供应商是主要成员。零售商指的是电力市场里为用户提供一对一服务的代理商家。零售商主要负责售电,而云储能供应商主要提供电力保障服务。零售商对于电力等有关项目进行定价会对其他成员产生很大的影响,因此有必要对价格策略进行研究。电网为云储能供应物力及能源的帮助。储电设备进行放电要通过电网才可以传输到用户那里,因此有必要分析云储能供应商及用户所利用的费用、费率以及不同付款方式的影响。

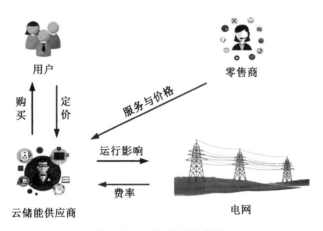

图 2.8   对象主线示意图

云储能的广泛使用是基于健全的市场的,需要对服务项目及定价规则进行分析,如图2.9 所示。可以将区块链技术应用于云储能市场,在保持信息透明的同时,兼顾各成员的利益。云储能用户的用电需求各种各样,因此,应对用户行为的干扰原因和规律进行研究,利用信息挖掘把用户进行整合,推出服务套餐满足不同用户的需要。

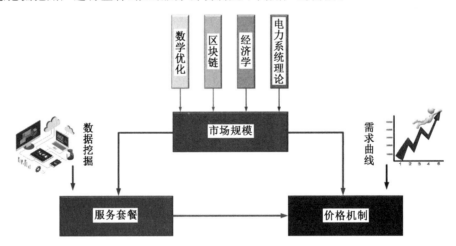

图 2.9   市场主线示意图

云储能模式和共享储能模式是共享经济在用户侧储能领域中的一种探索,在信息技术和共享理念越来越被接受的将来,该模式必将在用户侧储能领域中占据一席之地。

2.6　共享储能参与形式下的应用场景

借助共享储能技术,电网可将分散的分布式储能集中起来,组成规模化的储能电站,增加储能资源的来源和提高储能资源的利用率。共享储能的不断发展,打破了原有储能应用的界限,实现了储能与电网、新能源场站的协同发展,是促进新能源消纳的关键技术之一。随着辅助服务市场的不断完善,共享储能模式将会为储能带来更多的应用机会和价值收益,未来发展空间可期。

2.6.1　用户侧共享储能电站参与主体

用户侧共享储能主要利用电动汽车或智能楼宇中的储能设备,在用电低谷期储能,高峰期放电,实现荷端"储能于民"。通过探讨荷端共享储能模式以提高荷端能源利用率,可直接减少个人日常电费开支、降低企业运营成本,对于藏富于民、减轻小微企业负担具有直接的现实社会意义。

共享储能电站示意图如图 2.10 所示。由图可知,共享储能电站参与主体主要由四部分组成:储能资源提供者、储能电站运营商、储能资源消费者(用户)及电网。储能资源消费者分为工业型用户、居民型用户和公共机构用户。

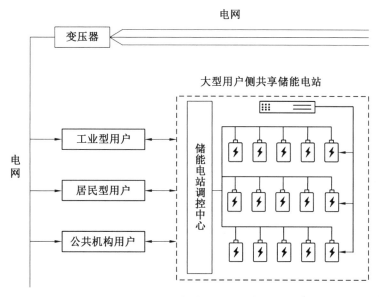

图 2.10　共享储能电站示意图

储能电站运营商利用资金优势在用户群间建立大型共享储能电站,对储能电站进行统一运营管理,为同一配电网区域内的多个用户提供共享储能服务。用户向储能电站运营商缴纳储能服务费用换取共享储能服务。用户与共享储能电站之间的交易是双向的,用户既可以向共享储能电站放电,又可以向其充电。同时,用户还可以在电价谷时向电网购电,与电网进行交易,但与电网交易为单向。

分散式共享储能系统针对用户为中小型工业用户,其分布一般都较为分散。分散式共享储能系统结构如图 2.11 所示,用户在满足自己用电负荷的情况下,可将多余储能容量的使用权出售或在一段时间中共享闲置储能设备。

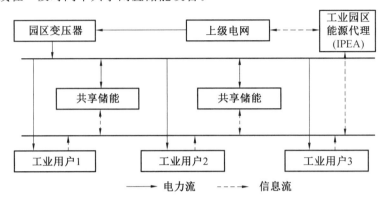

图 2.11　分散式共享储能系统结构

2.6.2　P2P 共享模式运营

相对于传统的集中运营式控制模式,在分布式共享储能系统各主体之间更适合实行点对点(peer to peer,P2P)的分布式共享和交易模式。P2P 分布式运营服务模式采取"弱中心化"的、扁平的共享模式,由利益主体自行决策、相互通信、达成合约并自动执行。"可交易能源系统""区域能源互联网"等概念的提出,为开展分布式储能用户直接交易的应用场景提供了体系构架和技术支撑。

P2P 共享模式下,储能资源提供者(以下简称"提供者")通过共享服务平台(以下简称"平台")发布闲置的共享资源,储能服务消费者(以下简称"消费者")通过平台发布储能服务使用需求。运营商维护平台,并为提供者和消费者提供交易信息,由双方自行决策是否达成交易。提供者和消费者双方既可以对自己的需求 / 供给报价,也可以接受对方报价。一旦共享合约签订,平台运用互联网和物联网技术使得消费者拥有共享储能设备的控制权,消费者可以控制所共享的储能资源进行充放电。对提供者来说,共享的实际上是其拥有的储能资源的充放电能。而运营商需要制定共享服务平台控制策略,防止提供者和消费者对同一部分储能资源的控制冲突,保证储能资源的合理使用。

参与主体通过共享服务平台寻找资源发布对象和需求内容并且按照定价支付费用。运营商的主要作用为监管、检查共享合约的安全条件,保证合约的有效执行,并对违约行为做出相应的惩罚。同时运营商通过先进的监测技术监测所有储能资源的运行状态,为用户提供运营管理服务。图 2.12 所示为 P2P 共享模式下参与主体之间关系示意图。

P2P 共享模式下运营商的盈利来自于服务费。运营商根据共享服务平台运维成本确定服务费定价模式,制定合适的服务费价格。服务费可以考虑向储能资源提供者收取,或者向储能服务消费者收取,或者向双方收取。

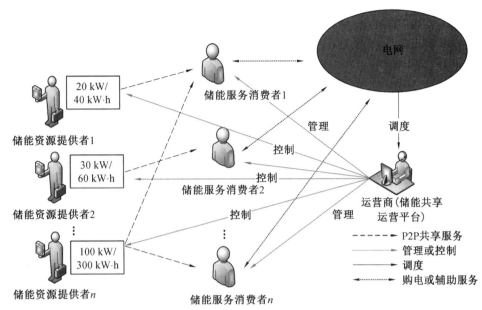

图 2.12　P2P 共享模式下参与主体之间关系示意图

参 考 文 献

[1]单茂华,李陈龙,梁廷婷,等.用于平滑可再生能源出力波动的电池储能系统优化控制策略[J].电网技术,2014,38(2):469-477.

[2]王晓东,张一龙,刘颖明,等.基于双时间尺度净负荷预测的储能调峰控制策略[J].太阳能学报,2021,42(7):58-64.

[3]李欣然,黄际元,陈远扬,等.大规模储能电源参与电网调频研究综述[J].电力系统保护与控制,2016,44(7):145-153.

[4]LI Yong,HE Li,LIU Fang,et al. Flexible voltage control strategy considering distributed energy storages for DC distribution network[J] IEEE Transactions on Smart Grid,2019,10(1):163-172.

[5]OLAWUMI T O,CHAN D W M. A scientometric review of global research on sustainability and sustainable development[J]. Journal of Cleaner Production,2018,183(MAY 10):231-250.

[6]薛琰,殷文倩,杨志豪,等. 电力市场环境下独立储能电站的运行策略研究[J]. 电力需求侧管理,2018,20(6):12-15.

[7]李建林,黄际元,房凯,等. 电池储能系统调频技术[M]. 北京:机械工业出版社,2018.

[8]杨玉龙,李湃,黄越辉,等.面向弃风消纳的电储能—热电分级协调优化方法[J].中国电力,2020,53(12):127-135.

[9]黄碧斌,李琼慧.储能支撑大规模分布式光伏接入的价值评估[J].电力自动化设备,2016,36(6):88-93.

[10]袁霜晨,蔡声霞,王守相,等.用户侧热/电综合储能系统经济性建模与分析[J].储能科学与技术,2017,6(5):1099-1104.

第2篇　储能投资决策专题

第3章　集中管制市场环境下电力系统
"源－网－储"联合投资

随着科学技术的进步和能源消费水平的提高,可再生能源高比例化成为新型电力系统发展趋势与重要特征。国外已有多个国家实施了可再生能源配额制,在促进可再生能源的发电效率提高的同时,减少风电和光伏的功率削减。2016年,国家能源局发布第54号文件《关于建立可再生能源开发利用目标引导制度的指导意见》,旨在促进全国范围内可再生能源的开发与利用,该文件明确规定了全国各省市非水可再生能源电力消纳量比重指标及核算方法。其核心目标是实现2020年非化石能源消费量达到一次能源消费量的15%,并且在2030年将非化石能源消费占比提高到20%。该文件强调了可再生能源开发的重要性,以及完成可再生能源消费目标的强制性,旨在督促各地区可再生能源的合理开发与利用。综上所述,研究含高比例可再生能源电力系统的规划与运行具有重要意义。

本章聚焦于集中管制市场环境下的电力系统投资决策问题,建立基于两阶段鲁棒优化理论的"源－网－储"联合投资决策模型,旨在实现预定的可再生能源发电量占比目标。通过算例仿真验证两阶段鲁棒优化模型在电力系统投资决策中的有效性,阐述储能对实现高比例可再生能源系统的重要性。集中管制的市场机制赋予独立系统运营商完全的物理调度权利,通过统一的能量管理策略推动可再生能源渗透率的增加。然而,可再生能源的随机性导致系统潮流大规模转移,使得含高比例可再生能源的电力系统的规划面临严峻挑战。一般而言,即使在垂直一体化的电力行业中,决策者往往也是对电源规划与输电网规划分别进行考虑。然而,由于电源和输电网投资都是通过电力调度和网络拓扑相互影响的,因此,在可再生能源消纳配额背景下,协调规划可再生能源和输电网能够得到总体规划的最优解。需要强调的是,储能系统的灵活性在平滑可再生能源出力及延缓输电线阻塞方面发挥着重要的作用。因此,考虑可再生能源、输电网和储能资源互补优势的电力系统协调规划,是实现可再生能源消纳配额及降低系统运行成本的最佳方案。

3.1　考虑配额指标的电力系统"源－网－储"联合投资决策模型

实行可再生能源配额制是为了在更广泛的电力市场中为可再生资源保留一定份额,它要求市场参与者确保其总电力供应的预定份额由可再生电力设施提供。配额制作为要求投资能源效率的政策工具越来越受欢迎。国家能源局发布的文件强调完成可再生能源配额指标是一项责任与义务。这使得各省(区、市)区域电网必须保证可再生能源的优先调度权,切实保障可再生能源的并网发电权。然而,可再生能源的生产依赖于气象条件,这导致风电机组和光伏电站的输出功率具有不确定性。因此,完成可再生能源消纳配额指标的强制性与可再生能源发电功率的不确定性之间的矛盾成为电力部门最关切的问题。另一方面,可再生能源配额指标具有时空多样性,主要表现为以下两方面:第一,对于单个省(区、市)电网而言,不同时期技术水平下的可再生能源配额指标存在差异性。由于可再生能源的建设成本和发电成本随着技术革新呈现出递减趋势,因此在不同时期制定合理的可再生能源配额指标能够提高电网的经济性。第二,对于同一时期的技术水平,各省(区、市)的区域电网具有不同强度的可再生能源配额指标。这主要取决于可再生能源在地理上的资源禀赋状况,以我国实际情况为例,东北地区具有丰富的风力资源,西北地区更适合开发光伏能源,而西南地区的水能蕴藏量较大。因此,在同一时期因地制宜地分配各省(区、市)区域电网的可再生能源配额指标体现出国家能源战略的合理性。

3.1.1　目标函数

本联合投资决策模型的目标函数是使投资成本和运行成本最小。投资成本包括可再生能源、输电线和储能的建设成本。运行成本包括储能退化成本,火电机组的启动成本、关停成本、运行成本,切负荷的惩罚成本。由于规划成本与运行成本的时间尺度不同,本书采用全生命周期折算的方法,将投资成本折算到每个代表日。目标函数为

$$\min \{C_{\text{w}} + C_{\text{pv}} + C_{\text{es}} + C_{\text{l}} + C_{\text{g}} + C_{\text{P,d}}\} \tag{3.1}$$

式中,C_{w} 为风电场的投资成本;C_{pv} 为光伏电站的投资成本;C_{es} 为储能的投资和运行成本;C_{l} 为新建输电线的投资成本;C_{g} 为火电机组的启动成本、关停成本和运行成本;$C_{\text{P,d}}$ 为切负荷的惩罚成本。

$$C_{\text{w}} = \sum_{i \in \Omega_{\text{w}}} c_{\text{w}} n_{\text{w},i} \tag{3.2}$$

式中,Ω_{w} 为候选的风电节点集合;c_{w} 为单位容量风电单元的投资成本;$n_{\text{w},i}$ 为第 i 个节点上安装的风电单元的容量。

$$C_{\text{pv}} = \sum_{i \in \Omega_{\text{pv}}} c_{\text{pv}} n_{\text{pv},i} \tag{3.3}$$

式中,Ω_{pv} 为候选的光伏节点集合;c_{pv} 为单位容量光伏单元的投资成本;$n_{\text{pv},i}$ 为第 i 个节点上安装的光伏单元的容量。

$$C_{\text{es}} = \sum_{i \in \Omega_{\text{es}}} c_{\text{es}} n_{\text{es},i} + \sum_{t \in \Omega_{\text{T}}} \sum_{i \in \Omega_{\text{es}}} (c_{\text{es}}^{\circ} p_{\text{es,c},i}^{t} \eta_{\text{es,c}} + c_{\text{es}}^{\circ} p_{\text{es,d},i}^{t} / \eta_{\text{es,d}}) \tag{3.4}$$

式中,Ω_{es} 为候选的储能节点集合;Ω_{T} 为调度时段集合;c_{es}° 为储能的退化成本;c_{es} 为单位容量储能单元的投资成本;$n_{\text{es},i}$ 为第 i 个节点上安装储能单元的容量;$p_{\text{es,d},i}^{t}$ 和 $p_{\text{es,c},i}^{t}$ 分别为与节点 i 相连储能单元在第 t 个时段的充电功率和放电功率;$\eta_{\text{es,c}}$ 和 $\eta_{\text{es,d}}$ 分别为储能充电、放电效率。

$$C_{\text{l}} = \sum_{l \in \Omega_{\text{l}}} c_{l} x_{l} \tag{3.5}$$

式中,Ω_{l} 为输电线路的集合;c_{l} 为第 l 条候选线路的投资成本;x_{l} 为第 l 条候选线路的状态,

$x_l = 0$ 表示不需要建设，$x_l = 1$ 表示需要新建。

$$C_g = \sum_{t \in \Omega T} \sum_{i \in \Omega_g} su_{g,i} u_{g,i}^t + \sum_{t \in \Omega T} \sum_{i \in \Omega_g} sd_{g,i} v_{g,i}^t + \sum_{t \in \Omega T} \sum_{i \in \Omega_g} \{a_{g,i}(p_{g,i}^t)^2 + b_{g,i} p_{g,i}^t + c_{g,i}\} \quad (3.6)$$

式中，Ω_g 为火电机组的集合；$su_{g,i}$ 和 $sd_{g,i}$ 分别为第 i 台火电机组的启动和关停成本；$u_{g,i}^t$ 和 $v_{g,i}^t$ 分别为第 i 台火电机组的启动和关停动作变量；$a_{g,i}$、$b_{g,i}$ 和 $c_{g,i}$ 为第 i 台火电机组的运行成本系数；$p_{g,i}^t$ 为第 i 台火电机组在第 t 个时段的生产功率。

$$C_{P,d} = \sum_{t \in \Omega T} \sum_{i \in \Omega_d} o_d \Delta p_{d,i}^t \quad (3.7)$$

式中，Ω_d 为负荷节点的集合；o_d 为切除 1 MW·h 负荷的惩罚成本；$\Delta p_{d,i}^t$ 为第 i 个节点上的负荷在第 t 个时段的削减负荷功率。

3.1.2　约束条件

约束条件主要包括规划约束和运行约束两大类。在规划约束方面，每个节点接入的可再生能源和储能受到面积的限制，而输电线的扩建同样受地理条件的限制。在运行约束方面，主要包括机组的启停约束、爬坡约束、功率平衡约束、可再生能源配额指标约束等。

$$x_{w,i} N_{w,i}^{min} \leqslant n_{w,i} \leqslant x_{w,i} N_{w,i}^{max} \quad (3.8)$$

式中，$x_{w,i}$ 为布尔变量；$N_{w,i}^{min}$ 和 $N_{w,i}^{max}$ 为在节点 i 处建设风电单元的下限和上限。

$$x_{pv,i} N_{pv,i}^{min} \leqslant n_{pv,i} \leqslant x_{pv,i} N_{pv,i}^{max} \quad (3.9)$$

式中，$x_{pv,i}$ 为布尔变量；$N_{pv,i}^{min}$ 和 $N_{pv,i}^{max}$ 为在节点 i 处建设光伏单元的下限和上限。

$$x_{es,i} N_{es,i}^{min} \leqslant n_{es,i} \leqslant x_{es,i} N_{es,i}^{max} \quad (3.10)$$

式中，$x_{es,i}$ 为布尔变量；$N_{es,i}^{min}$ 和 $N_{es,i}^{max}$ 为在节点 i 处建设储能单元的下限和上限。

$$\sum_{l \in \Omega_l} x_l \leqslant N_1, \quad x_l \in \{0,1\} \quad (3.11)$$

式中，N_1 为允许新建线路的最大数量。

$$\sum_{i \in \Omega_w} n_{w,i} S_w = \omega \sum_{i \in \Omega_{pv}} n_{pv,i} S_{pv} \quad (3.12)$$

式中，S_w 和 S_{pv} 分别为风电和光伏单元的容量；ω 为风电和光伏单元的装机比例，用于合理开发可再生能源。在实际工程中，可根据决策者喜好设置该参数，$\omega = 0$ 意味着未限制可再生能源装机比例。

$$s_{g,i}^{t-1} - s_{g,i}^t + u_{g,i}^t \geqslant 0 \quad (3.13)$$

式中，$s_{g,i}^t$ 为第 i 台火电机组在第 t 个时段的运行状态；$u_{g,i}^t$ 为第 i 台火电机组在第 t 个时段的启动状态。

$$s_{g,i}^t - s_{g,i}^{t-1} + v_{g,i}^t \geqslant 0 \quad (3.14)$$

式中，$v_{g,i}^t$ 为第 i 台火电机组在第 t 个时段的关停状态。

$$-s_{g,i}^t + s_{g,i}^t + u_{g,i}^\tau \geqslant 0, \tau \in [t+1, \min\{t + T_{g,i}^{on} - 1, T\}] \quad (3.15)$$

式中，τ 为辅助变量；$T_{g,i}^{on}$ 为第 i 台火电机组的最小启动时间；T 为调度时段总数。

$$-s_{g,i}^{t-1} + s_{g,i}^t - v_{g,i}^\tau \geqslant 1, \tau \in [t+1, \min\{t + T_{g,i}^{down} - 1, T\}] \quad (3.16)$$

式中，$T_{g,i}^{down}$ 为第 i 台火电机组的最小关停时间。

$$p_{g,i}^t + p_{w,i}^t - \Delta p_{w,i}^t + p_{pv,i}^t - \Delta p_{pv,i}^t + p_{es,i}^t + p_{l,i}^t = p_{d,i}^t - \Delta p_{d,i}^t \quad (3.17)$$

式中，$p_{\mathrm{g},i}^t$ 为与节点 i 相连火电机组在第 t 个时段的发电功率；$p_{\mathrm{w},i}^t$ 和 $\Delta p_{\mathrm{w},i}^t$ 分别为与节点 i 相连风电单元在第 t 个时段的生产功率和削减功率；$p_{\mathrm{pv},i}^t$ 和 $\Delta p_{\mathrm{pv},i}^t$ 分别为与节点 i 相连光伏单元在第 t 个时段的生产功率和削减功率；$p_{\mathrm{es},i}^t$ 为与节点 i 相连储能单元在第 t 个时段的输出功率；$p_{\mathrm{l},i}^t$ 为与节点 i 有关线路在第 t 个时段的传输功率；$p_{\mathrm{d},i}^t$ 为节点 i 上负荷在第 t 个时段的需求功率。

$$p_{\mathrm{d},i}^t = \widetilde{p}_{\mathrm{d},i}^t \tag{3.18}$$

式中，$\widetilde{p}_{\mathrm{d},i}^t$ 为节点 i 上负荷在第 t 个时段的预测功率。

风电单元的功率削减约束为

$$0 \leqslant \Delta p_{\mathrm{w},i}^t \leqslant p_{\mathrm{w},i}^t \tag{3.19}$$

光伏单元的功率削减约束为

$$0 \leqslant \Delta p_{\mathrm{pv},i}^t \leqslant p_{\mathrm{pv},i}^t \tag{3.20}$$

负荷需求的功率削减约束为

$$0 \leqslant \Delta p_{\mathrm{d},i}^t \leqslant p_{\mathrm{d},i}^t \tag{3.21}$$

$$p_{\mathrm{es},i}^t = p_{\mathrm{es,d},i}^t - p_{\mathrm{es,c},i}^t \tag{3.22}$$

$$e_{\mathrm{es},i}^t = e_{\mathrm{es},i}^{t-1} + p_{\mathrm{es,c},i}^t \eta_{\mathrm{es,c}} - p_{\mathrm{es,d},i}^t / \eta_{\mathrm{es,d}} \tag{3.23}$$

式中，$e_{\mathrm{es},i}^{t-1}$ 和 $e_{\mathrm{es},i}^t$ 分别为与节点 i 相连储能单元在第 $t-1$ 个和第 t 个时段的荷电状态(state of charge, SOC)。

$$\sum_{t \in \Omega_T} (p_{\mathrm{es,c},i}^t \eta_{\mathrm{es,c},i} - p_{\mathrm{es,d},i}^t / \eta_{\mathrm{es,d},i}) = 0 \tag{3.24}$$

式中，$\eta_{\mathrm{es,c},i}$ 和 $\eta_{\mathrm{es,d},i}$ 分别为储能充电、放电效率。

式(3.24)为储能单元的充放电策略，即每个代表日内储能单元的充电量与放电量相等。

$$\sum_{t \in \Omega_T} \sum_{i \in \Omega_\mathrm{w}} (p_{\mathrm{w},i}^t - \Delta p_{\mathrm{w},i}^t) + \sum_{t \in \Omega_T} \sum_{i \in \Omega_\mathrm{pv}} (p_{\mathrm{pv},i}^t - \Delta p_{\mathrm{pv},i}^t) \geqslant r_{\mathrm{a,res}} \sum_{t \in \Omega_T} \sum_{i \in \Omega_\mathrm{d}} (p_{\mathrm{d},i}^t - \Delta p_{\mathrm{d},i}^t) \tag{3.25}$$

式中，$r_{\mathrm{a,res}}$ 为可再生能源消纳配额，该约束强调了完成配额指标的强制性。

$$\sum_{t \in \Omega_T} \sum_{i \in \Omega_\mathrm{w}} \Delta p_{\mathrm{w},i}^t + \sum_{t \in \Omega_T} \sum_{i \in \Omega_\mathrm{pv}} \Delta p_{\mathrm{pv},i}^t \leqslant r_{\mathrm{c,res}} \sum_{t \in \Omega_T} \sum_{i \in \Omega_\mathrm{w}} p_{\mathrm{w},i}^t + r_{\mathrm{c,res}} \sum_{t \in \Omega_T} \sum_{i \in \Omega_\mathrm{pv}} p_{\mathrm{pv},i}^t \tag{3.26}$$

式中，$r_{\mathrm{c,res}}$ 为可再生能源削减率约束。

$$p_{\mathrm{g},i}^{\min} s_{\mathrm{g},i}^t \leqslant p_{\mathrm{g},i}^t \leqslant p_{\mathrm{g},i}^{\max} s_{\mathrm{g},i}^t \tag{3.27}$$

式中，$p_{\mathrm{g},i}^{\min}$ 和 $p_{\mathrm{g},i}^{\max}$ 分别为与节点 i 相连火电机组输出功率的最小值和最大值。

$$p_{\mathrm{g},i}^t - p_{\mathrm{g},i}^{t-1} \leqslant \Delta p_{\mathrm{g},i}^{\mathrm{u}} s_{\mathrm{g},i}^{t-1} + p_{\mathrm{g},i}^{\min} (s_{\mathrm{g},i}^t - s_{\mathrm{g},i}^{t-1}) \tag{3.28}$$

式中，$\Delta p_{\mathrm{g},i}^{\mathrm{u}}$ 为与节点 i 相连火电机组的向上爬坡功率。

$$p_{\mathrm{g},i}^{t-1} - p_{\mathrm{g},i}^t \leqslant \Delta p_{\mathrm{g},i}^{\mathrm{d}} s_{\mathrm{g},i}^t + p_{\mathrm{g},i}^{\min} (s_{\mathrm{g},i}^{t-1} - s_{\mathrm{g},i}^t) \tag{3.29}$$

式中，$\Delta p_{\mathrm{g},i}^{\mathrm{d}}$ 为与节点 i 相连火电机组的向下爬坡功率。

$$p_{\mathrm{w},i}^t = n_{\mathrm{w},i} S_\mathrm{w} \widetilde{p}_{\mathrm{w},i}^t \tag{3.30}$$

式中，$\widetilde{p}_{\mathrm{w},i}^t$ 为与节点 i 相连风电单元在第 t 个时段的预测功率。

$$p_{\mathrm{pv},i}^t = n_{\mathrm{pv},i} S_\mathrm{pv} \widetilde{p}_{\mathrm{pv},i}^t \tag{3.31}$$

式中，$\widetilde{p}_{pv,i}^t$ 为与节点 i 相连光伏单元在第 t 个时段的预测功率。

$$0 \leqslant p_{es,d,i}^t \leqslant n_{es,i} s_{es,d,i}^t p_{es}^d \tag{3.32}$$

式中，$s_{es,d,i}^t$ 为与节点 i 相连储能单元在第 t 个时段的放电状态；p_{es}^d 为储能单元的最大放电功率。

$$0 \leqslant p_{es,c,i}^t \leqslant n_{es,i} s_{es,c,i}^t p_{es}^c \tag{3.33}$$

式中，$s_{es,c,i}^t$ 为与节点 i 相连储能单元在第 t 个时段的充电状态；p_{es}^c 为储能单元的最大充电功率。

$$s_{es,d,i}^t + s_{es,c,i}^t \leqslant 1 \tag{3.34}$$

式（3.34）为储能单元的充放电状态约束。

$$n_{es,i} e_{es,i}^{min} \leqslant e_{es,i}^t \leqslant n_{es,i} e_{es,i}^{max} \tag{3.35}$$

式中，$e_{es,i}^{min}$ 和 $e_{es,i}^{max}$ 分别为储能单元的 SOC 的最大值与最小值。

$$-M_l(1-x_l) \leqslant p_{l,i}^t - b_l(\theta_i^t - \theta_j^t) \leqslant M_l(1-x_l) \tag{3.36}$$

式中，b_l 为线路 l 的电纳；θ_i^t 为在第 t 个时段节点 i 的相角；M_l 为足够大的正数。

$$-x_l p_l^{max} \leqslant p_{l,i}^t \leqslant x_l p_l^{max} \tag{3.37}$$

式中，p_l^{max} 为线路 l 的最大传输功率。

$$\widetilde{p}_{w,i}^t = \hat{p}_{w,i}^t \tag{3.38}$$

式中，$\hat{p}_{w,i}^t$ 为与节点 i 相连风电单元在第 t 个时段的估计值。

$$\widetilde{p}_{pv,i}^t = \hat{p}_{pv,i}^t \tag{3.39}$$

式中，$\hat{p}_{pv,i}^t$ 为与节点 i 相连光伏单元在第 t 个时段的估计值。

$$\widetilde{p}_{d,i}^t = \hat{p}_{d,i}^t \tag{3.40}$$

式中，$\hat{p}_{d,i}^t$ 为与节点 i 相连负荷需求在第 t 个时段的估计值。

考虑可再生能源配额指标的联合投资决策问题可以被描述为混合整数线性规划问题，该问题的矩阵形式为

$$\min_{X,Y}\{C'X + D'Y\} \tag{3.41}$$

$$AX \geqslant B \tag{3.42}$$

$$EY \geqslant F \tag{3.43}$$

$$GX + HY \geqslant L \tag{3.44}$$

$$IY = \hat{U} \tag{3.45}$$

式中，X 和 Y 分别为投资决策和运行决策变量；C' 和 D' 为目标函数的系数；A 和 B 为投资决策约束的系数；E 和 F 为运行决策约束的系数；G、H 和 L 为规划决策与运行决策耦合约束系数；I 和 $\hat{U}$ 为可再生能源和负荷功率约束的系数。

式（3.41）代表目标函数。式（3.42）代表式（3.8）～（3.16）。式（3.43）代表式（3.17）～（3.26）。式（3.44）代表式（3.27）～（3.37）。式（3.45）代表式（3.38）～（3.40）。上述模型中，可再生能源和负荷的预测功率被固定在估计值。因此，这个确定性联合投资决策模型很容易被现有商业软件求解，最终可以得到可再生能源和储能的接入位置、安装容量、输电线的扩展方案，以及相应的调度计划。

3.2　基于鲁棒优化的电力系统"源－网－储"联合投资决策模型

3.2.1　两阶段鲁棒优化模型

随着可再生能源渗透率的增加，风电、光伏单元发电和负荷需求功率的不确定性逐渐增强。为此，本节建立了基于两阶段鲁棒优化理论的"源－网－储"联合投资决策模型。两阶段鲁棒优化又被称为动态鲁棒优化。与传统的鲁棒优化相比，两阶段鲁棒优化将决策变量分为两部分，即第一阶段的"here-and-now"变量和第二阶段的"wait-and-see"变量。第一阶段决策在不确定性被观测到之前被制定，第二阶段决策在不确定性实现之后制定。本书在可再生能源和负荷的不确定性未被观测时，制定第一阶的规划投资和火电机组启停的决策。待不确定性被观测到之后，制定第二阶段的最优控制决策，即火电、可再生能源、储能和输电线的调度功率。两阶段鲁棒优化体现了不确定性信息的价值，通过第二阶段决策的再调整实现决策保守性和经济性的权衡。

电力系统的规划和运行具有明显的两阶段决策属性，而鲁棒优化相较于随机优化而言，更具有计算可处理性。因此，本书基于两阶段鲁棒优化理论提出了可再生能源配额背景下的"源－网－储"联合投资决策模型。然而，区别于传统的两阶段鲁棒优化模型，本书在第二阶段考虑多个不确定集合，旨在最小化期望运行成本。改进的两阶段鲁棒优化框架如图3.1 所示。

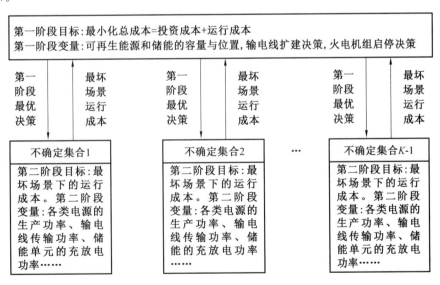

图 3.1　考虑多个不确定集合的两阶段鲁棒优化框架

在第一阶段，确定可再生能源和储能的接入母线与安装容量，输电线扩展容量，以及火电机组的启停决策，决策的目的在于使得投资成本和最坏场景下的运行成本总和最小。而在第二阶段，对于给定的第一阶段决策，分别针对每个不确定集合求解最坏场景实现时运行成本的最小值。从这样的决策顺序和目的可以看出第一阶段决策考虑了所有不确定集合约束的第二阶段决策。也就是说,第一阶段决策对于任意可再生能源生产和负荷需求具有鲁棒可行性。需要注意的是第二阶段中包含多个经典的鲁棒优化调度问题,其中每个不确定集合中随机变量的最坏场景是关于第一阶段决策的函数,并且第二阶段决策是关于第一阶段决策和随机变量的函数,因此第一阶段决策能够完全适应可再生能源生产和负荷需求的任意实现。基于改进的两阶段鲁棒优化的联合投资决策模型为

$$\min_{\boldsymbol{X}}\left\{\boldsymbol{C'X} + \sum_{k}\rho_k\left(\max_{\boldsymbol{U}_k}\min_{\boldsymbol{Y}_k}\{\boldsymbol{D'_k Y_k}\}\right)\right\} \tag{3.46}$$

$$\boldsymbol{AX} \geqslant \boldsymbol{B} \tag{3.47}$$

$$\boldsymbol{E_k Y_k} \geqslant \boldsymbol{F_k} \tag{3.48}$$

$$\boldsymbol{G_k X} + \boldsymbol{H_k Y_k} \geqslant \boldsymbol{L_k} \tag{3.49}$$

$$\boldsymbol{I_k Y_k} = \widetilde{\boldsymbol{U}}_k \tag{3.50}$$

式中,k 为不确定集合的索引;ρ_k 为每个不确定集合的权重系数。

不难发现,第二阶段决策 Y 的可行域是与第一阶段决策 X 和随机变量 u 有关的集合。两阶段鲁棒优化问题具有难以处理的 $\min-\max-\min$ 三层优化结构,第一层优化旨在确定最优的投资决策和火电机组启停决策,第二层优化旨在确定每个不确定集合的最坏场景,第三层优化旨在确定每个不确定集合约束下的最优调度策略和最坏场景下的运行成本。需要强调的是,对于给定的最坏场景,各经济调度问题是容易求解的线性规划,而最坏场景下的运行成本是关于投资决策和最坏场景的函数。尽管不确定集合的数量将会增大最下层调度问题的规模,但增加的计算负担是可接受的。对于给定的第一阶段投资决策,每个不确定集合对应的鲁棒优化调度问题相互独立,因此采用并行求解算法能够有效处理这个扩展的两阶段鲁棒优化问题。

3.2.2 求解算法

两阶段鲁棒优化问题是难以处理的 NP-hard 问题,现有的求解策略主要分为近似算法与分解算法两种。近似算法假定第二阶段的决策是关于不确定性的仿射函数,这类算法计算负担较小、最优解的保守性较强。分解算法是将第二阶段问题的对偶解作为第一阶段决策的值函数,常见的分解算法有 Benders 分解算法等,这类算法的计算复杂度较高而解的精确性较好。两种求解策略各有利弊,应该结合具体应用场景选择相应的算法。电力系统协调规划属于离线仿真,对于求解时间要求不高,因此采用分解算法进行求解。近年来,两阶段鲁棒优化问题的求解得到进一步发展。区别于应用对偶割平面的 Benders 算法,一种不依赖于第二阶段决策对偶解的列与约束生成(column-and-constraint generation,C&CG)算法成为求解两阶段鲁棒优化问题的主流算法。该算法在已确定的原始空间中动态生成具有追索权决策变量的约束,这是一个列约束生成过程,又被称为原始割平面算法。根据 C&CG 算法求解原理,首先需要将规划和运行阶段的决策问题转化为易于处理的形式。

尽管第二阶段决策问题是上层规划问题,对于给定的第一阶段决策 X_0,第二阶段决策能够被转化为容易求解的混合整数线性规划问题。由于第二阶段决策考虑了多个不确定集合,因此每个不确定集合都存在与之对应的子问题(sub-problems,SP),如下所示:

$$Q(X^0) = \sum_k \sigma_k \left(\max_{U_k} \min_{Y_k} \{D'_k Y_k\} \right) \tag{3.51}$$

$$E_k Y_k \geqslant F_k \tag{3.52}$$

$$H_k Y_k \geqslant L_k - G_k X^0 \tag{3.53}$$

$$I_k Y_k = \widetilde{U}_k \tag{3.54}$$

式(3.51)中,第二阶段问题的目标函数即最坏场景下的运行成本。式(3.52)～(3.54)为第二阶段问题的约束条件,应注意该约束与不确定集合的数量有关。如前所述,$Q(X^0)$为经典的鲁棒优化问题,并且最内层的经济调度为线性规划。因此,可通过对偶理论将双层的 $Q(X^0)$ 转为单层问题:

$$\max \left\{ \sum_k \Psi_k F_k + \Pi_k (L_k - G_k X^0) + \Upsilon_k \widetilde{U}_k \right\} \tag{3.55}$$

$$E'_k \Psi_k + H'_k \Pi_k + I'_k \Upsilon_k \leqslant \sigma_k D_k \tag{3.56}$$

$$\Psi_k \geqslant 0, \Pi_k \geqslant 0, \Upsilon_k \in R, k \in 1,2,\cdots,K \tag{3.57}$$

式(3.55)中,Ψ_k、Π_k、Υ_k 分别为式(3.52)～(3.54)的对偶变量。目标函数中 $\Upsilon_k \widetilde{U}_k$ 为对偶变量与不确定变量的乘积,这导致式(3.55)～(3.57)为双线性优化问题。已有学者提出采用外近似算法和析取不等式求解这类问题,而外近似算法容易陷入局部最优解,本节采用析取不等式求解该问题。多面体不确定集合可由离散的点表示,因此该双线性项等价于对偶变量与离散变量的乘积。对于第 k 个双线性优化有

$$\Upsilon_k \widetilde{U}_k = \Upsilon_k \overline{Z}_k (\overline{U}_k - \hat{U}_k) + \Upsilon_k \underline{Z}_k (\underline{U}_k - \hat{U}_k) + \Upsilon_k \hat{U}_k \tag{3.58}$$

$$\begin{cases} \overline{z}^t_{i,k} + \underline{z}^t_{i,k} \leqslant 1 \\ \sum_i (\overline{z}^t_{i,k} + \underline{z}^t_{i,k}) \leqslant \Gamma_{s,k} \\ \sum_t (\overline{z}^t_{i,k} + \underline{z}^t_{i,k}) \leqslant \Gamma_{t,k} \\ \overline{Z}_k \in \{0,1\}, \underline{Z}_k \in \{0,1\}, k \in 1,2,\cdots,K \end{cases} \tag{3.59}$$

式中,$\Upsilon_k \overline{Z}_k$ 和 $\Upsilon_k \underline{Z}_k$ 为连续变量与离散变量的乘积,分别引入相应的辅助变量 $\overline{J}_k$ 和 $\underline{J}_k$ 采用析取不等式线性化表示:

$$\max \{ \overline{J}_k (\overline{U}_k - \hat{U}_k) + \underline{J}_k (\underline{U}_k - \hat{U}_k) \}$$

$$\text{s.t.} \begin{cases} -\overline{Z}_k M_k \leqslant \overline{J}_k \leqslant \overline{Z}_k M_k \\ -(1-\overline{Z}_k)\overline{M}_k \leqslant \overline{J}_k - \Upsilon_k \overline{Z}_k \leqslant (1-\overline{Z}_k)\overline{M}_k \\ -\underline{Z}_k M_k \leqslant \underline{J}_k \leqslant \underline{Z}_k M_k \\ -(1-\underline{Z}_k)\underline{M}_k \leqslant \underline{J}_k - \Upsilon_k \underline{Z}_k \leqslant (1-\underline{Z}_k)\underline{M}_k \end{cases} \tag{3.60}$$

式中,$\overline{M}_k$ 和 $\underline{M}_k$ 为足够大的正数。

不难发现 $\overline{J}_k$ 与 $\Upsilon_k \overline{Z}_k$ 是等价的。当 $\overline{Z}_k = 1$ 时,$\overline{J}_k = \Upsilon_k \overline{Z}_k$;当 $\overline{Z}_k = 0$ 时,$\overline{J}_k = 0$。最终,对于给定的第一阶段决策,第二阶段决策 $Q(X^0)$ 被转化为可直接求解的 MILP 问题。假设在第 v 次迭代计算中,求解子问题即可得到目标函数值 Q^v,第 k 个不确定集合对应的最坏

场景 U_{k*}^v。那么,第一阶段规划的主问题(master problems,MP)为

$$\min\{C'X + \eta\} \tag{3.61}$$

$$AX \geqslant B \tag{3.62}$$

$$\eta \geqslant \sum_k \rho_k D_k' Y_k^l \tag{3.63}$$

$$E_k Y_k^l \geqslant F_k \tag{3.64}$$

$$G_k X + H_k Y_k^l \geqslant L_k \tag{3.65}$$

$$I_k Y_k^l = U_{k*}^l \tag{3.66}$$

$$1 \leqslant l \leqslant v, k \in 1, 2, \cdots, K \tag{3.67}$$

式中,η 为引入的辅助变量;k 为不确定集合的索引;l 为迭代次数的索引;v 为当前迭代次数。

式(3.63)~(3.67)为求解第二阶段问题之后生成的原始最优割集,Y_k^l 为第 k 个子问题在第 l 次迭代中新增的变量,U_{k*}^l 为求解子问题得到的最坏场景。由于第二阶段包含多个不确定集合,因此最坏场景和新增变量均被 k 索引。第一阶段决策的变量和约束随着迭代次数和不确定集合的数量逐渐增加。幸运的是,用现有的商业软件处理这类线性规划问题很容易。最终,第一阶段和第二阶段决策均被转为商业软件可直接求解的形式。

基于已有的 C&CG 求解框架,本节提出一种并行求解策略以应对含多个不确定集合的两阶段鲁棒优化问题,如图 3.2 所示。

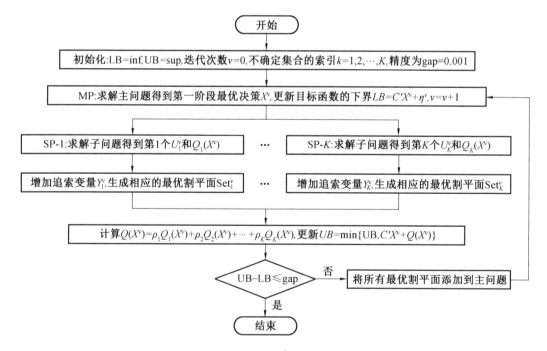

图 3.2 并行的 C&CG 求解策略

如前所述,对于给定的第一阶段决策,第二阶段决策中包含多个独立经济调度问题,因此可并行同时求解每个子问题识别最坏场景和相应的运行成本。与 Benders 算法相同的是,C&CG 算法也是基于迭代求解和生成割集的。然而不同的是,C&CG 算法统一考虑可

行割与最优割,使得问题的求解更便利。C&CG 算法在第一阶段决策中添加变量寻求更低的下界,具有良好的收敛速度。需要注意的是,在第二阶段决策中析取不等式涉及大 M 取值问题,将会影响计算效率,在实际应用中大 M 的取值应该在保证收敛性的同时尽可能地小。

3.3　算　例　仿　真

3.3.1　参数设置

改进的 IEEE－30 节点测试系统拓扑结构如附录 1 所示,该系统包含 41 条输电线路和 6 台火电发电机(TG)。本算例在原始数据的基础上对发电机数据进行修改,见表3.1。

表 3.1　火电机组参数

编号(母线)	TG1(1)	TG2(2)	TG3(13)	TG4(22)	TG5(23)	TG6(27)
最大出力 /MW	80	80	40	50	30	55
最小出力 /MW	24	24	12	15	9	16.5
启动时间 /h	2	3	2	2	2	1
关停时间 /h	4	2	2	2	1	1
爬坡速度 /(MW·h^{-1})	4	4	2	5	0	0
启动费用 /$	1 000	1 500	2 000	2 500	500	1 000
关停费用 /$	500	750	1 000	500	500	500
成本系数 /($·MW^{-1})	170	165	150	90	65	80

各节点负荷数据及线路参数与原始数据保持一致,原始数据见附录 2 和附录 3。若未特别强调声明,本节算例的参数设置如下:可再生能源消纳配额为 30%,可再生能源溢出率为 10%,可再生能源的运行成本和溢出的惩罚成本均为 0 $/(kW·h),切负荷的惩罚成本为 50 $/(kW·h)。风电和光伏单元的容量分别为 5 MW 和 2 MW,使用周期设置为 20 年,单位容量的投资成本分别为 700 $/kW 和 900 $/kW。储能单元的功率 / 容量为 2 MW/6 MW·h,即最大充放电功率为 2 MW,满功率充电小时数为 3 h,储能单元的使用寿命为 10 年, 储能单元的投资成本为 600 $/(kW·h), 储能单元的充放电成本为 20 $/(MW·h),储能单元的充电和放电效率为 95%。由于代表日即可表征储能的动态运行特征,在第二阶段决策考虑了 24 小时调度问题。通过全生命周期折算的方法将可再生能源和储能的投资成本折算到代表日,通货膨胀率按 10% 计算。可再生能源和负荷的功率预测如图 3.3 所示。

根据历史数据聚类得到图 3.3 中的典型曲线,可以看出风电单元功率具有反调峰特性。为充分发挥风电单元和光伏单元发电的互补特性,未限制风电单元和光伏单元的装机

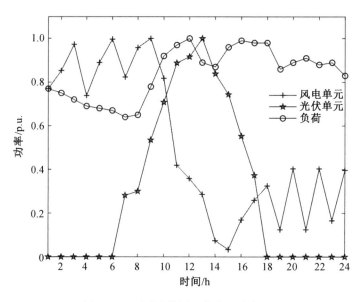

图 3.3   可再生能源和负荷的功率预测

比例。另外,可再生能源的候选节点为 25、27 和 29 号母线,储能单元的候选节点为 6、20 和 27 号母线。所有输电线均为候选线路,候选线路的参数与现有输电线路一致。

3.3.2   联合投资决策的经济性

本节基于确定性的"源 — 网 — 储"联合投资决策模型,阐述多资源联合规划对提高系统经济性的重要作用。根据规划资源的类别,设置以下 3 种方案:方案 1 为联合规划可再生能源、储能和输电线(源 — 网 — 储);方案 2 为联合规划可再生能源和储能,未规划输电线(源 — 储);方案 3 为联合规划可再生能源和输电线,未规划储能(源 — 网)。每个候选节点上各类资源的最小接入规划限制如下:风电的安装规模至少为 25 MW,而光伏的安装规模至少为 10 MW,储能的安装规模至少为 10 MW/30 MW・h。上述参数设置下,3 种规划模式对应的规划方案见表 3.2。

表 3.2   3 种规划模式对应的规划方案

方案	节点 (风电单元)	节点 (光伏单元)	节点 (储能单元)	输电线
方案 1	25(25),27(45)	25(12),27(50)	27(10/30)	21 — 22,15 — 23,24 — 25
方案 2	27(75)	25(10),27(10),29(28)	20(10/30),27(18/54)	—
方案 3	25(25),27(30), 29(25)	25(12),27(52)	—	21 — 22,15 — 23,24 — 25

注:括号内为节点上风电单元的容量(MW),或光伏单元的容量(MW),或储能单元的功率 / 容量 [MW/(MW・h)]。

从表 3.2 中可以看出方案 1、方案 2 和方案 3 存在较大的差异,3 种方案的投资成本及可再生能源利用情况如图 3.4 所示。从图 3.4 中可以看出,方案 1 的可再生能源消纳电量最高,为 1 400 MW·h,而方案 2 的可再生能源消纳电量仅为 1 145 MW·h,3 种规划方案均存在不同程度的可再生能源溢出。

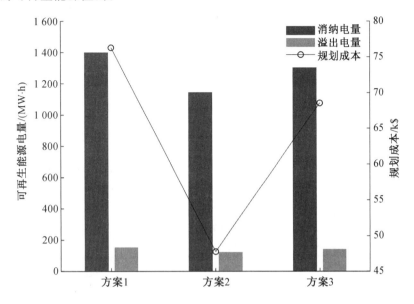

图 3.4　不同规划模式下的投资成本和可再生能源利用情况

总负荷的日需求电量为 3 816.2 MW·h,上述方案中可再生能源消纳电量占比均达到 30%。各方案在 30% 可再生能源配额指标下的成本对比见表 3.3。

表 3.3　各方案在 30% 可再生能源配额指标下的成本对比

方案	风电成本 /$	光伏成本 /$	储能成本 /$	输电线成本 /$	火电成本 /$	惩罚成本 /$	总成本 /$
方案 1	20 274	17 957	10 514	32 000	244 786	0	325 531
方案 2	16 895	13 902	26 592	—	312 282	0	369 671
方案 3	18 021	18 536	—	32 000	271 545	0	340 102

表 3.3 中储能成本包括投资成本和充放电退化成本,方案 1 中储能用于平衡电源和负荷需求,输电线用于应对网络阻塞问题,多资源协调互补对提高规划方案的经济性具有显著作用。方案 2 中成本较高的储能发挥削峰填谷作用减少可再生能源溢出,然而受限于输电容量限制导致可再生能源装机总量较低,因此火电成本最高。方案 3 中仅通过输电线和火电机组的调节作用实现可再生能源配额指标,然而缺少储能的灵活性调节作用导致可再生能源消纳电量较低。根据表 3.3 中数据可得联合规划可再生能源、储能和输电线的方案 1 更具经济性。此外,各方案中未产生切负荷惩罚成本,各方案中火电机组功率如图 3.5 所示。

图 3.5 中数据表明:调峰能力较强的火电机组 TG4(22) 和经济性较好的火电机组 TG5(23) 承担主要的发电任务。与母线 27 相连火电机组 TG6 的经济性较好而调峰能力弱,该机组仅在部分时段处于开机状态。方案 2 中储能为系统提供了充裕的调峰能力,无须通过停机的方式增加可再生能源消纳空间,净负荷的峰谷差最小为 79.18 MW。方案 3 由于缺乏调峰能力导致火电机组启停最为频繁,净负荷的峰谷差最大为 107.4 MW。总而言之,

充分发挥"源 — 网 — 储"多类资源的互补优势能够最大程度地降低系统成本。

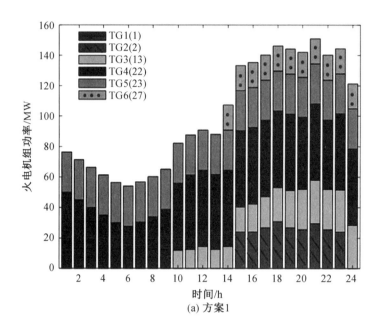

(a) 方案1

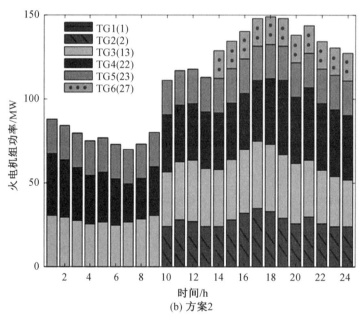

(b) 方案2

图 3.5 各方案中火电机组功率

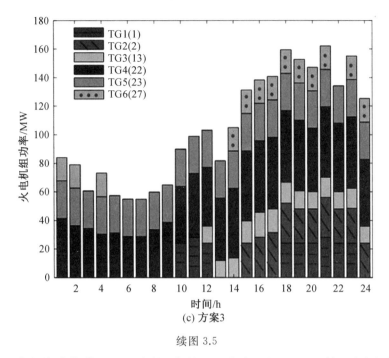

(c) 方案3

续图 3.5

为验证联合投资决策模型的适应性,本节基于方案1"源 — 网 — 储"联合规划模式,进一步分析了可再生能源配额指标对投资成本的影响。将可再生能源配额指标从 0% 增加到 90%,得到的各方案的投资和运行成本如图 3.6 所示。

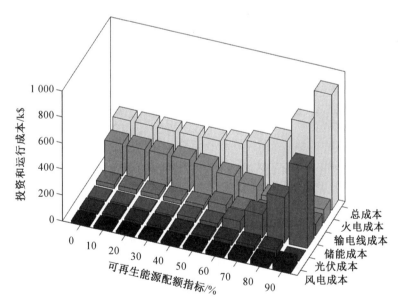

图 3.6　不同可再生能源配额指标下各方案的投资和运行成本

需要说明的是,由于可再生能源配额指标约束为不等式约束,因此较低的配额指标会导致该约束不起作用。根据图 3.6 中数据,可再生能源配额指标低于临界值时,各方案成本无明显差异。可再生能源配额指标高于临界值后,总成本随着可再生能源配额指标逐渐增加,这说明盲目追求高可再生能源消纳占比将导致产生额外的经济代价。当火电机组承担所有发电任务时,系统的运行成本为 425 158 \$。当可再生能源消纳占比达到 36.7% 时,系统的运行成本为 325 531 \$。因此,区域电网的可再生能源配额指标存在经济性区间,为[0,36.7%]。当可再生能源配额指标超过 36.7% 时,系统调峰能力严重不足,导致储能的投资成本大幅度增加。这要求决策者考虑系统中灵活性资源及投资成本,来合理制定可再生能源配额指标。

3.3.3 两阶段鲁棒优化模型的有效性

本小节基于两阶段鲁棒优化模型分析数据驱动建模方法和多个不确定集合对降低决策方案保守性的重要作用。首先,根据样本规模设置两种场景以验证数据驱动建模方法的有效性。场景 1 中根据 10 天的历史数据估计随机变量的置信区间,而场景 2 中根据 100 天的历史数据,置信水平设置为 90%。以负荷历史数据为例,两场景中负荷的置信区间如图 3.7 所示。

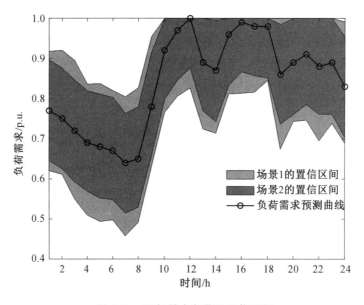

图 3.7　两场景中负荷的置信区间

图 3.7 中数据表明样本规模较大的置信区间更为精确,风电和光伏的置信区间与此类似,不再赘述。分别基于上述场景中的置信区间构造单个多面体不确定集合,令时间和空间维度的不确定性调节参数分别为 24 和 30。其中,可再生能源配额指标等参数不变,不同样本规模对应的规划方案见表 3.4。

表 3.4　不同样本规模对应的规划方案

方案	节点(风电单元)	节点(光伏单元)	节点(储能单元)	输电线
场景 1	25(25),27(95)	25(24),27(32),29(36)	20(10/30)	21－22,15－23,24－25
场景 2	25(25),27(95)	25(18),27(50),29(16)	20(10/30),27(10/30)	21－22,15－23,24－25

注:括号内为节点上风电单元的容量(MW),或光伏单元的容量(MW),或储能单元的功率／容量[MW/(MW·h)]。

　　从表 3.4 中数据可知两个场景中风电单元的数量均为 24 个,光伏单元的数量分别为 46 个和 42 个。可再生能源消纳量分别为 1 400 MW·h 和 1 462 MW·h。尽管场景 1 中可再生能源装机容量较高,但场景 2 中较大的储能规模提高了可再生能源消纳量。场景 1 中的不确定集合范围更大导致该方案中可再生能源投资更为保守,完成 30％ 的可再生能源配额指标需要更多的经济投资。不同样本规模对应规划方案的成本对比见表 3.5。

表 3.5　不同样本规模对应规划方案的成本对比

场景	风电成本 /$	光伏成本 /$	储能成本 /$	输电线成本 /$	火电成本 /$	惩罚成本 /$	总成本 /$
场景 1	27 032	26 646	10 528	32 000	316 740	0	412 946
场景 2	27 032	24 329	20 022	32 000	299 652	0	403 035

　　由表 3.5 中数据可以看出,场景 2 的经济性优于场景 1。基于大量历史数据估计可再生能源和负荷的置信区间更为精确,能够降低决策方案的保守性。值得一提的是,两种场景对应方案的投资成本均高于确定性联合投资决策方案的投资成本。然而,额外的经济成本使得规划方案的安全性增强。针对确定性联合投资决策方案 1 和考虑不确定性的场景 1,分别采用随机生成的 1 000 个场景进行运行模拟测试,两种决策方案的切负荷电量如图 3.8 所示。

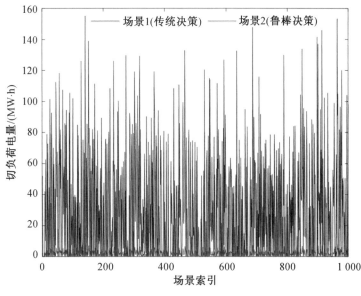

图 3.8　两种决策方案在 1 000 个场景下运行模拟测试的切负荷电量(彩图见附录)

图 3.8 中数据表明,传统的决策方案在部分场景下存在切负荷现象,平均切负荷电量为 21 MW·h,切负荷的场景比例为 36.2%。基于两阶段鲁棒优化的决策方案以提高经济性投资提高了电力系统运行的安全性,因此不存在切负荷现象。其次,基于上述场景,本书研究了不确定性调节参数对规划方案成本的影响,如图 3.9 所示。

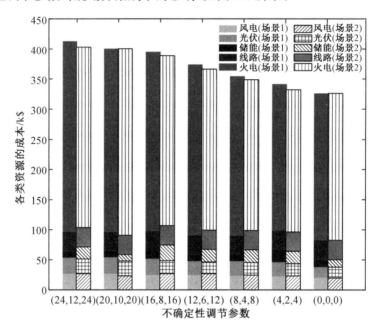

图 3.9   不确定性调节参数对规划方案成本的影响

图 3.9 中横轴括号内的数字代表风电、光伏、负荷的不确定集合的范围,数字为 0 时即不确定集合转化为确定性集合。从图 3.9 中可以看出规划方案的总成本随着不确定性的降低而减少。尽管不确定性调节参数能够控制不确定集合范围,降低决策方案的保守性,然而多面体不确定集合建模较为粗糙,未充分利用电网的历史运行数据。在牺牲一定计算成本的前提下,考虑多个不确定集合的两阶段鲁棒优化决策能够进一步降低决策方案的保守性。最后,基于场景 1 和场景 2 中的不确定集合,本小节进一步分析了拓展的两阶段鲁棒优化模型的有效性。假设场景 1 和场景 2 中不确定集合的权重系数组合为 (ρ_1, ρ_2),基于拓展的两阶段鲁棒优化模型得到"源－网－储"联合投资决策方案的总成本,如图 3.10 所示。

当权重系数组合为 (1,0) 即场景 1 中的不确定集合生效时,规划方案的总成本约为 412 946 \$;当权重系数组合为 (0,1) 即场景 2 中的不确定集合生效时,规划方案的总成本为 403 305 \$;其余权重系数组合对应的规划方案的总成本均介于这两者之间。在实际应用中,决策者可根据不确定集合的构造情况选择理想的权重系数组合,根据经验可将较小的权重系数分配给较大的不确定集合。

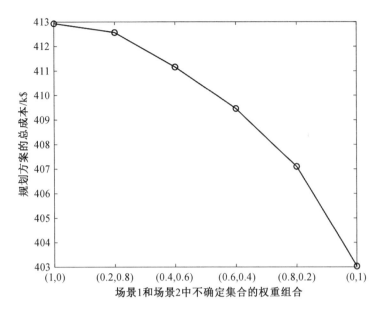

图 3.10　　不同权重系数组合对规划方案成本的影响

3.4　本 章 小 结

本章基于两阶段鲁棒优化模型,建立了考虑可再生能源配额的"源－网－储"联合投资决策模型。区别于已有研究,本章利用数据驱动技术建立了多个不确定集合,并引入了不确定性调节参数进一步降低鲁棒优化决策的保守性。本章通过修改的 IEEE－30 节点测试系统算例,验证和阐述了不同确定集合下的模型强度和取得的经济效果。本章通过算例分析得到以下结论。

(1)投资零边际成本的可再生能源能够降低系统成本,然而可再生能源投资需要与电网扩展和储能投资相互配合,充分发挥电源、输电线和储能的联动作用,以最大化投资方案的经济性。此外,区域电网存在最优的可再生能源配额区间,可再生能源配额超过该区间将导致额外的经济投资。

(2)基于数据驱动的不确定集合建模技术能够较准确刻画可再生能源和负荷的不确定性。与此同时,将不确定性调节参数和多个不确定集合整合到两阶段鲁棒优化模型中,能够进一步降低决策的保守性。设计更精确和友好的不确定集合有助于实现计算量和精度之间的平衡。

(3)本章的联合投资决策模型将可再生能源配额及可再生能源溢出作为约束条件,能够服务于各省市区域电网的可再生能源开发。在配额制背景下,本章的研究能够为垂直一体化电力系统规划提供理论支撑和计算工具,通过设置相应的参数即可得到满意的规划方案,有利于指导可再生能源的开发,实现未来的可再生能源配置及碳中和目标。

参 考 文 献

[1]赵书强,索瑭,马燕峰,等.基于复杂适应系统理论的可再生能源广域互补规划方法[J].电网技术,2020,44(10):3671-3681.

[2]TIAN Kunpeng,SUN Weiqing,HAN Dong,et al. Coordinated planning with predetermined renewable energy generation targets using extended two-stage robust optimization[J]. IEEE Access,2020,8:2395-2407.

[3]梁吉,左艺,张玉琢,等.基于可再生能源配额制的风电并网节能经济调度[J].电网技术,2019,43(7):2528-2534.

[4]马子明,钟海旺,谭振飞,等.以配额制激励可再生能源的需求与供给国家可再生能源市场机制设计[J].电力系统自动化,2017,41(24):90-96,119.

[5]刘敦楠,刘明光,王文,等.充电负荷聚合商参与绿色证书交易的运营模式与关键技术[J].电力系统自动化,2020,44(10):1-9.

[6]MAZHARI S M,SAFARI N,CHUNG C Y,et al. A quantile regression-based approach for online probabilistic prediction of unstable groups of coherent generators in power systems[J]. IEEE Transactions on Power Systems,2019,34(3):2240-2250.

[7]李振坤,何凯,路群,等.售电市场环境下并网型微电网的电源配置及优化运行[J].电力自动化设备,2019,39(11):41-49.

[8]洪绍云,程浩忠,曾平良,等.基于相关场景聚类的发输电联合扩展规划[J].电力系统自动化,2016,40(22):71-76,92.

[9]田坤鹏,孙伟卿,韩冬,等.满足非水可再生能源发电量占比目标的"源-网-储"协调规划[J].电力自动化设备,2020,41(1):98-108.

[10]SHAO Chengcheng,WANG Xifan,SHAHIDEHPOUR M,et al. Security-constrained unit commitment with flexible uncertainty set for variable wind power[J]. IEEE Transactions on Sustainable Energy,2017,8(3):1237-1246.

[11]李驰宇,高红均,刘友波,等.多园区微网优化共享运行策略[J].电力自动化设备,2020,40(3):29-36.

[12]张刘冬,袁宇波,孙大雁,等.基于两阶段鲁棒区间优化的风储联合运行调度模型[J].电力自动化设备,2018,38(12):59-66,93.

[13]LI Jia,LI Zuyi,LIU Feng,et al. Robust coordinated transmission and generation expansion planning considering ramping requirements and construction periods[J]. IEEE Transactions on Power Systems,2018,33(1):268-280.

[14]ZENG Bo,AN Yu. Exploring the modeling capacity of two-stage robust optimization:

Variants of robust unit commitment model[J]. IEEE Transactions on Power Systems,2015,30(1):109-122.

[15]ZENG B,ZHAO L. Solving two-stage robust optimization problems using a column-and-constraint generation method[J]. Operations Research Letters,2013,41(5):457-461.

第4章　自由市场环境下电力系统
"源－网－储"联合投资

　　在自由化的电力市场中,去管制的市场机制赋予了投资者完全的资产控制权。投资者在每个时间段都能直接调度和控制每个节点上的电力资产,该权利能够促进商业投资者参与电力系统建设,为商业资产在市场中获利提供了机会。随着经济的高速发展,逐渐增长的负荷对输电能力提出了更高的需求。输电阻塞是含高比例可再生能源系统的重要问题之一。在传统的垂直一体化电力系统中,独立的决策机构确定输电网扩张计划。输电网规划过程和涉及的利益参与者都需要较长的前置时间,这将阻碍电力市场中能源交易,劣化需求侧的用电体验。在监管的输电投资模式中,输电系统运营商通过向消费者收取输电电价来收回投资成本。较长的资本回收周期导致商业投资者将资本配置到更具前景的行业,除非其能够在输电网扩张中获得有吸引力的回报率。综上所述,研究自由市场环境下以投资收益为目标的电力系统投资问题具有重要工程意义和理论价值。

　　随着电力市场的发展和逐步开放,基于节点边际电价的收益机制吸引了一大批商业投资公司参与到电力系统建设行业中来。追求投资收益的商业投资公司被允许参与区域输电组织指定的输电线扩建项目,减轻了输电服务提供者的资本负担。然而,输电阻塞具有时间和空间二维属性,两者相互影响、密不可分并且能够相互转换。输电阻塞的时空特性主要表现为节点边际电价的时空波动性。从空间角度,线路达到最大传输功率会导致不同节点在同一时段内的电价存在差异;从时间角度,同一个节点在不同时段内的电价存在差异。通过建设输电线可以减缓同一时段内空间维度的输电阻塞,降低不同地理位置的节点电价差异。通过投资储能可以应对同一节点上时间维度的输电阻塞,改善不同时间的电价波动。此外,输电线具有容量离散化和成本高等特点,限制了其扩充和增容的灵活性,而储能技术具有接入灵活的优势,能够为输电系统提供更加灵活的容量支持。储能系统的容量可松弛为连续的,可以调整储能规模以适应负荷需求的变化,从而平滑可再生能源出力曲线。输电线和储能的联合投资是减缓输电阻塞的有效候选方案。在电力系统管制放松的情况下,输电线与分布式储能的集成正在成为电网提供辅助服务的最有利途径。

4.1　主从博弈投资框架

　　商业投资以分散式、小规模为主,具有投资灵活、资本负担小等特点,以市场价格为信号确定最优策略。商业投资者通过投资商业输电线和商业储能寻求市场收益的最大化。与传统的结算模式不同,市场驱动的商业资本是根据商业输电线和商业储能的金融权利来回收的。对于商业输电线,金融输电权(financial transmission right,FTR)是一种典型的点对点结算方法,其令商业投资者可以根据线路两端的节点边际电价(LMP)差异来收取阻塞租金。对于商业储能,金融储能权(financial storage right,FSR)是一种新型结算方法,其为商业投资者根据LMP进行获利增加了机会。研究表明,商业投资可能无法实现与受监管的投资计划相同的社会福利最大化效果,研究者常常容易忽略受监管投资计划可能带来的消极影响,如资本预算限制和输电项目延误所带来的经济损失。输电网扩建的延误会降低能源交易需求和能源价格,从而减少发电公司的获利空间。输电网扩建的延误还将导致较高的能源交易价格,增加负载服务公司的成本。事实上,低成本的发电公司和高成本的负载服务公司是能够从商业输电网扩建项目中获得收益的。

社会规划者作为跟随者在商业投资者做出决策之后才能做出决策,其通过投资零边际成本的可再生能源追求社会福利最大化。可再生能源的间歇性导致系统备用成本难以预估,并造成传统机组出力频繁调整,仅投资可再生能源对提升社会福利的效果甚微。储能技术的进步和成本的下降为利用储能装置解决可再生能源的随机性提供了机会。储能是提高区域电网可再生能源接纳能力的重要因素之一。与其他技术相比,储能能够有效改善可再生能源在小时级时间尺度内的功率特性,能够使电网运营商提前调度可再生能源的生产功率。社会规划者在电源侧投资的储能能够平滑可再生能源的出力曲线。联合投资可再生能源与储能能够提高系统的灵活性,能够在不影响系统可靠性的前提下增加电力系统中可再生能源的渗透率,进一步降低系统成本和提高可再生能源消纳量。

综上所述,商业投资者和社会规划者分别在电网侧和电源侧建设储能系统以实现各自的预期目标。然而,商业输电线和电网侧储能是不受社会规划者调控的,由商业投资者制定运行策略,以其自有的运行方式运行,目的是在电力市场中寻求利润最大化。电源侧为社会规划者所有,以统一调度的运行方式运行,目的是提供高于安装成本的节约成本。根据主从博弈理论可知,追求收益最大化的商业投资者与旨在最大化社会福利的社会规划者为非合作主从博弈的两个参与者。这个动态的非对称博弈模型具有三层结构,如图4.1所示。

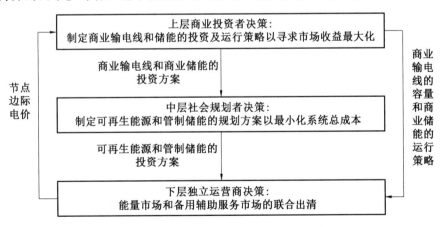

图 4.1　　商业投资者和社会规划者博弈框架

图 4.1 中展示了商业投资者和社会规划者博弈框架,表明了不同决策层次之间的互动作用。商业投资者通过投资部分指定的输电线和电网侧储能扩展规划项目以获得高额市场收益。社会规划者通过投资可再生能源和电源侧储能以降低系统总成本和提高社会福利。

与此同时,对商业输电线和去管制储能的投资也降低了输电阻塞风险,为提高社会福利做出了重要贡献。社会规划者投资可再生能源提高了电力系统的不确定性,增加了输电线阻塞和出现尖峰电价的风险,为商业投资者在电力试产中获利提供了可能性。由于独立运营商不拥有任何电力资产,对于给定的商业投资策略和社会规划者的投资方案,其决策目标为最小化系统运行成本。能量市场和备用辅助服务市场采用独立运营商联合出清模型,其中以节点边际电价和备用边际电价作为商业输电线和去管制储能的投资信号。

4.2 基于主从博弈的电力系统"源 — 网 — 储"联合投资决策模型

本节从商业投资者的角度,研究财政激励和自由市场机制下的电力系统联合投资和协调运行问题,建立以最大化收益为目标的可再生能源和储能联合投资模型。该模型为难以直接求解的双层规划问题,可通过库恩 — 塔克条件和强对偶理论将其转化为带有平衡约束的数学规划问题,采用现有软件包直接求解得到规划方案和相应的调度计划。

4.2.1 上层最大化收益的输电线和储能投资决策模型

在上层问题中,商业投资者投资输电线和储能在放松管制的电力市场中寻求利润最大化。采用基于容量补贴的财政激励政策促进商业投资者的参与意愿,不但能够减少投资资本负担,而且能够提高电网的经济性。具体的商业输电线和商业储能的投资和收益模型描述如下。

首先,对于商业输电线而言,商业投资者通过投资税收抵免和输电收益来回收输电线的投资成本。其中,税收抵免的收益是由政府将一定比例的资本成本作为财政补贴直接发放给投资者的,而输电收益是由国际标准化组织根据其每小时的 FTR 进行支付结算的,输电收益即为电力系统运行产生的阻塞收益。商业输电线的利润由新建输电线路容量、调度运行容量、财政激励政策和输电线的投资的市场价格决定。具体的商业输电线的战略投资模型如下。

$$\max\{R_{\text{line}}^{\text{m}} + R_{\text{line}}^{\text{fs}} - C_{\text{line}}\} \tag{4.1}$$

式中,$R_{\text{line}}^{\text{m}}$ 为输电线的总市场收益;$R_{\text{line}}^{\text{fs}}$ 为输电线的财政补贴;C_{line} 为输电线的总投资成本。

$$R_{\text{line}}^{\text{m}} = \sum_{t \in T} \sum_{i \in N} \lambda_i^t (p_{\text{inj},i}^{s,t} - p_{\text{out},i}^{s,t}) \tag{4.2}$$

式中,λ_i^t 为节点 i 的边际电价;$p_{\text{inj},i}^{s,t}$ 和 $p_{\text{out},i}^{s,t}$ 分别为节点的注入功率和注出功率;T 为运行时间;N 为节点总数。

$$R_{\text{line}}^{\text{fs}} = \rho_{\text{line}}^{\text{fs}} C_{\text{line}} \tag{4.3}$$

式中,$\rho_{\text{line}}^{\text{fs}}$ 为输电线的财政补贴比例。

$$C_{\text{line}} = \sum_{(i,j) \in \text{LC}} \sum_{l \in H} c_{ij}^l x_{ij}^l \tag{4.4}$$

式中,LC 为候选线路集合;l 为线路标准容量块的索引;H 为离散化的线路容量块;c_{ij}^l 为第 l 条线路的投资成本;x_{ij}^l 为节点 i 和 j 之间线路的决策变量,若 $x_{ij}^l = 1$ 则表示节点 i 和 j 之间新建一条线路。

$$C_{\text{line}} \leqslant C_{\text{line}}^{\max} \tag{4.5}$$

式中, $C_{\text{line}}^{\max}$ 为线路投资成本约束。

$$p_{\text{inj},i}^{s,t} = \sum_{j \in \text{LC}|+i} \sum_{l \in H} p_{l,ij}^{s,t} \tag{4.6}$$

式中, $\text{LC}|+i$ 为向节点 i 注入功率的线路集合; $p_{l,ij}^{s,t}$ 为节点 i 和 j 之间第 l 条线路的传输功率。

$$p_{\text{out},i}^{s,t} = \sum_{j \in \text{LC}|-i} \sum_{l \in H} p_{l,ij}^{s,t} \tag{4.7}$$

式中, $\text{LC}|-i$ 为从节点 i 注出功率的线路集合。

$$-(1-x_{ij}^l)M \leqslant p_{l,ij}^{s,t} - b_{l,ij}^s(\theta_i^t - \theta_j^t) \leqslant (1-x_{ij}^l)M \tag{4.8}$$

式中, $b_{l,ij}^s$ 为第 l 条线路的电纳; θ_i^t 为节点 i 的相角; M 为足够大的正数。

$$-x_{ij}^l p_{l,ij}^{\max} \leqslant p_{l,ij}^{s,t} \leqslant x_{ij}^l p_{l,ij}^{\max} \tag{4.9}$$

式中, $p_{l,ij}^{\max}$ 为第 l 条线路的传输极限。

根据金融输电权的定义即节点之间边际电价的差值与相应传输功率的乘积,将金融输电权作为收益函数。考虑到输电线容量是离散的,将节点 i 和节点 j 之间的线路容量设置为有多种选择以提高模型的准确性。应注意的是,商业输电线的运行方式是去管制运行方式,即投资者对新建的输电线具有调度和控制的权利。投资者根据节点电价的差异投资输电线并向调度机构上报线路的传输容量。

输电线仅能在空间上转移能量,并且离散化和较高的投资成本导致输电线投资经济性较差。随着储能技术的发展,电网侧储能能够缓解输电阻塞,具有延缓输电线投资时间的重要作用。储能的充放电特性为商业投资者在能量市场和备用市场中获利提供了可能。已有学者提出金融储能权的概念,与金融输电权类似,投资者根据节点边际电价信号控制储能在市场上充电和放电以获取收益。储能的快速响应特性使其在备用市场中更具竞争力。商业储能的投资模型如下所示。

$$\max\{R_{\text{es}}^{\text{m}} + R_{\text{es}}^{\text{fs}} - C_{\text{es}}^{\text{s}} - C_{\text{es}}^{\text{s,o}}\} \tag{4.10}$$

式中, R_{es}^{m} 为储能在能量市场和备用市场中的总收益; $R_{\text{es}}^{\text{fs}}$ 为储能的财政补贴; C_{es}^{s} 为储能的总投资成本; $C_{\text{es}}^{\text{s,o}}$ 为储能的总运行成本。

$$R_{\text{es}}^{\text{m}} = \sum_{t \in T} \sum_{i \in N_{\text{es}}^{\text{s}}} (\lambda_i^t p_{\text{es,d},i}^{s,t} - \lambda_i^t p_{\text{es,c},i}^{s,t} + \lambda_{\text{ru}}^t r_{\text{es,u},i}^{s,t} + \lambda_{\text{rd}}^t r_{\text{es,d},i}^{s,t}) \tag{4.11}$$

式中, λ_{ru}^t 和 λ_{rd}^t 分别为向上和向下备用价格; $p_{\text{es,d},i}^{s,t}$ 和 $p_{\text{es,c},i}^{s,t}$ 分别为节点 i 上储能在 t 时刻的放电和充电功率; $r_{\text{es,u},i}^{s,t}$ 和 $r_{\text{es,d},i}^{s,t}$ 分别为节点 i 上储能在 t 时刻的向上和向下备用功率。

$$R_{\text{es}}^{\text{fs}} = \rho_{\text{es}}^{\text{fs}} C_{\text{es}}^{\text{s}} \tag{4.12}$$

式中, $\rho_{\text{es}}^{\text{fs}}$ 为储能的财政补贴比例。

$$C_{\text{es}}^{\text{s}} = \sum_{i \in N_{\text{es}}^{\text{s}}} c_{\text{es}}^{\text{s}} n_{\text{es},i}^{\text{s}} \tag{4.13}$$

式中, N_{es}^{s} 为候选储能节点集合; c_{es}^{s} 为单位容量储能的成本; $n_{\text{es},i}^{\text{s}}$ 为节点 i 上储能的安装容量。

$$C_{\text{es}}^{\text{s}} \leqslant C_{\text{es}}^{\text{s,max}} \tag{4.14}$$

式中,$C_{es}^{s,max}$ 为储能的投资预算。

$$C_{es}^{s,o} = \sum_{t \in T} \sum_{i \in N_{es}^s} (c_{es}^o p_{es,c,i}^{s,t} \eta_c + c_{es}^o p_{es,d,i}^{s,t}/\eta_d) + \sum_{t \in T} \sum_{i \in N_{es}^s} (c_{es}^r r_{es,u,i}^{s,t} + c_{es}^r r_{es,d,i}^{s,t}) \quad (4.15)$$

式中,c_{es}^o 和 c_{es}^r 分别为储能的运行和备用成本;η_c 和 η_d 分别为储能的充电和放电效率。

储能的放电功率约束为

$$0 \leqslant p_{es,d,i}^{s,t} \leqslant n_{es,i}^s \quad (4.16)$$

储能的充电功率约束为

$$0 \leqslant p_{es,c,i}^{s,t} \leqslant n_{es,i}^s \quad (4.17)$$

储能的向上备用功率约束为

$$0 \leqslant r_{es,u,i}^{s,t} \leqslant n_{es,i}^s \quad (4.18)$$

储能的向下备用功率约束为

$$0 \leqslant r_{es,d,i}^{s,t} \leqslant n_{es,i}^s \quad (4.19)$$

储能放电功率与向上备用功率耦合约束为

$$0 \leqslant p_{es,d,i}^{s,t}/\eta_d + r_{es,u,i}^{s,t} \leqslant n_{es,i}^s \quad (4.20)$$

储能充电功率与向下备用功率耦合约束为

$$0 \leqslant p_{es,c,i}^{s,t}\eta_c + r_{es,d,i}^{s,t} \leqslant n_{es,i}^s \quad (4.21)$$

$$r_{es,u,i}^{s,t} \leqslant e_{es,i}^{s,t} \leqslant n_{es,i}^s \tau_{es}^s - r_{es,d,i}^{s,t} \quad (4.22)$$

式中,$e_{es,i}^{s,t}$ 为节点 i 上储能在 t 时刻的 SOC;τ_{es}^s 为储能的能量功率比。

能量存储的动力学约束为

$$e_{es,i}^{s,t} = e_{es,i}^{s,t-1} + p_{es,c,i}^{s,t}\eta_c - p_{es,d,i}^{s,t}/\eta_d \quad (4.23)$$

$$\sum_{t \in T} (p_{es,c,i}^{s,t}\eta_c - p_{es,d,i}^{s,t}/\eta_d) = 0 \quad (4.24)$$

式(4.24)为储能的充放电策略,即储能在每个代表日内充电量和放电量相同。

离散容量的输电线可以应对负荷增长和大规模可再生能源的接入,连续容量的储能能够平滑可再生能源出力。输电线和储能的联合投资与运行能够提高商业投资者的收益,具体模型如下所示。

$$\max\{R_{line}^m + R_{line}^{fs} + R_{es}^m + R_{es}^{fs} - C_{line} - C_{es}^s - C_{es}^{s,o}\} \quad (4.25)$$

$$R_{line}^m + R_{line}^{fs} + R_{es}^m + R_{es}^{fs} \geqslant \rho(C_{line} + C_{es}^s + C_{es}^{s,o}) \quad (4.26)$$

$$\text{式}(4.2) \sim (4.9), \text{式}(4.11) \sim (4.24) \quad (4.27)$$

式中,ρ 为商业投资者的期望收益率。

节点电价能够反映节点处能量充裕情况,高的节点边际电价意味着该节点接入了成本较高的发电机或者接入该节点的负荷较大。反之,低的节点边际电价意味着该节点接入了成本较低的发电机或者接入该节点的负荷较小。从空间角度,投资者在电价不同的两个节点之间新建输电线,从而将多余的廉价电力分配给较高的负荷需求,能够获得阻塞收益即金融输电权;从时间角度,投资者根据节点的电价信号,控制储能的充电和放电功率以寻求市场收益。储能的运行特性为市场成员提供了对冲电网中节点电价剧烈波动的能力。

4.2.2 中层最大化社会福利的可再生能源和储能投资决策模型

在中层问题中,社会规划者制定可再生能源和储能的投资决策旨在最大化社会福利。

投资可再生能源是节能减排及实现碳中和目标的有效措施,也是社会规划者的责任与义务。然而,可再生能源生产的不确定性给电网的安全运行带来了严峻挑战。储能技术的进步为大规模可再生能源整合到电力系统提供了机遇,同样的,将受管制储能与可再生能源联合规划可以提高系统的经济性。具体模型如下所示。

$$\min\{C_{\text{res}} + C_{\text{g}}^{\text{o}} + C_{\text{es}}^{\text{c}} + C_{\text{es}}^{\text{c,o}} + C_{\text{res}}^{\text{cut}}\} \tag{4.28}$$

式中,C_{res} 为可再生能源的总投资成本;C_{g}^{o} 为火电机组的总生产成本;C_{es}^{c} 为受管制储能的投资成本;$C_{\text{es}}^{\text{c,o}}$ 为受管制储能的总运行成本;$C_{\text{res}}^{\text{cut}}$ 为可再生能源溢出的总惩罚成本。

$$C_{\text{res}} = \sum_{i \in N_{\text{res}}} c_{\text{res}} n_{\text{res},i} \tag{4.29}$$

式中,N_{res} 为可再生能源的候选节点;c_{res} 为可再生能源的单位投资成本;$n_{\text{res},i}$ 为节点 i 上可再生能源的安装容量。

$$C_{\text{g}}^{\text{o}} = \sum_{t \in T} \sum_{i \in N_{\text{g}}} (c_{\text{g}}^{\text{o}} p_{\text{g},i}^{t} + c_{\text{g}}^{\text{r}} r_{\text{g,u},i}^{t} + c_{\text{g}}^{\text{r}} r_{\text{g,d},i}^{t}) \tag{4.30}$$

式中,N_{g} 为火电机组的候选节点;c_{g}^{o} 和 c_{g}^{r} 分别为火电机组的生产和备用成本系数;$p_{\text{g},i}^{t}$ 为节点 i 上火电机组在 t 时刻的生产功率;$r_{\text{g,u},i}^{t}$ 和 $r_{\text{g,d},i}^{t}$ 分别为节点 i 上火电机组在 t 时刻的向上和向下备用功率。

$$C_{\text{es}}^{\text{c}} = \sum_{i \in N_{\text{es}}^{\text{c}}} c_{\text{es}}^{\text{c}} n_{\text{es},i}^{\text{c}} \tag{4.31}$$

式中,N_{es}^{c} 为受管制储能的候选节点;c_{es}^{c} 为受管制储能的投资成本系数;$n_{\text{es},i}^{\text{c}}$ 为节点 i 上受管制储能的安装容量。

$$C_{\text{es}}^{\text{c,o}} = \sum_{t \in T} \sum_{i \in N_{\text{es}}^{\text{c}}} (c_{\text{es}}^{\text{o}} p_{\text{es,c},i}^{\text{c},t} \eta_{\text{c}} + c_{\text{es}}^{\text{o}} p_{\text{es,d},i}^{\text{c},t} / \eta_{\text{d}}) + \sum_{t \in T} \sum_{i \in N_{\text{es}}^{\text{c}}} (c_{\text{es}}^{\text{r}} r_{\text{es,u},i}^{\text{c},t} + c_{\text{es}}^{\text{r}} r_{\text{es,d},i}^{\text{c},t}) \tag{4.32}$$

式中,c_{es}^{o} 为受管制储能的运行成本;$p_{\text{es,c},i}^{\text{c},t}$ 和 $p_{\text{es,d},i}^{\text{c},t}$ 分别为节点 i 上受管制储能在 t 时刻的充电和放电功率;$r_{\text{es,u},i}^{\text{c},t}$ 和 $r_{\text{es,d},i}^{\text{c},t}$ 分别为节点 i 上受管制储能在 t 时刻的向上和向下备用功率。

$$C_{\text{res}}^{\text{cut}} = \sum_{t \in T} \sum_{i \in N_{\text{res}}} c_{\text{res}}^{\text{cut}} (n_{\text{res},i} \hat{P}_{\text{res}}^{t} - p_{\text{res},i}^{t}) \tag{4.33}$$

式中,$c_{\text{res}}^{\text{cut}}$ 为可再生能源溢出惩罚成本系数;$\hat{P}_{\text{res}}^{t}$ 为单位装机容量的可再生能源在 t 时刻的预测功率;$p_{\text{res},i}^{t}$ 为节点 i 上可再生能源在 t 时刻的生产功率。

本小节从社会规划者的视角,提出可再生能源和储能的联合投资模型以最小化系统总成本。社会规划者旨在最大化社会福利,这意味着储能的投资成本必定小于增加的社会福利。不同于商业资产,社会规划者投资的可再生能源和储能的运行方式是集中的监管运行,即由独立运营商统一制定调度方案。

4.2.3　下层最小化运行成本的能量市场和备用市场的联合出清模型

下层问题是一个经典的经济调度问题,是由独立运营商主导的能量市场和备用市场联合出清,对于给定的商业投资者投资策略和社会规划者投资策略,以最小化系统总运行成本为目标制定各机组的调度策略,并推导出节点边际电价和系统备用价格。其具体模型如下所示。

$$\min\{C_{\text{g}}^{\text{o}} + C_{\text{es}}^{\text{c,o}} + C_{\text{res}}^{\text{cut}}\} \tag{4.34}$$

式(4.34)为下层问题的目标函数,即最小化系统总运行成本。

$$p_{\mathrm{g},i}^{t} + p_{\mathrm{res},i}^{t} - p_{\mathrm{e},ij}^{t} + p_{\mathrm{es,d},i}^{c,t} - p_{\mathrm{es,c},i}^{c,t} + p_{\mathrm{inj},i}^{s,t} - p_{\mathrm{out},i}^{s,t} + p_{\mathrm{es,d},i}^{s,t} - p_{\mathrm{es,c},i}^{s,t} = p_{\mathrm{d},i}^{t} : (\lambda_{i}^{t}) \tag{4.35}$$

式中，$p_{\mathrm{e},ij}^{t}$ 为已有节点 i 和 j 之间线路在 t 时刻的传输功率；$p_{\mathrm{d},i}^{t}$ 为节点 i 上负荷在 t 时刻的需求功率，括号内的 λ_{i}^{t} 为拉格朗日乘子即节点 i 在 t 时刻的节点边际电价。

$$P_{\mathrm{g},i}^{\min} + r_{\mathrm{g,d},i}^{t} \leqslant p_{\mathrm{g},i}^{t} \leqslant P_{\mathrm{g},i}^{\max} - r_{\mathrm{g,u},i}^{t} : (\underline{\alpha}_{\mathrm{g},i}^{t}, \bar{\alpha}_{\mathrm{g},i}^{t}) \tag{4.36}$$

式中，$P_{\mathrm{g},i}^{\min}$ 和 $P_{\mathrm{g},i}^{\max}$ 分别为节点 i 上火电机组生产功率的最小值和最大值；$\underline{\alpha}_{\mathrm{g},i}^{t}$ 和 $\bar{\alpha}_{\mathrm{g},i}^{t}$ 分别为下界和上界约束对应的拉格朗日乘子，后续不再赘述。

$$-\mathrm{rd}_{\mathrm{g},i}^{\max} \leqslant p_{\mathrm{g},i}^{t} - p_{\mathrm{g},i}^{t-1} \leqslant \mathrm{ru}_{\mathrm{g},i}^{\max} : (\underline{\beta}_{\mathrm{g},i}^{t}, \bar{\beta}_{\mathrm{g},i}^{t}) \tag{4.37}$$

式中，$\mathrm{rd}_{\mathrm{g},i}^{\max}$ 和 $\mathrm{ru}_{\mathrm{g},i}^{\max}$ 分别为节点 i 上火电机组向下和向上爬坡功率的最大值。

$$0 \leqslant r_{\mathrm{g,u},i}^{t} \leqslant \mathrm{rc}_{\mathrm{g,u},i}^{\max} : (\underline{\delta}_{\mathrm{g},i}^{t}, \bar{\delta}_{\mathrm{g},i}^{t}) \tag{4.38}$$

式中，$\mathrm{rc}_{\mathrm{g,u},i}^{\max}$ 为节点 i 上火电机组向上备用容量的最大值。

$$0 \leqslant r_{\mathrm{g,d},i}^{t} \leqslant \mathrm{rc}_{\mathrm{g,d},i}^{\max} : (\underline{\varepsilon}_{\mathrm{g},i}^{t}, \bar{\varepsilon}_{\mathrm{g},i}^{t}) \tag{4.39}$$

式中，$\mathrm{rc}_{\mathrm{g,d},i}^{\max}$ 为节点 i 上火电机组向下备用容量的最大值。

$$0 \leqslant p_{\mathrm{res},i}^{t} \leqslant n_{\mathrm{res},i} \hat{P}_{\mathrm{res}}^{t} : (\underline{\mu}_{\mathrm{res},i}^{t}, \bar{\mu}_{\mathrm{res},i}^{t}) \tag{4.40}$$

式(4.40) 为每个节点上可再生能源在每个时刻的生产功率限制。

$$0 \leqslant n_{\mathrm{res},i} \leqslant N_{\mathrm{res},i}^{\max} : (\underline{\chi}_{i}, \bar{\chi}_{i}) \tag{4.41}$$

式中，$N_{\mathrm{res},i}^{\max}$ 为节点 i 允许接入可再生能源装机容量的最大值。

$$\sum_{t \in T} \sum_{i \in N_{\mathrm{res}}} p_{\mathrm{res},i}^{t} \geqslant R_{\mathrm{rps}} \sum_{t \in T} \sum_{i \in N_{\mathrm{d}}} p_{\mathrm{d},i}^{t} : (\varphi_{\mathrm{rps}}) \tag{4.42}$$

式中，N_{d} 为负荷节点集合；R_{rps} 为可再生能源配额指标。

$$\sum_{i \in N_{\mathrm{g}}} r_{\mathrm{g,u},i}^{t} + \sum_{i \in N_{\mathrm{es}}^{c}} r_{\mathrm{es,u},i}^{c,t} + \sum_{i \in N_{\mathrm{es}}^{s}} r_{\mathrm{es,u},i}^{s,t} \geqslant R_{\mathrm{rc}}^{\mathrm{u}} \sum_{i \in N_{\mathrm{d}}} p_{\mathrm{d},i}^{t} : (\lambda_{\mathrm{ru}}^{t}) \tag{4.43}$$

式中，$R_{\mathrm{rc}}^{\mathrm{u}}$ 为系统向上备用需求参数；N_{d} 为负荷节点。

$$\sum_{i \in N_{\mathrm{g}}} r_{\mathrm{g,d},i}^{t} + \sum_{i \in N_{\mathrm{es}}^{c}} r_{\mathrm{es,d},i}^{c,t} + \sum_{i \in N_{\mathrm{es}}^{s}} r_{\mathrm{es,d},i}^{s,t} \geqslant R_{\mathrm{rc}}^{\mathrm{d}} \sum_{i \in N_{\mathrm{d}}} p_{\mathrm{d},i}^{t} : (\lambda_{\mathrm{rd}}^{t}) \tag{4.44}$$

式中，$R_{\mathrm{rc}}^{\mathrm{d}}$ 为系统向下备用需求参数。

$$p_{\mathrm{e},ij}^{t} - b_{ij}^{\mathrm{e}} (\theta_{i}^{t} - \theta_{j}^{t}) = 0 : (\nu_{\mathrm{e},ij}^{t}) \tag{4.45}$$

式中，b_{ij}^{e} 为节点 i 和 j 之间已有线路的电纳。

$$-p_{\mathrm{e},ij}^{\max} \leqslant p_{\mathrm{e},ij}^{t} \leqslant p_{\mathrm{e},ij}^{\max} : (\bar{\pi}_{\mathrm{e},ij}^{t}, \underline{\pi}_{\mathrm{e},ij}^{t}) \tag{4.46}$$

式中，$p_{\mathrm{e},ij}^{\max}$ 为节点 i 和 j 之间已有线路的最大传输功率。

$$\theta_{i}^{\min} \leqslant \theta_{i}^{t} \leqslant \theta_{i}^{\max} : (\bar{\zeta}_{i}^{t}, \underline{\zeta}_{i}^{t}) \tag{4.47}$$

式中，$\theta_{i}^{\min}$ 和 $\theta_{i}^{\max}$ 为节点 i 的相角的最小值和最大值。

受管制储能放电功率约束为

$$0 \leqslant p_{\mathrm{es,d},i}^{c,t} \leqslant n_{\mathrm{es},i}^{c} : (\underline{\sigma}_{\mathrm{es,d},i}^{t}, \bar{\sigma}_{\mathrm{es,d},i}^{t}) \tag{4.48}$$

受管制储能充电功率约束为

$$0 \leqslant p_{\mathrm{es,c},i}^{\mathrm{c},t} \leqslant n_{\mathrm{es},i}^{\mathrm{c}} : (\underline{\sigma}_{\mathrm{es,c},i}^{t}, \overline{\sigma}_{\mathrm{es,c},i}^{t}) \tag{4.49}$$

受管制储能向上调节功率约束为

$$0 \leqslant r_{\mathrm{es,u},i}^{\mathrm{c},t} \leqslant n_{\mathrm{es},i}^{\mathrm{c}} : (\underline{\omega}_{\mathrm{es,ru},i}^{t}, \overline{\omega}_{\mathrm{es,ru},i}^{t}) \tag{4.50}$$

受管制储能向下备用功率约束为

$$0 \leqslant r_{\mathrm{es,d},i}^{\mathrm{c},t} \leqslant n_{\mathrm{es},i}^{\mathrm{c}} : (\underline{\omega}_{\mathrm{es,rd},i}^{t}, \overline{\omega}_{\mathrm{es,rd},i}^{t}) \tag{4.51}$$

受管制储能放电功率与向上备用功率的耦合约束为

$$0 \leqslant p_{\mathrm{es,d},i}^{\mathrm{c},t}/\eta_{\mathrm{d}} + r_{\mathrm{es,u},i}^{\mathrm{c},t} \leqslant n_{\mathrm{es},i}^{\mathrm{c}} : (\underline{\vartheta}_{\mathrm{es},i}^{t}, \overline{\vartheta}_{\mathrm{es},i}^{t}) \tag{4.52}$$

受管制储能充电功率与向下备用功率的耦合约束为

$$0 \leqslant p_{\mathrm{es,c},i}^{\mathrm{c},t}\eta_{\mathrm{c}} + r_{\mathrm{es,d},i}^{\mathrm{c},t} \leqslant n_{\mathrm{es},i}^{\mathrm{c}} : (\underline{\upsilon}_{\mathrm{es},i}^{t}, \overline{\upsilon}_{\mathrm{es},i}^{t}) \tag{4.53}$$

受管制储能能量存储的动力学方程为

$$e_{\mathrm{es},i}^{\mathrm{c},t} = e_{\mathrm{es},i}^{\mathrm{c},t-1} + p_{\mathrm{es,c},i}^{\mathrm{c},t}\eta_{\mathrm{c}} - p_{\mathrm{es,d},i}^{\mathrm{c},t}/\eta_{\mathrm{d}} : (\varphi_{\mathrm{SOC},i}^{t}) \tag{4.54}$$

式中，$e_{\mathrm{es},i}^{\mathrm{c},t}$ 为节点 i 上受管制储能在 t 时刻的荷电状态。

$$r_{\mathrm{es,u},i}^{\mathrm{c},t} \leqslant e_{\mathrm{es},i}^{\mathrm{c},t} \leqslant n_{\mathrm{es},i}^{\mathrm{c}}\tau_{\mathrm{es}}^{\mathrm{c}} - r_{\mathrm{es,d},i}^{\mathrm{c},t} : (\underline{\psi}_{\mathrm{es},i}^{t}, \overline{\psi}_{\mathrm{es},i}^{t}) \tag{4.55}$$

式中，$\tau_{\mathrm{es}}^{\mathrm{c}}$ 为受管制储能的能量功率比。

受管制储能的运行策略为

$$\sum_{t \in T}(p_{\mathrm{es,c},i}^{\mathrm{c},t}\eta_{\mathrm{c}} - p_{\mathrm{es,d},i}^{\mathrm{c},t}/\eta_{\mathrm{d}}) = 0 : (\varepsilon_{\mathrm{SOC},i}^{t}) \tag{4.56}$$

即在每个代表日内的充电量和放电量相等。

$$0 \leqslant n_{\mathrm{es},i}^{\mathrm{c}} \leqslant N_{\mathrm{es},i}^{\mathrm{c,max}} : (\underline{\varphi}_{\mathrm{es},i}^{\mathrm{c}}, \overline{\varphi}_{\mathrm{es},i}^{\mathrm{c}}) \tag{4.57}$$

式中，$N_{\mathrm{es},i}^{\mathrm{c,max}}$ 为节点 i 上受管制储能的最大装机容量。

上述经济调度模型是典型的线性规划，该问题很容易被现有商业软件求解。注意：式 (4.35) 对应的拉格朗日乘子即为节点的边际电价，式 (4.43) 和式 (4.44) 对应的拉格朗日乘子分别为系统的向上和向下备用边际电价。

4.3　模型求解算法

基于主从博弈的联合投资框架具有三层优化结构，上层问题优化商业投资者的投资和运行策略，中层问题确定社会规划者的投资策略，下层问题执行能量市场和备用市场的联合出清以导出节点边际电价和系统备用价格。三层建模结构描述了商业投资者、社会规划者和独立运营商的决策顺序和决策目标。中层问题的目标函数为投资成本和运行成本总和最小，其中运行成本是下层问题决策变量的函数。因此，无须任何转换即可将中层和下层问题整合为等价的单层优化问题。

$$\min\{C_{\mathrm{res}} + C_{\mathrm{g}}^{\mathrm{o}} + C_{\mathrm{es}}^{\mathrm{c}} + C_{\mathrm{es}}^{\mathrm{c,o}} + C_{\mathrm{res}}^{\mathrm{cut}}\} \tag{4.58}$$

$$式(4.29) \sim (4.33)，式(4.35) \sim (4.57) \tag{4.59}$$

式 (4.58) 为等效优化问题的目标函数，式 (4.59) 为等效优化问题的约束，该优化问题与原始的中层和下层问题同解。至此，具有三层优化结构的联合投资问题被转化为双层优化问题。在此基础上,根据库恩－塔克条件将双层优化问题转化为带平衡约束的数学规划问题。库恩－塔克条件能够将线性规划问题转化为线性方程组,包括一阶最优性条件、互补松弛约束和原始约束。

$$p_{g,i}^t : c_g^o - \lambda_i^t + \bar{\alpha}_{g,i}^t - \underline{\alpha}_{g,i}^t - \bar{\beta}_{g,i}^t - \underline{\beta}_{g,i}^t - \bar{\beta}_{g,i}^{t+1} + \underline{\beta}_{g,i}^{t+1} = 0, \forall t = 1, i \in N_g \quad (4.60)$$

$$p_{g,i}^t : c_g^o - \lambda_i^t + \bar{\alpha}_{g,i}^t - \underline{\alpha}_{g,i}^t + \bar{\beta}_{g,i}^t - \underline{\beta}_{g,i}^t = 0, \forall t = 2, \cdots, T, i \in N_g \quad (4.61)$$

$$r_{g,u,i}^t : c_g^o + \bar{\alpha}_{g,i}^t + \bar{\delta}_{g,i}^t - \underline{\delta}_{g,i}^t - \lambda_{ru}^t = 0, \forall t = T, i \in N_g \quad (4.62)$$

$$r_{g,d,i}^t : c_g^o + \underline{\alpha}_{g,i}^t + \bar{\varepsilon}_{g,i}^t - \underline{\varepsilon}_{g,i}^t - \lambda_{rd}^t = 0, \forall t \in T, i \in N_g \quad (4.63)$$

$$p_{res,i}^t : - c_{cut}^{res} - \lambda_i^t + \bar{\mu}_{res,i}^t - \underline{\mu}_{res,i}^t - \varphi_{rps} = 0, \forall t \in T, i \in N_g \quad (4.64)$$

$$n_{res,i} : c_{res} + \sum_{t \in T} (c_{cut}^{res} \hat{P}_{res}^t - \bar{\mu}_{res,i}^t \hat{P}_{res}) + \bar{\chi}_i - \underline{\chi}_i = 0, \forall i \in N_{res} \quad (4.65)$$

$$p_{e,ij}^t : \lambda_i^t - \lambda_j^t + \nu_{e,ij}^t - \underline{\pi}_{e,ij}^t + \bar{\pi}_{e,ij}^t = 0, \forall t \in T, (i,j) \in LC_e \quad (4.66)$$

$$\theta_i^t : - b_{ij}^e \nu_{e,ij}^t - \underline{\zeta}_i^t + \bar{\zeta}_i^t = 0, \forall t \in T, i \in N \quad (4.67)$$

$$p_{es,d,i}^{c,t} : (c_{es}^o + \bar{\vartheta}_{es,i}^t - \underline{\vartheta}_{es,i}^t - \varphi_{SOC,i}^t) / \eta_d - \lambda_i^t + \bar{\sigma}_{es,d,i}^t - \underline{\sigma}_{es,d,i}^t = 0, \forall t \in T, i \in N_{es}^c \quad (4.68)$$

$$p_{es,c,i}^{c,t} : (c_{es}^o + \bar{\upsilon}_{es,i}^t - \underline{\upsilon}_{es,i}^t + \varphi_{SOC,i}^t) \eta_c + \lambda_i^t + \bar{\sigma}_{es,c,i}^t - \underline{\sigma}_{es,c,i}^t = 0, \forall t \in T, i \in N_{es}^c \quad (4.69)$$

$$r_{es,u,i}^{c,t} : c_{es}^r + \bar{\omega}_{es,ru,i}^t - \underline{\omega}_{es,ru,i}^t + \bar{\vartheta}_{es,i}^t - \underline{\vartheta}_{es,i}^t + \psi_{es,i}^t - \lambda_{ru}^t = 0, \forall t \in T, i \in N_{es}^c \quad (4.70)$$

$$r_{es,d,i}^{c,t} : c_{es}^r + \bar{\omega}_{es,rd,i}^t - \underline{\omega}_{es,rd,i}^t + \bar{\upsilon}_{es,i}^t - \underline{\upsilon}_{es,i}^t + \bar{\psi}_{es,i}^t - \lambda_{rd}^t = 0, \forall t \in T, i \in N_{es}^c \quad (4.71)$$

$$e_{es,i}^{c,t} : - \varphi_{SOC,i}^t + \varphi_{soc,i}^{t+1} + \bar{\psi}_{es,i}^t - \underline{\psi}_{es,i}^t = 0, \forall t = 1, \cdots, T-1, i \in N_{es}^c \quad (4.72)$$

$$e_{es,i}^{c,t} : - \varphi_{SOC,i}^t + \bar{\psi}_{es,i}^t - \underline{\psi}_{es,i}^t = 0, \forall t = T, i \in N_{es}^c \quad (4.73)$$

$$n_{es,i}^c : c_{es}^c - \sum_{t \in T} (\bar{\sigma}_{es,d,i}^t + \bar{\sigma}_{es,c,i}^t + \bar{\omega}_{es,ru,i}^t + \bar{\omega}_{es,rd,i}^t + \bar{\vartheta}_{es,i}^t + \bar{\upsilon}_{es,i}^t + \bar{\psi}_{es,i}^t \tau_{es}^c) + \bar{\varphi}_{es,i}^c - \underline{\varphi}_{es,i}^c = 0 \quad (4.74)$$

式(4.60)～(4.74)为下层问题中各变量的一阶最优性条件,下层问题中各不等式对应的互补松弛条件如下所示。

$$\bar{\alpha}_{g,i}^t (p_{g,i}^t + r_{g,u,i}^t - P_{g,i}^{max}) = 0 \quad (4.75)$$

$$\underline{\alpha}_{g,i}^t (P_{g,i}^{min} + r_{g,d,i}^t - p_{g,i}^t) = 0 \quad (4.76)$$

$$\bar{\beta}_{g,r,i}^t (p_{g,i}^t - p_{g,i}^{t-1} - ru_{g,i}^{max}) = 0 \quad (4.77)$$

$$\underline{\beta}_{g,r,i}^t (p_{g,i}^{t-1} - p_{g,i}^t - rd_{g,i}^{max}) = 0 \quad (4.78)$$

$$\bar{\delta}_{g,i}^t (r_{g,u,i}^t - rc_{g,u,i}^{max}) = 0 \quad (4.79)$$

$$\underline{\delta}_{g,i}^t r_{g,u,i}^t = 0 \quad (4.80)$$

$$\bar{\varepsilon}_{g,i}^t (r_{g,d,i}^t - rc_{g,d,i}^{max}) = 0 \quad (4.81)$$

$$\underline{\varepsilon}_{g,i}^t r_{g,d,i}^t = 0 \quad (4.82)$$

$$\overline{\mu}_{\text{res},i}^{t}\,(p_{\text{res},i}^{t}-n_{\text{res},i}\hat{P}_{\text{res}}^{t})=0 \tag{4.83}$$

$$\underline{\mu}_{\text{res},i}^{t}\,p_{\text{res},i}^{t}=0 \tag{4.84}$$

$$\overline{\chi}_{i}\,(n_{\text{res},i}-N_{\text{res},i}^{\max})=0 \tag{4.85}$$

$$\underline{\chi}_{i}\,n_{\text{res},i}=0 \tag{4.86}$$

$$\varphi_{\text{rps}}^{t}R_{\text{rps}}\sum_{t\in T}\sum_{i\in N_{\text{d}}}p_{\text{d},i}^{t}-\varphi_{\text{rps}}^{t}\sum_{t\in T}\sum_{i\in N_{\text{res}}}p_{\text{res},i}^{t}=0 \tag{4.87}$$

$$\lambda_{\text{ru}}^{t}R_{\text{rc}}^{\text{u}}\sum_{i\in N_{\text{d}}}p_{\text{d},i}^{t}-\lambda_{\text{ru}}^{t}\sum_{i\in N_{\text{g}}}r_{\text{g},\text{u},i}^{t}-\lambda_{\text{ru}}^{t}\sum_{i\in N_{\text{es}}^{\text{c}}}r_{\text{es},\text{u},i}^{\text{c},t}-\lambda_{\text{ru}}^{t}\sum_{i\in N_{\text{es}}^{\text{s}}}r_{\text{es},\text{u},i}^{\text{s},t}=0 \tag{4.88}$$

$$\lambda_{\text{rd}}^{t}R_{\text{rc}}^{\text{d}}\sum_{i\in N_{\text{d}}}p_{\text{d},i}^{t}-\lambda_{\text{rd}}^{t}\sum_{i\in N_{\text{g}}}r_{\text{g},\text{d},i}^{t}-\lambda_{\text{rd}}^{t}\sum_{i\in N_{\text{es}}^{\text{c}}}r_{\text{es},\text{d},i}^{\text{c},t}-\lambda_{\text{rd}}^{t}\sum_{i\in N_{\text{es}}^{\text{s}}}r_{\text{es},\text{d},i}^{\text{s},t}=0 \tag{4.89}$$

$$\underline{\pi}_{\text{e},ij}^{t}\,(p_{\text{e},ij}^{t}+p_{\text{e},ij}^{\max})=0 \tag{4.90}$$

$$\overline{\pi}_{\text{e},ij}^{t}\,(p_{\text{e},ij}^{t}-p_{\text{e},ij}^{\max})=0 \tag{4.91}$$

$$\underline{\zeta}_{i}^{t}\,(\theta_{i}^{\min}-\theta_{i}^{t})=0 \tag{4.92}$$

$$\overline{\zeta}_{i}^{t}\,(\theta_{i}^{t}-\theta_{i}^{\max})=0 \tag{4.93}$$

$$\overline{\sigma}_{\text{es},\text{d},i}^{t}\,(p_{\text{es},\text{d},i}^{\text{c},t}-n_{\text{es},i}^{\text{c}})=0 \tag{4.94}$$

$$\underline{\sigma}_{\text{es},\text{d},i}^{t}\,p_{\text{es},\text{d},i}^{\text{c},t}=0 \tag{4.95}$$

$$\overline{\sigma}_{\text{es},\text{c},i}^{t}\,(p_{\text{es},\text{c},i}^{\text{c},t}-n_{\text{es},i}^{\text{c}})=0 \tag{4.96}$$

$$\underline{\sigma}_{\text{es},\text{c},i}^{t}\,p_{\text{es},\text{c},i}^{\text{c},t}=0 \tag{4.97}$$

$$\overline{\omega}_{\text{es},\text{ru},i}^{t}\,(r_{\text{es},\text{u},i}^{\text{c},t}-n_{\text{es},i}^{\text{c}})=0 \tag{4.98}$$

$$\underline{\omega}_{\text{es},\text{ru},i}^{t}\,r_{\text{es},\text{u},i}^{\text{c},t}=0 \tag{4.99}$$

$$\overline{\omega}_{\text{es},\text{rd},i}^{t}\,(r_{\text{es},\text{d},i}^{\text{c},t}-n_{\text{es},i}^{\text{c}})=0 \tag{4.100}$$

$$\underline{\omega}_{\text{es},\text{rd},i}^{t}\,r_{\text{es},\text{d},i}^{\text{c},t}=0 \tag{4.101}$$

$$\overline{\vartheta}_{\text{es},i}^{t}\,(p_{\text{es},\text{d},i}^{\text{c},t}/\eta_{\text{d}}+r_{\text{es},\text{u},i}^{\text{c},t}-n_{\text{es},i}^{\text{c}})=0 \tag{4.102}$$

$$\underline{\vartheta}_{\text{es},i}^{t}\,(p_{\text{es},\text{d},i}^{\text{c},t}/\eta_{\text{d}}+r_{\text{es},\text{u},i}^{\text{c},t})=0 \tag{4.103}$$

$$\overline{\upsilon}_{\text{es},i}^{t}\,(p_{\text{es},\text{c},i}^{\text{c},t}\eta_{\text{c}}+r_{\text{es},\text{d},i}^{\text{c},t}-n_{\text{es},i}^{\text{c}})=0 \tag{4.104}$$

$$\underline{\upsilon}_{\text{es},i}^{t}\,(p_{\text{es},\text{c},i}^{\text{c},t}\eta_{\text{c}}+r_{\text{es},\text{d},i}^{\text{c},t})=0 \tag{4.105}$$

$$\overline{\psi}_{\text{es},i}^{t}\,(e_{\text{es},i}^{\text{c},t}-n_{\text{es},i}^{\text{c}}\tau_{\text{es}}^{\text{c}}+r_{\text{es},\text{d},i}^{\text{c},t})=0 \tag{4.106}$$

$$\underline{\psi}_{\text{es},i}^{t}\,(r_{\text{es},\text{u},i}^{\text{c},t}-e_{\text{es},i}^{\text{c},t})=0 \tag{4.107}$$

$$\overline{\varphi}_{\text{es},i}^{\text{c}}\,(n_{\text{es},i}^{\text{c}}-N_{\text{es},i}^{\text{c},\max})=0 \tag{4.108}$$

$$\underline{\varphi}_{\text{es},i}^{\text{c}}\,n_{\text{es},i}^{\text{c}}=0 \tag{4.109}$$

式(4.75)～(4.109)是一组非线性约束,该组约束可以采用析取不等式线性化表示。综上,求解式(4.58)和式(4.59)所示的等效优化问题等价于求解由原始约束式(4.59)、一阶最优性条件式(4.60)～(4.74)、互补松弛条件式(4.75)～(4.109)。进一步,可将双层优化问题转化为单层优化问题。需要注意的,式(4.25)所示的收益函数中包含节点边际电价导致上层问题是非线性的。值得庆幸的是,优化问题在下层被等效为线性问题,根据强对偶理论可得原始问题与对偶问题具有相同的目标函数值。

$$C_{res} + C_g^o + C_{es}^c + C_{es}^{c,o} + C_{res}^{cut} = -\sum_{i \in N_{es}^c} N_{es,i}^{c,max} \bar{\chi}_{es,i} - \sum_{(i,j) \in LC} p_{e,ij}^{max}(\pi_{e,ij}^t + \bar{\pi}_{e,ij}^t) -$$

$$\sum_{t \in T} \sum_{i \in N} \lambda_i^t(p_{inj,i}^{s,t} - p_{out,i}^{s,t}) - \sum_{t \in T} \sum_{i \in N_{es}^s} \lambda_i^t(p_{es,d,i}^{s,t} - p_{es,c,i}^{s,t}) - \sum_{t \in T} \sum_{i \in N_{es}^s}(\lambda_{ru}^t r_{es,u,i}^{s,t} + \lambda_{rd}^t r_{es,d,i}^{s,t}) +$$

$$\sum_{t \in T} \sum_{i \in N_g}(P_{g,i}^{min}\underline{\alpha}_{g,i}^t - P_{g,i}^{max}\bar{\alpha}_{g,i}^t - ru_{g,i}^{max}\bar{\beta}_{g,i}^t - rd_{g,i}^{max}\underline{\beta}_{g,i}^t - rc_{g,u,i}^{max}\bar{\delta}_{g,i}^t - rc_{g,d,i}^{max}\bar{\varepsilon}_{g,i}^t) -$$

$$\sum_{i \in N_{res}} N_i^{max}\bar{\chi}_i + \sum_{t \in T} \sum_{i \in N_d} p_{d,i}^t(\lambda_i^t + R_{rps}\varphi_{rps}^t - R_{rc}^u\lambda_{ru}^t - R_{rc}^d\lambda_{rd}^t) + \sum_{i \in N}(\theta_i^{min}\underline{\zeta}_i^t - \theta_i^{max}\bar{\zeta}_i^t)$$

$$(4.110)$$

式（4.110）中，等号左侧为等效优化问题的目标函数即投资成本和运行成本总和最小，而等号右侧多项式包含商业投资所获的收益。经过移项运算可将去管制输电线和去管制储能的收益线性化，如下所示。

$$R_{line}^m + R_{es}^m = -C_{res} - C_g^o - C_{es}^c - C_{es}^{c,o} - C_{res}^{cut} + \sum_{i \in N}(\theta_i^{min}\underline{\zeta}_i^t - \theta_i^{max}\bar{\zeta}_i^t) - \sum_{i \in N_{es}^c} N_{es,i}^{c,max}\bar{\chi}_{es,i} +$$

$$\sum_{t \in T} \sum_{i \in N_g}(P_{g,i}^{min}\underline{\alpha}_{g,i}^t - P_{g,i}^{max}\bar{\alpha}_{g,i}^t - ru_{g,i}^{max}\bar{\beta}_{g,i}^t - rd_{g,i}^{max}\underline{\beta}_{g,i}^t - rc_{g,u,i}^{max}\bar{\delta}_{g,i}^t - rc_{g,d,i}^{max}\bar{\varepsilon}_{g,i}^t) -$$

$$\sum_{i \in N_{res}} N_{res,i}^{max}\bar{\chi}_{res,i} + \sum_{t \in T} \sum_{i \in N_d} p_{d,i}^t(\lambda_i^t + R_{rps}\varphi_{rps}^t - rc_u\lambda_{ru}^t - rc_d\lambda_{rd}^t) - \sum_{(i,j) \in LC} p_{e,ij}^{max}(\pi_{e,ij}^t + \bar{\pi}_{e,ij}^t)$$

$$(4.111)$$

式（4.111）中，等号右侧是由对偶变量和原始变量组成的线性化多项式，上层问题中的目标函数也被转化为线性表达式。综上所述，等效的下层问题被转化为线性方程组，上层问题是可处理的混合整数线性规划，考虑商业投资者和社会规划者博弈的联合投资框架被描述为带有平衡约束的数学规划（mathematical programming with equilibrium constraints, MPEC），采用现有商业软件包即可求解该问题。

另一方面，考虑到可再生能源生产和负荷需求的不确定性将会影响电力市场的出清，故将基于场景的随机优化整合到联合投资框架中。通过对可再生能源和负荷历史数据聚类形成典型场景，考虑不确定性的期望值模型如下所示。

$$\max \left\{ AX + B\sum_{q \in Q}\bar{\omega}_q Y_q + C\sum_{q \in Q}\bar{\omega}_q Z_q \right\} \qquad (4.112)$$

$$DX + E_q Y_q \leqslant F_q \qquad (4.113)$$

$$G_q Y_q + H_q Z_q \leqslant I_q \qquad (4.114)$$

$$\sum_{q \in Q}\bar{\omega}_q = 1 \qquad (4.115)$$

式中，X、Y_q、Z_q 分别为投资决策变量、运行决策变量和对偶变量，A、B、C 为相应的系数；q 为场景的索引；Q 为随机场景的集合；$\bar{\omega}_q$ 为第 q 个场景的概率；D、E_q、F_q 为原始问题中约束条件的系数；G_q、H_q、I_q 为等效优化问题对应均衡约束的系数。

式（4.115）限制了所有场景概率之和。尽管原始问题中包含等式约束，然而一个等式约束可以被写成两个不等式的形式。尽管场景的数量增加将会增加模型的计算复杂度，但投资决策属于离线仿真且对于计算的时效性要求不高，现有商业软件的求解效率是可接受的。

4.4　算 例 仿 真

本节通过数值试验来验证联合投资框架的有效性。所有的数值仿真的运行在 64 位 Windows 服务器的 MATLAB 环境中,采用 YALMIP 工具箱编程并调用 ILOG CPLEX 优化软件求解。电脑硬件配置为 3.5 GHz Intel Xeon(R) Gold 6135M 处理器、48 GB RAM。本算例从商业投资者的角度分析了去管制输电线和储能在日前市场获利的可能性,研究商业投资者和社会规划者之间的相互作用,验证了联合投资框架的适用性。

4.4.1　参数设置

基于改进的 IEEE－30 节点测试系统测试模型和求解算法的实用性。该系统原始数据见附录 1,部分修改的参数如下所述。测试系统中所有节点的负荷需求和已有输电线的传输容量极限扩大为原始数值的 3 倍,修改后火电机组参数见表 4.1。

表 4.1　火电机组参数

编号(节点)	TG1(1)	TG2(2)	TG3(13)	TG4(22)	TG5(23)	TG6(27)
最大出力 /MW	240	240	120	150	90	165
最小出力 /MW	24	24	12	15	9	16.5
爬坡容量 /(MW·h^{-1})	72	72	36	45	45	49.5
备用成本 /[$·(MW)$^{-1}$]	5	5	5	5	5	5
生产成本 /[$·(MW)$^{-1}$]	350	220	310	80	130	50

对于商业投资者,其能够参与的扩展输电线为 29、30 及 35。商业输电线参数见表4.2。

表 4.2　商业输电线参数

线路类型	1	2	3	4	5	6
电纳 /b	0.4	0.2	0.133	0.1	0.08	0.067
最大传输容量 /MW	20	40	60	80	100	120
建设成本 /$	240	480	720	960	1 200	1 440

另一方面,去管制储能的候选节点为节点 6、22、23 及 27,去管制储能的建设成本为 450 $/MW,充电和放电的退化成本为 0.5 $/(MW·h),提供辅助服务的备用成本为 0.5 $/MW,充电和放电效率均为 95%,能量与功率密度比为 3 h,每个节点上储能的最大安装容量限制为 50 MW。

对于社会规划者,投资的可再生能源主要为风电和光伏,其建设成本分别为 80 $/MW 和 70 $/MW。考虑到风电和光伏机组的建设受限于资源条件限制,假设节点 22、23 和 27 为可再生能源的接入位置。每个节点上风电和光伏机组的最大安装容量限制分别为 150 MW 和 100 MW。此外,受管制储能与去管制储能的参数设置略有不同,受管制储能的建设成本为 5 000 $/MW,充电和放电的退化成本与备用成本分别为 0.5 $/(MW·h) 与

0.5 \$/MW,能量和功率比为 5,受管制储能的接入位置为节点 11 和 27。此外,本书将代表日划分为 24 个时段以模拟储能的动态运行特性。可再生能源和负荷的功率预测如图 4.2 所示。

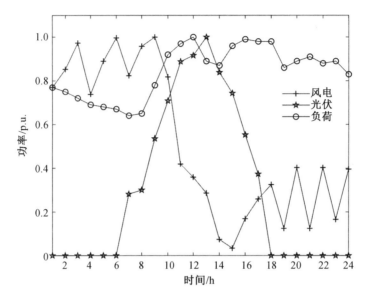

图 4.2　可再生能源和负荷的功率预测

仍然采用全生命周期折算的方法将建设成本分摊到代表日,同时也可将每个代表日的运行成本乘以权重系数以换算成年成本。无其他说明,本算例中商业投资者的期望收益率为 1。系统在每个时段的向上和向下备用需求占负荷的比例均设置为负荷的 10%。输电线和储能的财政补贴比例设置为商业安装成本的 10%,以提高商业投资者参与到电力系统建设中的积极性。

4.4.2　商业投资分析

本小节算例为对照组试验,忽略了社会规划者的投资策略,仅从商业投资者的角度研究输电线和储能协调规划对市场获利的重要性。设置以下三种场景:场景 1 为商业输电线投资,场景 2 为商业储能投资,场景 3 为商业输电线和商业储能协调投资。不同场景的商业投资方案见表 4.3。

表 4.3　不同场景的商业投资方案

索引	商业输电线 /MW			商业储能 /[MW/(MW·h)]			
	29	30	35	6	22	23	27
场景 1	60	60	—	—	—	—	—
场景 2	—	—	—	50/150	—	—	—
场景 3	80	60	—	31/93	14/42	0	22/66

由表 4.3 中数据可得,场景 3 的输电线和储能容量都是最大的。由于商业投资旨在追求最大化收益,可以预见联合输电线和储能的场景 3 能够获得更高的收益。不同场景的成本

与收益如图 4.3 所示。

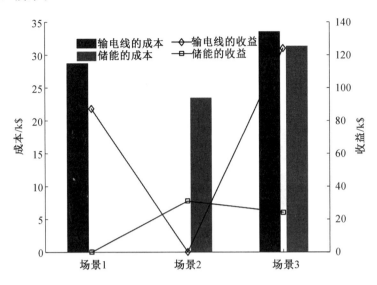

图 4.3　不同场景的成本与收益

由图 4.3 可得三种场景中商业投资的总成本分别为 28.8 k\$ 、23.6 k\$ 和 65 k\$ 。三种场景中商业投资的总收益分别为 87.3 k\$ 、31.1 k\$ 和 148.2 k\$ 。显然,输电线和储能联合投资方案具有最大的收益。输电线的容量是离散的,并且当电网中发生输电阻塞的时刻较少时,新建大容量的输电线是不经济的。商业投资者能够灵活选择储能的容量以削峰填谷延缓输电线路的投资。另一方面,商业投资在缓解输电阻塞、获得市场收益的同时,还能够降低火电机组的运行成本。三种场景火电机组的运行成本分别为 1 347.6 k\$ 、1 460.3 k\$ 和 1 298.2 k\$ 。由于没有社会规划者投资可再生能源,火电机组承担所有的负荷供应任务。输电线的建设能够增加廉价的火电的生产功率,而储能能够提供备用辅助服务降低火电的备用功率。因此,联合输电线和储能投资不但能提升商业投资者的收益,而且可以降低系统的运行成本。

为进一步研究系统备用需求占负荷的比例和财政激励政策对商业投资收益的影响,本书将系统的备用需求占负荷的比例和财政补贴比例从 0 逐渐增加到 20%,分析了场景 3 中协调输电线和储能的收益变化趋势,计算结果如图 4.4 所示。

根据图 4.4 中数据可知,备用需求占负荷的比例和财政补贴比例的增加会提高商业投资的收益。具体而言,财政补贴比例对输电线收益的影响大于备用需求,储能的收益受备用需求占负荷的比例的影响更大。这是因为火电机组具有较高的备用成本,备用需求占负荷的比例的增加将增大商业储能的获利空间,然而增加备用需求占负荷的比例并不一定加重输电阻塞。总而言之,备用需求占负荷的比例增加将会增加火电机组备用成本及输电阻塞的风险,这为输电线和储能在能量市场和备用市场上获利提供了机会。基于容量的财政补贴政策相当于降低了商业资产的投资成本,进一步增加了商业输电线和商业储能的市场竞争力和收益。

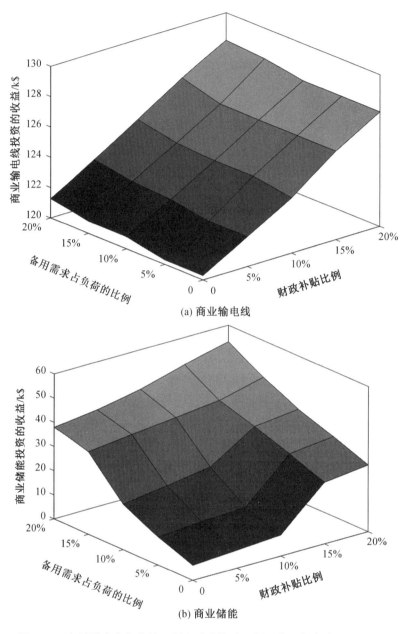

图 4.4　备用需求占负荷的比例和财政补贴比例对商业投资收益的影响

4.4.3　主从博弈投资分析

本节给出了考虑商业投资者和社会规划者博弈的投资案例。同样的，本书设置两个对比场景以阐述两者之间的相互作用与影响。场景 4 为商业投资者和社会规划者联合投资，场景 5 为仅社会规划者投资。不同投资者组成对应的规划方案见表 4.4。

表 4.4　不同投资者组成对应的规划方案

索引	去管制输电线 /MW			去管制储能 /[MW/(MW·h)]				受管制风电 /MW			受管制光伏 /MW			受管制储能 /[MW/(MW·h)]	
	29	30	35	6	22	23	27	22	23	27	22	23	27	11	27
场景 4	120	—	—	50/150	38/114	41/123	31/93	150	42	133	100	35	100	30/150	—
场景 5	—	—	—	—	—	—	—	95	27	136	36	35	89	30/150	30/150

由表 4.4 中数据可得,在联合商业和社会投资的场景 5 中,可再生能源和储能的安装容量更高,而社会规划者投资可再生能源旨在降低系统成本,这说明商业投资者的参与提高了可再生能源消纳量和社会福利。场景 4 中节点 22 上的风电和光伏容量分别为 150 MW 和 100 MW,这增加了输电线 29 的阻塞风险及线路扩容的必要性。因此,商业投资者对输电线 29 扩容了 120 MW,并且在节点 22 上新建 38 MW/114 MW·h 的储能。此外,场景 4 中大规模可再生能源的接入导致了节点电价波动,为商业储能的获利提供了机会。由于场景 5 中没有商业投资,社会规划者必须投资大规模储能以促进可再生能源消纳和增加社会福利。因此,商业投资者的参与降低了社会规划者的资本负担,使社会规划者的资本集中于投资可再生能源,而可再生能源的大规模接入进一步促进了商业资本投入。不同投资者组成对应的规划方案的投资和运行成本见表 4.5。

表 4.5　不同投资者组成对应的规划方案的投资和运行成本

名称	商业投资		社会投资			火电机组运行成本 /$	惩罚成本 /$
	输电线成本 /$	储能成本 /$	风电成本 /$	光伏成本 /$	储能成本 /$		
场景 4	28 800	73 939	22 750	18 800	15 568	893 556	—
场景 5	0	0	18 060	12 800	31 244	1 163 082	5 913

根据表 4.5 中数据,场景 4 中可再生能源和储能的总投资成本为 57 118 \$,而场景 5 中相应的总投资成本为 62 104 \$。尽管场景 5 中可再生能源投资较高,然而场景 4 中商业储能投资进一步提高了可再生能源利用率,具有零边际成本特性的可再生能源增加降低了火电机组运行成本,这使得场景 4 中火电机组运行成本低于场景 5。通过比较两场景中的投资总成本可得,社会规划者投资可再生能源和储能所降低的运行成本大于增加的资本投入。此外,商业投资者的参与增加了电价波动的风险,场景 4 和场景 5 的节点边际电价如图 4.5 所示。

两场景中节点 22 的节点边际电价达到最小值,为 -500 \$/(MW·h),该电价出现在第 9 个时段。场景 4 和场景 5 中最大的节点边际电价分别为 940.5 \$/(MW·h) 和 852.3 \$/(MW·h),峰值节点电价均出现在节点 21 的第 9 个时段。大规模风电和光伏接入节点 22 造成输电线 29 发生阻塞,而可再生能源的不确定性导致节点电价波动,这为商业投资获利提供了机遇。在场景 4 中商业输电线和商业储能的收益分别为 180 k\$ 和 103.5 k\$。场景 4 中各机组和储能的输出功率如图 4.6 所示。

根据图 4.6 中数据可知,风电的反调峰特性导致火电机组在 2:00—9:00 时段处于最小技术出力水平。此后随着可再生能源发电量的降低,火电机组逐渐增加发电功率。商业储

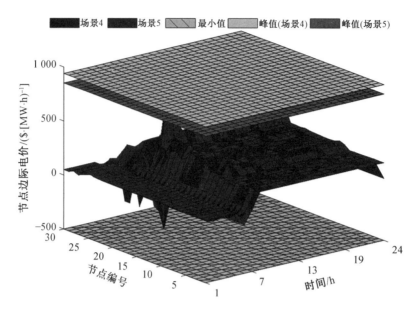

图 4.5　场景 4 和场景 5 的节点边际电价

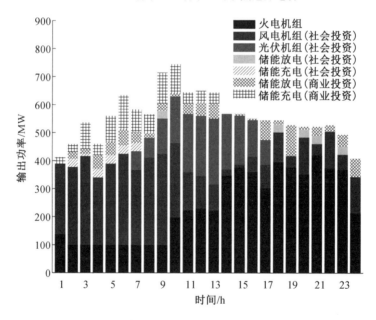

图 4.6　场景 4 中各机组和储能的输出功率

能和受管制储能在平滑可再生能源出力和削峰填谷方面具有重要作用。需要注意的是场景 4 中受管制储能并不活跃且安装容量仅 30 MW/150 MW·h。其主要原因在于，火电机组和商业储能的调节能力足够应对可再生能源的波动性，降低了受管制储能的容量需求。社会规划者投资受管制储能旨在降低系统运行成本而不是进行价格获利，频繁的充电和放电会增加退化成本导致受管制储能充放电频率较低。与受管制储能相比，商业储能在市场中较为活跃且安装容量达到 160 MW/480 MW·h。当可再生能源充裕时(1:00－13:00 时段)，较低的节点边际电价吸引去管制储能进行充电。当可再生能源不足时(14:00－24:00 时段),较高的节点边际电价促进去管制储能进行放电。商业储能在不同时段进行充电和放电,利用电价差获利,并且能够提供备用容量获取收益。商业投资是逐利的,因此本节分析了期望收益率对商业投资者和社会规划者的影响,结果如图 4.7 所示。

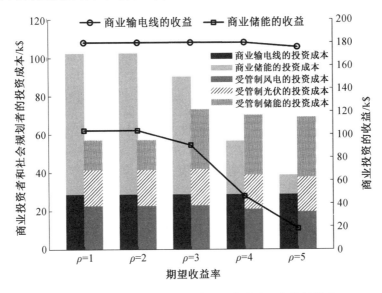

图 4.7　　场景 4 中期望收益率对投资成本和收益的影响

由图 4.7 中数据可知较高的收益率难以实现,而过高的期望收益率将会降低商业投资的收益及社会福利。根据本书算例中的参数设置,商业投资者的最优期望收益率为 2.77 左右。此时商业投资者和社会规划者目标均达到最优,即商业投资者的净收益最高且系统运行成本最低。当期望收益率高于最优收益率($\rho \geqslant 2.77$) 时,商业投资者会减少储能安装容量而社会规划者会增加储能投资,这将增加系统总成本。线路输送功率主要指有功功率,由于线路输送功率及节点电价差值大,因此商业投资者更倾向于投资输电线,通过提供输电服务获得收益,系统具有较强的灵活性且备用成本获利空间较小,导致商业储能的收益较低。

4.5　本 章 小 结

本章基于主从博弈理论研究了商业投资者和社会规划者联合投资问题,提出了电力系统协调投资与运行的优化框架。其中,商业投资者通过输电线和储能规划获取高额市场收益,社会规划者通过可再生能源和储能投资降低系统总成本。本章以改进的 IEEE－30 节点测试系统为例,阐述了追求利润最大化的商业投资者与追求成本最小化的社会规划者之间的激励作用。由本案例研究的结果可得出以下结论。

从商业投资者的角度,联合投资商业输电线和储能更具竞争力,能够获得更高的市场收益。输电线的收益与同一时段内不同节点的电价差和线路潮流功率有关。储能的收益与同一节点上不同时间段的电价差和输出功率有关。商业投资者更倾向于在节点电价波动的网络和节点上投资输电线和储能。

从社会规划者的角度,集中管制的可再生能源能够降低系统运行成本和提高社会福利。然而,可再生能源的可变性将会增加输电阻塞的风险。社会规划者联合投资可再生能源和储能能够促进可再生能源生产。

从系统的角度,社会规划者投资可再生能源将导致出现尖峰电价的风险,这为商业投资提供了获利的空间。商业投资者参与电力系统扩建项目能够获得市场收益,并降低社会规划者的资本负担。联合商业投资者和社会规划者的投资框架能够帮助商业投资者获得更高的收益,也可以帮助社会规划者大幅度节约成本。

未来的工作还将包括投资模型的优点研究和进一步的理论研究。例如,利用分解算法提高多阶段投资框架的计算可处理性。

参 考 文 献

[1]曾鹏骁,孙瑜,季天瑶,等.金融输电权市场的收入充裕度问题研究及其对我国的启示[J].电网技术,2021,45(9):3367-3380.

[2]JENABI M,GHOMI S,SMEERS Y,et al. Bi-level game approaches for coordination of generation and transmission expansion planning within a market environment[J]. IEEE Transactions on Power Systems,2013,28(3):2639-2650.

[3]韩冬,何宇婷,孙伟卿.考虑金融/物理合约的储能装置投资组合策略研究[J].电网技术,2020,44(10):3908-3915.

[4]杨柳,曾智健,张杰,等.统一结算点电价机制下金融输电权的交易模拟与结算风险评估[J].电力系统自动化,2021,45(6):116-122.

[5]TAYLOR J A. Financial storage rights[J]. IEEE Transactions on Power Systems,2015,30(2):997-1005.

[6]KARIMI M,KHERADMANDI M,PIRAYESH A. Merchant transmission investment by generation companies[J]. IET Generation,Transmission & Distribution,2020,14(21):4728-4737.

[7]杨力俊,谭忠富,刘严,等.放松管制后进入发电市场的最优厂商规模的研究[J].中国电机工程学报,2005(10):82-88.

[8]梅生伟,魏韡,刘锋.电力系统控制与决策中的博弈问题——工程博弈论初探[J].控制理论与应用,2018,35(5):578-587.

[9]TIAN Kunpeng,SUN Weiqing,HAN Dong. Strategic investment in transmission and energy storage in electricity markets[J]. Journal of Modern Power Systems and Clean Energy,2022,10(1):179-191.

[10]樊宇琦,丁涛,孙瑜歌,等.国内外促进可再生能源消纳的电力现货市场发展综述与思考[J].中国电机工程学报,2021,41(5):1729-1752.

[11]ARASTEH F,RIAHY G H. Social welfare maximisation of market based wind inte-

grated power systems by simultaneous coordination of transmission switching and demand response programs[J]. IET Renewable Power Generation,2019,13(7):1037-1049.

[12]冯智慧,吕林,许立雄. 基于能量枢纽的沼－风－光全可再生能源系统日前－实时两阶段优化调度模型[J]. 电网技术,2019,43(9):3101-3109.

[13]SINHA A,MALO P,DEB K. A review on bilevel optimization:From classical to evolutionary approaches and applications[J]. IEEE Transactions on Evolutionary Computation,2018,22(2):276-295.

[14]TIAN Kunpeng,SUN Weiqing,HAN Dong,et al. Joint planning and operation for renewable storage under different financial incentives and market mechanisms[J]. IEEE Access,2020,8:13998-14012.

第3篇　储能规划配置专题

第5章　高比例风电接入的电力系统储能容量配置及影响因素分析

近年来,我国可再生能源取得巨大发展。2021 年,我国可再生能源新增装机量1.34 亿 kW,占全国新增发电装机量的 76.1%。其中,水电新增 2 349 万 kW、风电新增 4 757 万 kW、光伏新增 5 488 万 kW、生物质发电新增 808 万 kW,分别占全国新增发电装机量的13.3%、27%、31.1% 和 4.6%。充分利用风能资源可达到绿色发展、节能降耗的目的,但是风力发电厂的特性与常规发电厂的特性不同,风电是间歇性、波动性的,大规模风能并网会给电网带来冲击。针对高渗透分布式风电接入配电网导致的安全性、可靠性方面的问题,储能技术是保障风电消纳、提升系统经济效益的一种有效途径。研究储能系统在电力系统中的功能定位与配置因此具有重要意义。

国内外学者针对储能在电力系统中的不同应用展开了大量研究,针对储能在解决风电爬坡、风电出力不确定、系统经济性方面问题的应用,Mohammad 等、Yun 等建立了以运行总成本、储能综合净收益等为优化目标的可平滑风电出力波动的储能优化模型。Sun 等针对退役电池的二次利用,提出了考虑老化成本的储能电池经济运行方法。汤杰等、孙丙香等研究了储能电池在二次调频、辅助服务等方面的应用,得到了满足不同要求的储能电池配置方案。石玉东等、蔡霁霁等、桑丙玉等考虑风电出力的时序特性,通过随机规划方法生成大量场景,以净收益最大化为目标函数建立了优化模型,从而获得了合理的储能优化方案。唐权等建立了考虑多项成本的可调鲁棒规划模型,对配电网中的储能系统进行了优化配置以应对分布式风电的不确定性。赵峰等、焦东东等、罗庆等以系统的成本最小为目标,并考虑电力系统安全性与可靠性,分析了储能容量的优化配置方案。

针对储能的不同应用,很多论文侧重单一方面对储能容量配置影响因素进行了研究,Hasan 等建立了主动配电网中的混合储能配置模型,通过合理分配储能设备及采用合适的需求响应方案降低系统所需储能容量。Li 等建立了考虑风电不确定性的机会约束模型,分析了不同风电利用水平及不同储能技术对储能配置的影响。李笑蓉等从电力市场中各因素变化对经济性的影响出发,探究了不同储能上网电价对储能容量的影响,以寻求合理的投资价值区间。谢桦等研究了合理的储能容量对于提高微网规划经济性的影响。Bitaraf 等简单分析了发电过量、能源不足和基本负载功率等因素对降低系统所需储能容量的作用。胡枭等建立了电池储能系统和需求响应两个方法参与调峰的联合优化模型,提出随着电网公司与政府补贴的增加,可通过合理的储能配置及需求响应来提高系统盈利水平。但是,众多文献给出的研究成果缺乏对储能不同功能定位下储能容量的比较分析及储能配置多影响因素的影响程度的全面分析。为全面探究储能不同功能定位对储能配置规模的影响,分析含多影响因素的场景集中影响储能配置的主要因素,以及不同因素对储能配置的影响情况,本章首先对接入风电的节点进行分析,建立鲁棒优化配置模型,研究不同风电出力预测误差区间下需配置的辅助储能容量。其次,建立平抑风电爬坡的储能配置模型,研究不同风电爬坡率限制下的补偿储能容量配置。再次,从配电网的角度出发,建立以系统成本最小为优化目标的储能配置模型,通过改变模型中的分时电价、网损电价、储能系统的单位成本等价格型参数,多次运算模型并采集数据,分析价格型参数对储能容量配置的影响。最后,针对电源侧的可再生能源,改变风电出力曲线、风电装机容量等,分析其对储能容量配置的影响,并研究在不同节点配置储能对于系统经济性的影响。本章将梳理影响储能配置的多种因素,为多变性系统的储能配置与规划运行提供决策依据。

5.1　计及多参数的配电网储能配置模型

储能在电力系统中是一种保证电能质量和分布式发电高效利用的有效途径,电力系统的任一环节都会影响储能容量配置。研究配电网中影响储能容量配置的因素时应首先明确配电网的模型及储能在配电网中的作用。本书根据不同的储能定位,考虑不同约束条件,建立合理的储能配置模型。

5.1.1　考虑节点风电不确定性的储能鲁棒优化配置模型

由于存在预测误差,风电实际出力是不确定量,本书利用风电出力预测误差区间来描述其不确定性,并构建风储系统,使风储系统的实际出力追踪风电预测出力,解决其不确定性。命名该储能系统为辅助储能系统,由此建立以最小储能容量为目标函数的储能鲁棒优化配置模型:

$$\min\{C_{\text{ess},i}^{\text{f}}\} \tag{5.1}$$

$$\begin{cases} P_{\text{wind},i,t}^{\text{pre}} - \alpha P_{\text{wind},i,t}^{\text{pre}} \leqslant P_{\text{wind},i,t}^{\text{r}} \leqslant P_{\text{wind},i,t}^{\text{pre}} + \alpha P_{\text{wind},i,t}^{\text{pre}} \\ P_{\text{wind},i,t}^{\text{r}} - P_{\text{ess},i,t}^{\text{f}} = P_{\text{wind},i,t}^{\text{pre}} \end{cases} \tag{5.2}$$

$$\begin{cases} E_{\text{ess},i,t}^{\text{f}} + P_{\text{ess},i,t}^{\text{f}} \Delta t = E_{\text{ess},i,t+\Delta t}^{\text{f}} \\ -P_{\text{ess}}^{\text{f,max}} \leqslant P_{\text{ess},i,t}^{\text{f}} \leqslant P_{\text{ess}}^{\text{f,max}} \\ \text{SOC}_{\text{min}} \leqslant E_{\text{ess},i,t}^{\text{f}} / E_{\text{ess},i}^{\text{max}} \leqslant \text{SOC}_{\text{max}} \end{cases} \tag{5.3}$$

式中,$C_{\text{ess},i}^{\text{f}}$ 为节点 i 上辅助储能系统的容量;$P_{\text{wind},i,t}^{\text{r}}$ 为不确定性变量,是 t 时刻节点 i 上的风电实际出力;$P_{\text{wind},i,t}^{\text{pre}}$ 为 t 时刻节点 i 上的风电出力预测值;α 为不确定性约束参数,其值决定风电出力预测误差区间大小;$P_{\text{ess},i,t}^{\text{f}}$、$P_{\text{ess}}^{\text{f,max}}$、$E_{\text{ess},i,t}^{\text{f}}$ 和 $E_{\text{ess},i}^{\text{max}}$ 分别为 t 时刻节点 i 上的辅助储能系统的充放电功率、最大充放电功率、电量和最大电量。辅助储能系统安装在风电并网节点处,可降低风电出力预测的不确定性。

式(5.2)对风电出力预测误差进行了约束。

式（5.3）为储能充放电功率和 SOC 的相关约束。

5.1.2　基于储能的节点风电爬坡平抑模型

风电出力波动性大,当风电并入电网时,其出力的爬坡特性会对电力系统运行稳定性产生影响,需限制风电爬坡率。本章中风电装机容量的 β 倍被设定为风电爬坡率阈值,在接入风电的电力系统节点配置储能,定义该储能为补偿储能系统,建立以最小补偿储能系统容量为目标函数的风电爬坡平抑模型:

$$\min\{C_{\text{ess},i}^{\text{b}}\} \tag{5.4}$$

$$-\beta \leqslant \frac{P_{\text{wind},i,t+\Delta t} - P_{\text{wind},i,t}}{C_{\text{wind},i}\Delta t} \leqslant \beta \tag{5.5}$$

$$P_{\text{wind},i,t}^{\text{pre}} - P_{\text{ess},i,t}^{\text{b}} = P_{\text{wind},i,t} \tag{5.6}$$

式中,$C_{\text{ess},i}^{\text{b}}$ 为节点 i 上补偿储能系统的容量;$P_{\text{wind},i,t}$ 为节点 i 上经储能平抑后的风电 t 时刻的实际出力;$C_{\text{wind},i}$ 为节点 i 上风电装机容量;β 为爬坡特性约束参数,其值越大,说明系统对接入的风电的要求越低;$P_{\text{ess},i,t}^{\text{b}}$ 为节点 i 上 t 时刻的补偿储能充放电功率;其余关于储能的约束与式（5.3）中相同。

式（5.5）表示系统的风电爬坡率不能超过其风电装机容量的 β 倍。系统的补偿储能系统需安装在风电并网节点,解决风电爬坡问题。

5.1.3　含储能的高比例能源电力系统最小成本模型

从配电网的角度考虑,假定风电与储能设备为配电网经营者所有。为了使系统完全消纳风电并保证系统运行的经济性,需建立使系统成本最小的储能配置模型。配电网网损造成的能源浪费包含在主网购电功率中,而由网损造成的线路与设备的发热问题等则需要单独增加网损一项来体现。网损费用作为一种惩罚性费用,是在电量电费的基础上额外增加计算的一种费用,没有实际收取人,是配电公司网损管理的一种内部管理与激励机制。以一段周期内储能配置成本、主网购电成本和网损成本最小为优化目标,目标函数为

$$
\begin{cases}
\min\{F = F_{\text{ess}} + F_{\text{loss}} + F_{\text{grid}}\} \\[2mm]
F_{\text{ess}} = \dfrac{T}{8\,760}\displaystyle\sum_{i=1}^{N}(\partial_{\text{e}}C_{\text{E}}^{\text{inv}} + C_{\text{E}}^{\text{fix}})C_{\text{ess},i} \\[3mm]
\partial_{\text{e}} = \dfrac{r_{\text{ess}}}{1 - (1 + r_{\text{ess}})^{-h_{\text{ess}}}} \\[3mm]
F_{\text{loss}} = \displaystyle\sum_{t=1}^{T}\Big[\delta^{\text{loss}}\sum_{i=1}^{N}\sum_{j\in c(i)}U_{ij,t}^{2}/r_{ij}\Big] \\[3mm]
F_{\text{grid}} = \displaystyle\sum_{t=1}^{T}[\eta_{t}P_{\text{grid},t}]
\end{cases} \tag{5.7}
$$

式中,F_{ess} 为储能系统的投资与运行维护成本,即储能配置成本;∂_{e} 为储能系统投资年费用折算系数;r_{ess} 为储能系统贴现率;h_{ess} 为储能设备使用寿命;$C_{\text{E}}^{\text{inv}}$ 和 $C_{\text{E}}^{\text{fix}}$ 分别为储能设备单位容量投资成本与年运行维护成本;T 为运行周期总小时数;N 为配电网中的节点总数;F_{loss} 为网损成本;δ^{loss} 为网损电价;$U_{ij,t}$ 为 t 时刻支路 ij 的电压;r_{ij} 为对应支路 ij 的电阻;$c(i)$ 为

以 i 为首端节点的所有末端节点集合；F_{grid} 为主网购电成本；η_t 为分时电价；$P_{grid,t}$ 为根节点在 t 时刻输入的有功功率；$C_{ess,i}$ 为节点 i 上的额定储能容量。

电能损耗率是考核电网运行管理水平的重要经济指标，在研究储能配置时引入网损电价，可突出网损对储能配置的影响，从而提高配电网能源调度上的经济性。关于网损电价的制定，网损电价的 70% 以上取决于配电成本，此外的部分还反映了因违反热限制等导致的升级、运行和维护成本等。

约束条件考虑节点功率平衡约束、节点电压约束与储能约束等。

$$-P_{ess,i,t} + P_{wind,i,t} + P_{grid,t} - P_{load,i,t} = \sum_{i=1}^{N} \sum_{j \in c(i)} [U_{i,t}^2 g_{ij} - U_{i,t} U_{j,t} (g_{ij} \cos \theta_{ij,t} + b_{ij} \sin \theta_{ij,t})] \tag{5.8}$$

$$U_i^{min} \leqslant U_{i,t} \leqslant U_i^{max} \tag{5.9}$$

$$\begin{cases} E_{ess,i,t}^f + P_{ess,i,t}^f \Delta t = E_{ess,i,t+\Delta t}^f \\ SOC_{min} \leqslant E_{ess,i,t}^f / E_{ess,i}^{max} \leqslant SOC_{max} \\ -P_{ess,i}^{max} \lambda_i \leqslant P_{ess,i,t} \leqslant P_{ess,i}^{max} \lambda_i \end{cases} \tag{5.10}$$

式中，$P_{ess,i,t}$ 为节点 i 上 t 时刻的储能充放电功率；$P_{wind,i,t}$ 为节点 i 上 t 时刻风电出力；$P_{load,i,t}$ 为节点 i 上 t 时刻负荷功率；$U_{i,t}$ 和 $U_{j,t}$ 分别为节点 i、j 在 t 时刻对应的电压幅值；$\theta_{ij,t}$ 为节点 i 与 j 在 t 时刻的电压相角差；g_{ij} 与 b_{ij} 分别为节点 i 到 j 间的电导与电纳；U_i^{max} 和 U_i^{min} 分别为电压的上、下限值；λ_i 为 $0-1$ 变量，$\lambda=1$ 表示节点 i 处接入了储能设备，$\lambda=0$ 表示节点 i 处未接入储能设备；$P_{ess,i}^{max}$ 为储能系统的最大充放电功率。

引入式(5.11)所示的新变量替换原有变量，将非线性约束式(5.8)转换为线性约束，替换变量应满足约束式(5.12)，再利用二阶锥松弛方法将式(5.12)松弛为式(5.13)。

$$\begin{cases} X_{i,t} = U_{i,t}^2 \\ Y_{ij,t} = U_{i,t} U_{j,t} \cos \theta_{ij,t} \\ Z_{ij,t} = U_{i,t} U_{j,t} \sin \theta_{ij,t} \end{cases} \tag{5.11}$$

$$X_{i,t} X_{j,t} = Y_{ij,t}^2 + Z_{ij,t}^2 \tag{5.12}$$

$$\left\| \begin{matrix} 2Y_{ij,t} \\ 2Z_{ij,t} \\ X_{i,t} - X_{j,t} \end{matrix} \right\|_2 \leqslant X_{i,t} + X_{j,t} \tag{5.13}$$

式(5.10)中存在 $0-1$ 变量与连续变量乘积项，可用 Big$-$M 法进行处理，通过引入约束式(5.14)，约束式(5.10)可以转化为式(5.15)。

$$\begin{cases} -M_1(1-\lambda_i) + P_{ess,i}^{charge,max} \leqslant V_1 \leqslant M_1(1-\lambda_i) + P_{ess,i}^{charge,max} \\ -M_2(1-\lambda_i) + P_{ess,i}^{discharge,max} \leqslant V_2 \leqslant M_2(1-\lambda_i) + P_{ess,i}^{discharge,max} \end{cases} \tag{5.14}$$

$$\begin{cases} -V_1 \leqslant P_{ess,i,t} \leqslant V_2 \\ -M_1 \lambda_i \leqslant V_1 \leqslant M_1 \lambda_i \\ -M_2 \lambda_i \leqslant V_2 \leqslant M_2 \lambda_i \end{cases} \tag{5.15}$$

式中，M_1、M_2 为足够大的正数；V_1、V_2 为新增辅助变量；$P_{ess,i}^{charge,max}$ 和 $P_{ess,i}^{discharge,max}$ 分别为最大充电、放电功率。

经由上述处理,混合整数非线性规划模型转化为二阶锥规划模型。

5.2　电力系统储能配置影响参数

5.1 节建立的储能配置数学模型体现了影响储能配置的相关参数,本节进一步归纳模型中的各类参数,建立储能配置影响参数分析示意图,如图 5.1 所示。

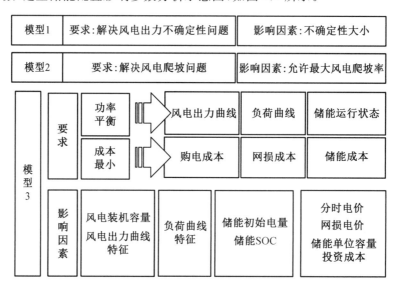

图 5.1　储能配置影响参数分析示意图

5.2.1　电源侧影响参数

电源侧需要考虑可再生能源出力。本书选定的与风电出力相关的参数有风机接入位置、描述风电出力预测误差区间不确定性的参数 α、描述风电爬坡特性约束的参数 β 和风电出力曲线形状。

风电出力曲线比较复杂,为兼顾计算量与准确性,需选择合适的具有代表性的风电出力曲线。风电出力曲线形状的改变对储能配置的影响越大,说明在储能实际规划过程中需要考虑的风电不同出力场景越多。此外,还需要探究风电并网量对储能配置的影响,从而通过合理地进行风电接入,减少需配置的储能容量,降低系统成本。此外,配电网中负荷所需电量除由可再生能源提供之外,还涉及从主网购电。对于电源侧,目标函数中含主网购电成本一项,且影响主网购电量大小的直接参数是分时电价,可基于模型分析高峰电价、低谷电价、平段电价的改变对储能配置的影响。

5.2.2　电网侧影响参数

对于电网侧,目标函数涉及网损费用,影响其优化结果的最直接参数为网损电价。对于线路功率约束,本书研究的是电力系统中的储能配置情况,而储能肯定配置在潮流的末端,对系统潮流起整体调节作用,因此忽略该约束条件。

5.2.3　负荷侧影响参数

对于负荷侧,电力系统中的负荷受到了社会发展与人类生活习性的影响,随时间会不断地发生变化,在考虑影响储能配置的特征参数时,要涉及不同的负荷曲线,应利用尽可能少的特征参数来表示出负荷曲线。平均负荷、峰谷差率等常见的负荷特性指标可以反映负荷的大致规模,却不能体现负荷的具体时段分布特性。单纯改变其值的大小来讨论配置储能容量的变化没有实际的意义,而考虑到目前需求响应项目的发展,研究其对储能容量的影响有利于日后负荷侧需求响应项目的开展。需求响应是指通过合理手段,调控各种负荷资源,改变负荷曲线。因此,本书通过选择各类不同的负荷曲线代入模型进行仿真,确定负荷曲线的改变对储能容量配置的影响,并帮助指导需求响应侧资源的调度,降低需配置储能容量。

5.3　基于储能配置模型的影响因素分析

本节利用 5.1 节中的储能配置模型,来研究 5.2 节中所选参数对储能配置的影响。首先对上述源、网、荷、储参数按约束型参数、价格型参数、系统型参数重新进行分类,得到表 5.1。

表 5.1　参数特性分类表

参数类型	对应参数
约束型参数	不确定性约束参数 α 爬坡特性约束参数 β
价格型参数	网损电价 分时电价 η_t(低谷电价、平段电价、高峰电价) 储能单位容量投资成本 C
系统型参数	风电装机容量 风电出力曲线 负荷曲线

列出参数特性分类表可以更好地反映电力系统中各部分的运行规划对储能配置的影响。模型 1 和模型 2(5.1.1 节和 5.1.2 节模型)用于研究约束型参数对储能配置的影响,模型 3(5.1.3 节模型)主要用来研究价格型与系统型参数对储能配置的影响。可基于单一变量原则改变影响参数的值,得到不同的储能配置结果,再对不同的结果进行统计分析,从而判定各影响参数对储能配置的影响。探究各参数对储能配置影响的具体流程如图 5.2 所示。

为分析各参数对储能配置的影响程度,在模型中利用式(5.16)计算相关系数以衡量各影响因素与储能配置的相关密切程度,从而量化各影响参数的重要程度。

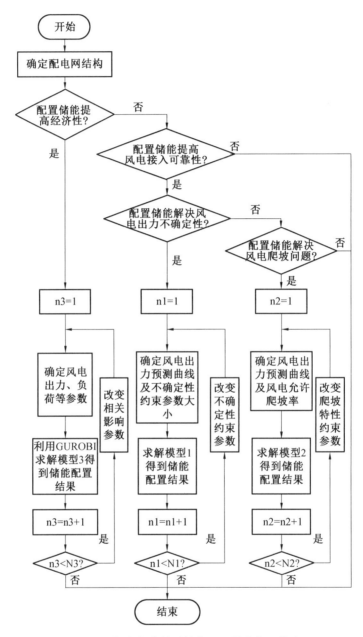

图 5.2　探究各参数对储能配置影响的具体流程

注：n1、n2、n3 为循环次数；N1、N2、N3 为最大循环次数。

$$\mathrm{var}(X) = \frac{\sum (X - \overline{X})^2}{n}, \mathrm{var}(Y) = \frac{\sum (Y - \overline{Y})^2}{n}, \varepsilon = \frac{E((X - \overline{X})(Y - \overline{Y}))}{\sqrt{\mathrm{var}(X)\mathrm{var}(Y)}} \quad (5.16)$$

式中，ε 为相关性系数；X 代表影响参数；Y 代表储能容量；$\overline{X}$ 代表影响参数的平均值；$\overline{Y}$ 代表储能容量的平均值；n 代表数据量。

5.4　算 例 仿 真

本节在 MATLAB R2019a 环境下建模,系统硬件条件为 Intel Core I5 CPU,2.3 GHz,8 GB 内存。考察对象为 33 节点配电网,其结构图如图 5.3 所示。

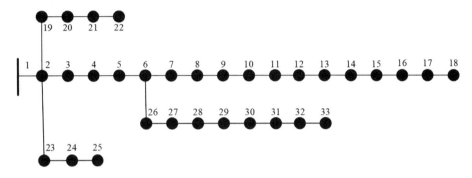

图 5.3　33 节点配电网结构图

图 5.3 中节点 5、9、14、20、28、32 上接入了额定容量为 1 MW 的风电机组,负荷曲线与风电出力曲线如图 5.4 和图 5.5 所示。

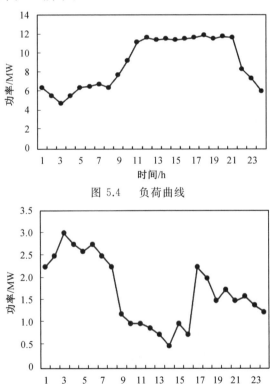

图 5.4　负荷曲线

图 5.5　风电出力曲线

各节点的基准电压为 12.66 kV,节点 1 上的电压恒定,其余节点最大电压偏差范围为 0.9～1.1 p.u.。 储能装置采用锂离子电池,相关参数见表 5.2。 网损电价取 1.0 元 /(kW·h),分时电价见表 5.3。利用 GUROBI 求解模型 3 得到的储能优化配置方案见表 5.4。

表 5.2　锂离子电池相关参数

参数	数值
额定容量 /(W·h)	1 000
最大充放电功率 /W	500
投资成本 / 元	2 500
运行维护成本 /(元·年$^{-1}$)	20
最大 SOC	0.9
最小 SOC	0.1
折现率	0.1
生命周期 / 年	10

表 5.3　分时电价

时段	电价 /[元·(kW·h)$^{-1}$]
低谷时段:0:00—8:00	0.35
平谷时段:8:00—9:00,16:00—19:00,23:00—24:00	0.55
高峰时间:9:00—16:00,19:00—23:00	1.00

表 5.4　储能优化配置方案

网损电价 /[元·(kW·h)$^{-1}$]	储能配置 /(MW·h)	网损成本 / 元	储能日投资综合成本 / 元	主网购电成本 / 元	总成本 / 元
	8.17(5)				
1	0.93(16)	9 970	13 100	99 040	122 110
	2.09(28)				

注:括号中数字为对应节点编号。

5.4.1　系统型参数与储能需求量的关系

以节点 5 为研究对象,分析约束型参数(不确定性约束参数、爬坡特性约束参数)与储能容量的关系,绘制成图 5.6。

由图 5.6 可得:储能需求量与不确定性约束参数呈正相关,即风电出力的不确定性预测误差区间越大,需配置的辅助储能系统容量越大;储能需求量与爬坡特性约束参数呈负相

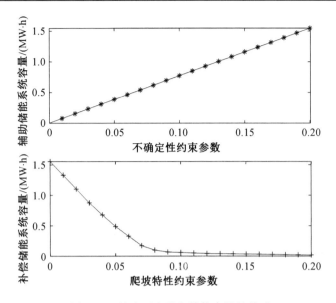

图 5.6　约束型参数与储能容量的关系

关,即系统允许接入的风电爬坡特性越明显,所需补偿储能系统容量越小。

5.4.2　价格型参数与储能需求量的关系

部分分时电价对应的储能配置见表 5.5。

表 5.5　部分分时电价对应的储能配置

分时电价 /[元・(kW・h)$^{-1}$]	储能配置 /(MW・h)	总成本 / 万元
0.8,0.44,0.28	8.15(5);0.94(16);2.11(28)	9.72
1.2,0.44,0.28	8.85(5);0.76(16);1.56(28)	12.38
1,0.55,0.28	8.17(5);0.93(16);2.09(28)	11.43
0.8,0.66,0.28	8.20(5);0.93(16);2.07(28)	10.39
1,0.66,0.28	8.11(5);0.95(16);2.15(28)	11.77
0.8,0.44,0.35	8.15(5);0.94(16);2.11(28)	9.86
1,0.44,0.35	8.35(5);0.93(16);1.91(28)	11.21
0.8,0.55,0.35	8.15(5);0.95(16);2.11(28)	10.21
1,0.55,0.35	8.17(5);0.93(16);2.09(28)	11.57
1.2,0.55,0.35	8.40(5);0.93(16);1.86(28)	12.92
1,0.66,0.35	8.11(5);0.95(16);2.15(28)	11.91
0.8,0.44,0.42	8.15(5);0.94(16);2.11(28)	10.01

注:括号中数字为对应节点编号。

各节点储能容量基本不变,3 个节点上的储能配置结果的平均值为:8.28 MW・h(5);

0.92 MW·h(16);1.99 MW·h(28)。各节点储能配置范围为:8.11 ~ 8.85 MW·h(5);0.76 ~ 0.95 MW·h(16);1.56 ~ 2.15 MW·h(28)。 总储能配置范围为 11.17 ~ 11.20 MW·h。由于目标函数包含三项,高峰时主网购电量减少,低谷时主网购电量增加,主网购电成本并未因分时电价升高而突增,而网损电价是固定值,在主网购电量变化的时段,网损也会变化,且网损成本不是单调变化的。

表 5.6 列出了三种网损电价对应的储能配置。由表 5.6 可以看出,网损电价的改变对系统需配置的总储能容量并没有太大影响。随着网损电价的增加,节点 5 上需配置的储能容量减少,节点 28 上需配置的储能容量增加。这说明在该系统节点 28 处配置储能相比于其他节点对网损电价更敏感。

表 5.6　三种网损电价对应的储能配置

网损电价 /[元·(kW·h)⁻¹]	储能配置 /(MW·h)	网损成本 /元	储能日投资 综合成本 / 元	主网购电 成本 / 元	总成本 / 元
0.5	8.40(5) 0.93(16) 1.86(28)	5 040	13 090	98 990	117 110
1	8.17(5) 0.93(16) 2.09(28)	9 970	13 100	99 040	122 110
1.5	8.11(5) 0.95(16) 2.15(28)	14 730	13 100	99 210	127 040

图 5.7 给出了储能单位容量投资成本与储能容量、总成本的关系。由图 5.7 可知,储能容量随储能单位容量投资成本的变化是分段的。

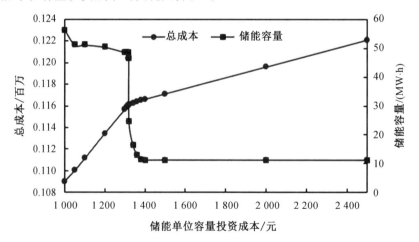

图 5.7　储能单位容量投资成本与储能容量、总成本的关系

储能容量突变的拐点在储能单位容量投资成本为 1 319 元时。表 5.7 为两种储能单位

容量投资成本对应的规划结果。

由图 5.7 和表 5.7 可以看出,储能单位容量投资成本降到 1 320 元之前,总成本的降低主要依靠储能单位容量投资成本的减少,其从 1 320 元降到 1 319 元时发生转变,总成本的降低依靠主网购电成本的减少。储能单位容量投资成本相差 1 元却造成储能配置情况相差极大。在配置储能容量时,折算到一天的储能单位容量投资成本在 0.6 ~ 0.7 元范围内时,要使目标函数小,储能容量配置才会有较大的变化,但系统的总成本差别不大,需要根据系统的要求来选择合理的储能容量。

表 5.7　两种储能单位容量投资成本对应的规划结果

储能单位容量 投资成本 / 元	网损 成本 / 元	主网购电 成本 / 元	储能日投资 综合成本 / 元	总成本 / 元
1 320	9 090	91 240	15 760	116 100
1 319	7 740	78 500	29 830	116 080

5.4.3　系统型参数与储能需求量的关系

改变接入配电网的风电出力曲线与负荷曲线类型,计算负荷曲线类型、风电出力曲线类型、风电装机容量与储能容量之间的关系,结果如图 5.8 所示。图 5.8 中不同类型的风电出力曲线与负荷曲线对应于图 5.9 和图 5.10。

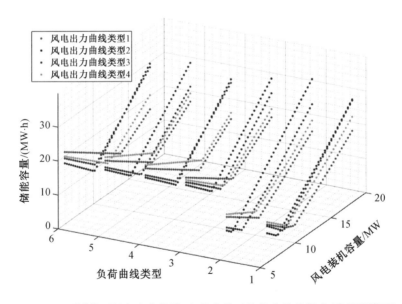

图 5.8　不同类型风电出力曲线、负荷曲线对储能容量的影响(彩图见附录)

从图 5.8 中可以看出,在负荷曲线与风电出力曲线类型相同的情况下,风电装机容量与储能容量的关系曲线存在拐点,拐点之前随着风电装机容量增加,储能容量下降,拐点之后则相反,而负荷曲线及风电出力曲线类型则影响拐点的坐标。拐点存在于风电装机容量与最大负荷之比约为 1.26、净负荷峰谷差率约为 1.67 处,拐点对应的储能容量范围为 4.30 ~ 12.99 MW·h。整体来看,储能容量需求最低点存在于负荷曲线类型为 2,风电出力曲线类

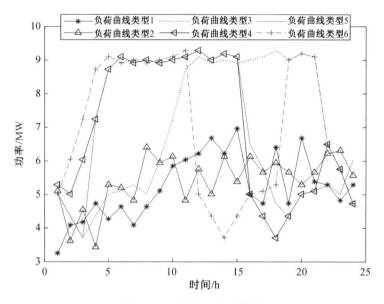

图 5.9　不同类型负荷曲线

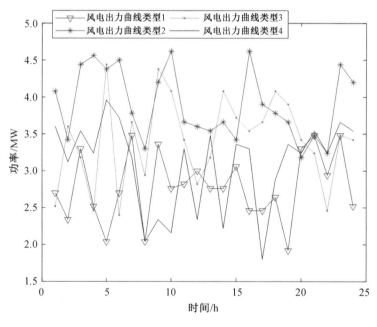

图 5.10　不同类型风电出力曲线

型为 3 的情况下。该情况下风电装机容量与储能容量最优比约为 8.1 MW/4.3 MW·h,风电装机容量在 8.1 MW 的基础上每降低或升高 1 MW,储能容量增加约 1.8 MW·h。

利用式(5.16)计算出各系统型参数与储能容量的相关系数,并绘制成图 5.11。图 5.11 中相关系数取值范围为[−1,1],−1 表示完全负相关,1 表示完全相关。

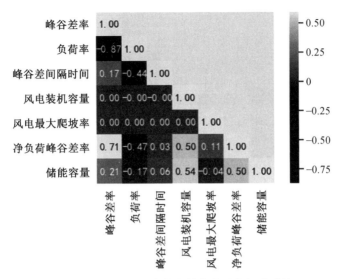

图 5.11　系统型参数与储能容量的相关系数

由图 5.11 可看出,主要影响储能容量的系统型参数是风电装机容量及峰谷差率。使储能容量配置最小的风电装机容量为 8.1 MW,峰谷差率为 0.46,净负荷峰谷差率为 1.43。以上结论是在风电装机容量范围为 6～18 MW,峰谷差率范围为 0.46～0.6,净负荷峰谷差率最小值为 0.79 的基础上得出的。

总容量为 15 MW·h 的储能经由 3 个不同的节点接入,其接入节点与主网购电量的分布关系如图5.12 所示。图 5.12 中每个箱体对应的五条横线由上至下分别表示最大值、上四分位数、中位数、下四分位数、最小值。图 5.12(a) 中最左侧箱体表示储能的第一个接入位置为节点 3 时,主网购电量所处范围。

相同的储能容量以不同的节点接入配电网时对配网经济性的影响有很大差别,节点 4、5 接入储能对经济性的影响较大。因为储能接入的第一个位置为节点 3 时,相较节点 4、5 对应的情况,配电网的主网购电量范围更大,说明在节点 3 配置储能对经济性的影响较小。根据图 5.12 中箱体的高度可大致确定储能接入节点对容量的影响。上四分位数与下四分位数所对应的主网购电量范围越大,对应节点单独接入储能对经济性的提高效果越不明显。

储能接入节点与网损成本的分布关系如图 5.13 所示。根据网损成本的分布可发现,在节点 23、24、25 配置储能可有效降低网损成本。在节点 28 配置储能对网损成本的影响较小。不同节点接入储能对于降低网损成本、提高系统经济性有不同的效果,在实际配置储能时需结合各节点配置效果与实际配置难度进行节点的选择。利用箱形图对储能接入不同节点的规划结果进行分析可明确各节点接入储能对降低网损成本、提高系统经济性的效果。

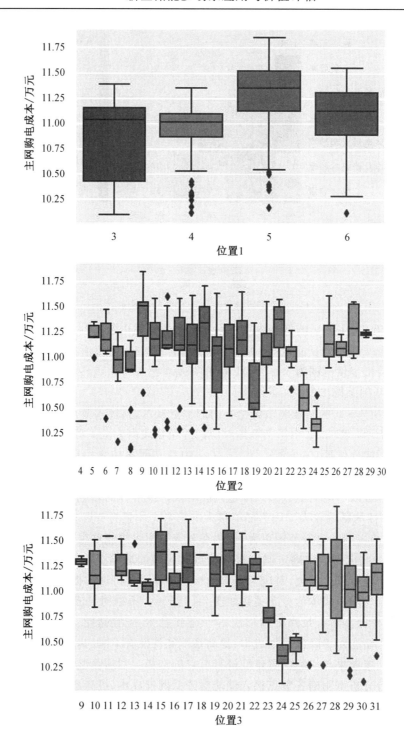

图 5.12 储能接入节点与主网购电成本的分布关系

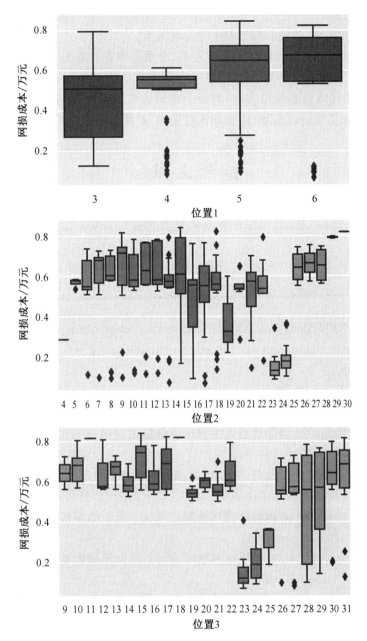

图 5.13　储能接入节点与网损成本的分布关系

5.5　本 章 小 结

本章构建了考虑多种参数的储能配置模型，通过适当处理将混合整数非线性规划模型转化为混合整数二阶锥规划模型，最终通过算例仿真得出结论：

（1）配置储能可有效消纳风电,降低系统网损与购电成本,系统配置储能时应重点考虑分时电价与风电装机容量、净负荷峰谷差率等关键因素。

（2）风电装机容量与大负荷之比为1.26左右、净负荷峰谷差率为1.67左右时,所需配置的储能容量较小。

（3）系统中风电接入总容量过大时,为完全消纳风电,配置的储能容量会很大、导致系统成本激增。然而随着政策的引导、储能的快速发展,系统配置储能的经济性会得到提升。

参 考 文 献

[1]郜宁,张慧媛,王子琪,等.区域电网分布式储能选址定容规划[J].高压电器,2020,56(8):52-58.

[2]MOHAMMAD F,HANNAN M A,JERN K P,et al. Review of energy storage system technologies in microgrid applications:issues and challenges[J]. IEEE Access,2018,6:35143-35164.

[3]YUN Pingping,REN Yongfeng,XUE Yu. Energy storage optimization strategy for reducing wind power fluctuation via markov prediction and PSO method[J]. Energies,2018,11(12):3393.

[4]SUN Jinlei,PEI Lei,LIU Ruihang,et al. Economic operation optimization for 2nd use batteries in battery energy storage systems[J]. IEEE Access,2019,7:41852-41859.

[5]汤杰,李欣然,黄际元,等.以净效益大为目标的储能电池参与二次调频的容量配置方法[J].电工技术学报,2019,34(5):963-972.

[6]孙丙香,李旸熙,龚敏明,等.参与 AGC 辅助服务的锂离子电池储能系统经济性研究[J].电工技术学报,2020,35(19):4048-4061.

[7]石玉东,刘晋源,徐松,等.考虑时序特性的配电网风—光—储随机规划模型[J].电力系统保护与控制,2019,47(10):23-32.

[8]蔡霁霖,徐青山,袁晓冬,等.基于风电消纳时序场景的电池储能系统配置策略[J].高电压技术,2019,45(3):993-1001.

[9]桑丙玉,姚良忠,李明杨,等.基于二阶锥规划的含大规模风电接入的直流电网储能配置[J].电力系统保护与控制,2020,48(5):86-94.

[10]唐权,胥威汀,叶希,等.考虑聚合商参与的配电网分布式储能系统优化配置[J].电力系统保护与控制,2019,47(17):83-92.

[11]赵峰,李颖,高锋阳,等.主动配电网中广义电源对储能系统配置的影响[J].太阳能学报,2020,41(1):349-357.

[12]焦东东,陈洁,付菊霞,等.平抑风电功率波动的储能容量配置[J].电网与清洁能源,2020,36(3):66-73.

[13]罗庆,张新燕,罗君,等.基于正负效益的储能削峰填谷容量配置[J].电网与清洁能源,2020,36(2):91-97.

［14］HASAN M，REZA H. Modeling and optimal scheduling of battery energy storage systems in electric power distribution networks［J］. Journal of Cleaner Production，2019，234(10):810-821.

［15］LI Yunhao，WANG Jianxue，GU Chenjia，et al. Investment optimization of grid-scale energy storage for supporting different wind power utilization levels［J］. Journal of Modern Power Systems and Clean Energy，2019，7(6):1721-1734.

［16］李笑蓉，黄森，丁健民，等. 基于 MILP 的用户光储系统储能配置场景适应成本分析［J］. 电力需求侧管理，2020，22(5):25-30.

［17］谢桦，滕晓斐，张艳杰，等. 风/光/储微网规划经济性影响因素分析［J］. 电力系统自动化，2019，43(6):99-111,167.

［18］BITARAF H，RAHMAN S. Reducing curtailed wind energy through energy storage and demand response［J］. IEEE Transactions on Sustainable Energy，2018，9(1):228-336.

［19］胡枭，徐国栋，尚策，等. 工业园区参与调峰的电池储能－需求响应联合规划［J］. 电力系统自动化，2019，43(15):116-126.

［20］JAYASEKARA N，MASOUM M A S，WOLFS P J. Optimal operation of distributed energy storage systems to improve distribution network load and generation hosting capability［J］. IEEE Transactions on Sustainable Energy，2015，7(1):250-261.

第6章 利用替代性储能实现等效惩罚的电网低碳柔性规划

"双碳"目标下,高比例可再生能源大量接入,其出力的不确定性给传统电网规划方法带来巨大挑战。在储能成本的不断降低和电网侧应用场景的不断丰富的背景下,本章提出利用替代性储能实现等效惩罚的电网低碳柔性规划方法。首先,根据历史风电及光伏出力数据,利用改进的 Kernel K-means 算法生成风光出力典型场景。其次,考虑投资成本、运行成本、弃风弃光惩罚成本及碳排放等多个目标,建立电网低碳柔性规划模型,通过配置电网侧替代性储能解决 $N-1$ 情况下线路潮流越限问题。最后,基于改进的 IEEE-14 节点测试系统开展算例仿真,表明所提方法能够获得成本更低的电网规划方案,同时能够有效减少弃风弃光和碳排放,兼顾了电网规划方案的安全性和经济性。

6.1 新能源不确定性建模与典型场景生成

新型电力系统中,以风电和光伏(简称"风光",下同)为代表的新能源大量接入电网,风速与光照强度的变化会使风光出力存在间歇性与波动性。本节通过分析华东某地风光历史数据,考虑风光出力的互补性,建立风光出力的联合概率分布模型,然后通过蒙特卡罗抽样生成大量随机场景,最后通过改进的 Kernel K-means 算法聚类,实现场景削减,生成具有普遍性的典型场景,优化运算速度。

6.1.1 考虑相关性的新能源出力联合概率分布模型

1. 风电不确定性建模

风速作为风电出力的影响因素,已经有较成熟的分布模型,例如伽马分布、威布尔分布和 Burr 分布等。本书以威布尔分布表示风速分布,概率密度函数与累积分布函数为

$$f(V) = \frac{k}{c}\left(\frac{V}{c}\right)^{k-1}\exp\left[-\left(\frac{V}{c}\right)^k\right] \tag{6.1}$$

$$F(V) = 1 - \exp\left[-\left(\frac{V}{c}\right)^k\right] \tag{6.2}$$

式中,V 为设定风速;k 和 c 为形状和尺度参数,分别反映风速峰值情况和平均风速,可利用历史数据,使用矩估计法进行求取。

风电输出功率与实际风速的关系为

$$P_{\mathrm{W}} = \begin{cases} 0, & v < v_{\mathrm{i}} \ 或 \ v < v_{\mathrm{o}} \\ a_1 v + a_2, & v_{\mathrm{i}} \leqslant v \leqslant v_{\mathrm{e}} \\ P_{\mathrm{W}}^{\max}, & v_{\mathrm{e}} < v < v_{\mathrm{o}} \end{cases} \qquad (6.3)$$

其中，a_1 和 a_2 为

$$a_1 = \frac{P_{\mathrm{W}}^{\max}}{v_{\mathrm{e}} - v_{\mathrm{i}}} \qquad (6.4)$$

$$a_2 = \frac{v_{\mathrm{i}} P_{\mathrm{W}}^{\max}}{v_{\mathrm{i}} - v_{\mathrm{e}}} \qquad (6.5)$$

式中，P_{W} 和 $P_{\mathrm{W}}^{\max}$ 分别为风电输出功率和风电最大输出功率；v、v_{e}、v_{i} 和 v_{o} 分别为实际风速、额定风速、切入风速和切出风速。

2.光伏不确定性建模

根据研究，光伏出力的概率分布通常采用 Beta 分布来描述，概率密度函数为

$$g(P_{\mathrm{PV}}) = \frac{\Gamma(\alpha + \beta)}{\Gamma(\alpha)\Gamma(\beta)} \left(\frac{P_{\mathrm{PV}}}{P_{\mathrm{PV}}^{\max}}\right)^{a-1} \left(1 - \frac{P_{\mathrm{PV}}}{P_{\mathrm{PV}}^{\max}}\right)^{\beta-1} \qquad (6.6)$$

式中，P_{PV} 和 $P_{\mathrm{PV}}^{\max}$ 分别为光伏输出功率和光伏最大输出功率；a 和 b 为 Beta 分布的形状参数，由矩估计法求得；Γ 表示伽马函数。

3.考虑相关性的风光出力联合概率分布模型

光伏出力集中在白天，风力出力集中在晚上，在时间上互补，考虑二者的相关性，使用 Copula 函数建立风光联合概率分布模型。

Copula 函数是处理统计中随机变量相关性问题的一种方法，是一类连接联合分布函数与其每个边缘分布函数的函数，决定了联合分布关于相关性的性质。其主要有椭圆分布族函数（Normal-Copula 函数、t-Copula 函数）、根据相关性指标法推求的阿基米德分布族函数（Frank-Copula 函数、Gumbel-Copula 函数、Clayton-Copula 函数）。何振民等介绍了这些函数的模型建立。为选择出适用于构建本章风电和光伏相关性出力模型的函数，从图形的直观性、秩相关系数、欧几里得距离判定方面对几种 Copula 函数模型进行比较，可知 Frank-Copula 函数更适合用于构建风光联合出力的相关性模型，其分布函数和密度函数分别为

$$C_{\mathrm{F}}(u, v, \lambda) = -\frac{1}{\lambda} \ln\left(1 + \frac{(\mathrm{e}^{-\lambda u} - 1)(\mathrm{e}^{-\lambda v} - 1)}{\mathrm{e}^{-\lambda} - 1}\right) \qquad (6.7)$$

$$c_{\mathrm{F}}(u, v, \lambda) = \frac{-\lambda(\mathrm{e}^{-\lambda} - 1)\mathrm{e}^{-\lambda(u+v)}}{\left[(\mathrm{e}^{-\lambda} - 1) + (\mathrm{e}^{-\lambda u} - 1)(\mathrm{e}^{-\lambda v} - 1)\right]^2} \qquad (6.8)$$

式中，u、v 为随机变量；λ 为相关系数，λ 大于 0 表示随机变量正相关，λ 小于 0 表示随机变量负相关。

各时刻的出力值按如下步骤求解：

（1）根据某时刻历史数据计算边缘概率分布函数；

（2）通过参数估计求取参数，求解风光出力联合概率密度函数；

（3）采用蒙特卡罗方法对联合概率分布函数进行抽样，随后进行逆变换得到此时刻的出力值；

（4）重复上述步骤得到各时刻的出力值。

6.1.2 新能源出力典型场景生成

大量场景会使计算效率低下，K-means算法能够快速将相似的样本聚成一类，从而实现场景削减。本章采用一种改进的 Kernel K-means 算法，由于 K 值的选取对 K-means 算法效果影响很大，因此先根据"肘部法"确认风光出力的聚类数 K，进而生成具有代表性的典型场景，这种算法相较于传统 K-means 算法有两点优势：一是选取彼此相距较远的点作为初始点，避免了因初始点的选择不当而陷入局部聚类；二是利用核函数的思想将样本数据映射至更高维度的特征空间，突出样本数据间的区别，聚类效果更好。

6.2 电网低碳柔性规划模型

6.2.1 传统电网柔性规划

电网柔性规划允许电网出现一定的过负荷，通过不同方法寻优，以平衡经济性与可靠性。其目标函数包括线路投资成本及越限惩罚：

$$\min\left\{\sum_{j\in\Omega_1}K_jZ_j + \sum_{i\in\Omega}\sum_{j\in\Omega}\lambda_j^2Q_{ij}\right\} \tag{6.9}$$

式中，K_j 为线路 j 的造价成本；Z_j 为 $0-1$ 变量，表示是否新建线路 j，$Z_j=0$ 表示未新建线路；λ_j 为线路 j 越限惩罚系数，根据经验设定；Q_{ij} 为线路 i 断开时，线路 j 的越限率；Ω_1 为待建线路集合；Ω 为所有线路集合。

传统电网柔性规划常利用 $N-1$ 准则查找过载线路，对线路投资成本和越限惩罚在电网全规划周期内进行成本评估。越限惩罚采用越限系数与越限量的乘积表示，但越限系数的确定方法不明确，取值过大或过小会引起系统冗余或惩罚效果不明显。

6.2.2 替代性储能实现等效惩罚的电网低碳柔性规划

对于传统电网柔性规划中存在的不足，结合储能能量传输的特性，本章对电网在 $N-1$ 校验时的越限惩罚项部分通过配置替代性储能实现等效，建立经济减排的多目标规划模型。以综合成本和碳排放量最小为目标，根据 $N-1$ 校验线路越限的情况进行储能配置。该方法中储能不仅能够解决越限系数难以确定的问题，还能够代替新建线路缓解由高比例可再生能源与高峰负荷带来的网络堵塞，减少投资成本，提高输电网规划的经济性和可靠性。

1.目标函数

多目标规划模型的目标函数为综合成本最小及碳排放量最小：

$$\min\{f_1, f_2\} \tag{6.10}$$

（1）综合成本。

综合成本中，保留传统电网柔性规划中的新建线路成本，增加规划周期内运行成本、弃风弃光惩罚成本、实现线路越限等效惩罚的储能投资成本、储能更换成本与储能寿命损耗成本的和、规划周期末系统所剩残值 C_6，具体如式（6.12）～（6.17）所示。

$$f_1 = C_1 + C_2 + C_3 + C_4 + C_5 - C_6 \tag{6.11}$$

新建线路成本 C_1 为

$$C_1 = \sum_{j \in \Omega_1} K_j Z_j \tag{6.12}$$

规划周期内运行成本 C_2 为

$$C_2 = \sum_{y=1}^{T} \sum_{s=1}^{S} 365 p_s \sum_{t=1}^{24} \sum_{g=1}^{N_G} \left[a_g (P_{G,g,s,t}^{A_i})^2 + b_g P_{G,g,s,t}^{A_i} + c_g \right] (1+r)^{-y} \tag{6.13}$$

式中，y 为规划年限。

为促进新能源的消纳，华东能源监管局发布的《华东区域电力辅助服务管理实施细则（模拟运行稿）》和《华东区域电力并网运行管理实施细则（模拟运行稿）》（简称"两个细则"）中对风电场与光伏电站的并网进行考核，因弃风、弃光产生的惩罚成本 C_3 为

$$C_3 = T \sum_{s=1}^{S} 365 p_s \sum_{t=1}^{24} \sum_{n=1}^{N} (c_W P_{W,s,t,n}^{cut,A_i} + c_{PV} P_{PV,s,t,n}^{cut,A_i}) \tag{6.14}$$

实现线路越限等效惩罚的储能投资成本 C_4 为

$$C_4 = \theta_P \sum_{n \in \Omega_2} x_n P_{ESS,n}^{A_i} + \theta_E \sum_{n \in \Omega_2} x_n E_{ESS,n}^{A_i} \tag{6.15}$$

考虑到线路与储能的寿命不同，规划周期内需更换储能电池，储能更换成本与储能寿命损耗成本的和 C_5 为

$$C_5 = \sum_{n \in \Omega_2} (1-\delta)^{kl} \theta_E \frac{E_{ESS,n}^{A_i}}{\eta} + \sum_u \frac{d_u^{eff}}{\tau_R} C_4 \tag{6.16}$$

规划周期末系统所剩残值 C_6 为

$$C_6 = \rho_1 C_1 + \rho_2 (C_4 + C_5) \tag{6.17}$$

式中，p_s 为场景 s 发生的概率；S 为场景总数；T 为规划周期；r 为银行年利率；N_G 为系统发电机总数；a_g、b_g、c_g 为发电机 g 的运行经济参数；$P_{G,g,s,t}^{A_i}$ 为发电机 g 在场景 s 下 t 时刻的出力值，A_i 中 $i = [0,1,\cdots,z]$，$i = 0$ 时为正常运行状态，$i = [1,\cdots,z]$ 时表示线路 i 开断，带此上角标的变量为该变量在线路 $N-1$ 时的值，下同；c_W、c_{PV} 分别为弃风、弃光成本；$P_{W,s,t,n}^{cut,A_i}$、$P_{PV,s,t,n}^{cut,A_i}$ 分别为 t 时刻场景 s 下的弃风、弃光量；θ_P、θ_E 分别为储能的单位功率和单位容量成本；x_n 为节点 n 是否配置储能的 0-1 决策变量；Ω_2 为配置储能支路集；$P_{ESS,n}^{A_i}$ 为在节点 n 储能的配置功率；$E_{ESS,n}^{A_i}$ 为在节点 n 储能的配置容量；δ 为储能成本本年均下降比例；$k = T/l - 1$ 为储能的更换次数，当 k 为小数时进 1 取整；l 为储能生命周期；η 为储能充放电效率；d_u^{eff} 为等效到额定条件下的第 u 次放电过程的有效放电安时数；τ_R 为储能电池在额定条件下全生命周期内的总有效放电电量；ρ_1、ρ_2 分别为线路和储能的残值回收率。

（2）碳排放量。

风电及光伏均属于绿色清洁能源，其运行过程中几乎不排放 CO_2，因此，满足负荷需求所产生的 CO_2 全由燃烧煤炭的火电排出，相应的年碳排放量为

$$f_2 = \sum_{s=1}^{S} p_s \sum_{t=1}^{8\,760} \sum_{g=1}^{NG} (\lambda_t P_{G,g,s,t}^{A_i} \Delta t) \tag{6.18}$$

式中，λ_t 为 t 时刻的碳排放因子。

2. 约束条件

本章规划模型采用直流潮流，需要满足的约束条件如下所示。

（1）节点功率平衡约束。

$$P_{G,s,t,n}^{A_i} + P_{W,s,t,n}^{A_i} + P_{PV,s,t,n}^{A_i} + P_{ESS,s,t,n}^{A_i,d} - P_{ESS,s,t,n}^{A_i,c} - P_{W,s,t,n}^{cut,A_i} - P_{PV,s,t,n}^{cut,A_i} -$$
$$\sum_{l \in \Omega_0} P_{l,s,t,n}^{A_i} - \sum_{j \in \Omega_1} P_{j,s,t,n}^{A_i} = P_{d,s,t,n}^{A_i} \tag{6.19}$$

式中，$P_{G,s,t,n}^{A_i}$、$P_{W,s,t,n}^{A_i}$、$P_{PV,s,t,n}^{A_i}$ 分别为场景 s 下 t 时刻节点 n 火电、风电、光伏有功出力；$P_{ESS,s,t,n}^{A_i,c}$ 和 $P_{ESS,s,t,n}^{A_i,d}$ 分别为场景 s 下 t 时刻节点 n 储能充电和放电功率；Ω_0 为已有线路集合；$P_{l,s,t,n}^{A_i}$ 为场景 s 下与节点 n 相关的第 l 条已有线路 t 时刻的传输功率；$P_{j,s,t,n}^{A_i}$ 为场景 s 下与节点 n 相关的第 j 条新建线路 t 时刻的传输功率；$P_{d,s,t,n}^{A_i}$ 为场景 s 下 t 时刻节点 n 的负荷。

（2）线路功率平衡。

已有线路与待建线路功率平衡分别如式（6.20）、式（6.21）所示：

$$P_{l,s,t,n}^{A_i} - b_{nm}(\theta_{s,t,n}^{A_i} - \theta_{s,t,m}^{A_i})Z_l = 0 \tag{6.20}$$

$$P_{j,s,t,n}^{A_i} - b_{nm}(\theta_{s,t,n}^{A_i} - \theta_{s,t,m}^{A_i})Z_j = 0 \tag{6.21}$$

式中，b_{nm} 为节点 n、m 间线路的电纳；$\theta_{s,t,n}^{A_i}$、$\theta_{s,t,m}^{A_i}$ 分别为场景 s 下 t 时刻节点 n、m 的电压相角；Z_l、Z_j 为 $0-1$ 变量，分别表示已有线路 l 与新建线路 j 的开断状态，值为 1 时表示正常运行，值为 0 时表示线路断开。

（3）线路潮流约束。

已有线路与待建线路潮流约束分别如式（6.22）、式（6.23）所示：

$$P_{l,s,t}^{A_i} \leqslant P_l^{max} \tag{6.22}$$

$$P_{j,s,t}^{A_i} \leqslant Z_j P_j^{max} \tag{6.23}$$

式中，P_l^{max} 和 P_j^{max} 分别为线路 l、j 的最大传输功率。

（4）机组出力约束。

$$P_{G,g}^{min} \leqslant P_{G,g,s,t}^{A_i} \leqslant P_{G,g}^{max} \tag{6.24}$$

式中，$P_{G,g}^{min}$ 和 $P_{G,g}^{max}$ 分别为火电机组出力的最大值和最小值。

（5）弃风弃光约束。

$$0 \leqslant P_{W,s,t,n}^{cut,A_i} \leqslant \gamma_W P_{W,s,t,n}^{A_i} \tag{6.25}$$

$$0 \leqslant P_{PV,s,t,n}^{cut,A_i} \leqslant \gamma_{PV} P_{PV,s,t,n}^{A_i} \tag{6.26}$$

式中，γ_W、γ_{PV} 分别为允许弃风、弃光的最大比例系数。

（6）储能系统约束。

所配置储能的功率和容量需要在一定范围内：

$$0 \leqslant P_{\text{ESS},n}^{A_i} \leqslant x_n P_{\text{ESS},n}^{\max} \tag{6.27}$$

$$0 \leqslant E_{\text{ESS},n}^{A_i} \leqslant x_n E_{\text{ESS},n}^{\max} \tag{6.28}$$

式中，$P_{\text{ESS},n}^{\max}$、$E_{\text{ESS},n}^{\max}$ 分别为允许配置储能功率、容量的最大值。

储能充放电功率约束为

$$P_{\text{ESS},s,t,n}^{A_i,c} \leqslant P_{\text{ESS},n}^{e} \tag{6.29}$$

$$P_{\text{ESS},s,t,n}^{A_i,d} \leqslant P_{\text{ESS},n}^{e} \tag{6.30}$$

式中，$P_{\text{ESS},n}^{e}$ 为储能最大充放电功率。

储能配置容量计算公式为

$$E_{\text{ESS},n}^{A_i} = \frac{\max\left\{\sum_{t=1}^{T_1}(P_{\text{ESS},n,t}^{A_i,d} - P_{\text{ESS},n,t}^{A_i,c})\right\} - \min\left\{\sum_{t=1}^{T_2}(P_{\text{ESS},n,t}^{A_i,d} - P_{\text{ESS},n,t}^{A_i,c})\right\}}{\text{SOC}_{\max} - \text{SOC}_{\min}} \tag{6.31}$$

式中，T_1、T_2 分别为放电电量累计最大、最小的时刻，T_1，$T_2 \in [1,24]$；$P_{\text{ESS},n,t}^{A_i,d}$ 和 $P_{\text{ESS},n,t}^{A_i,c}$ 分别为 t 时刻节点 n 储能放电和充电功率；$\text{SOC}_{\max}$、$\text{SOC}_{\min}$ 分别为储能最大、最小 SOC。

储能 SOC 约束为

$$\text{SOC}_{\min} \leqslant \text{SOC}_{n,s}^{A_i}(t) \leqslant \text{SOC}_{\max} \tag{6.32}$$

$$\text{SOC}_{n,s}^{A_i}(t) = \text{SOC}_{n,s}^{A_i}(t-1) - \frac{(P_{\text{ESS},n,s}^{A_i}(t)\eta - P_{\text{ESS},n,s}^{A_i}(t)/\eta)\Delta t}{E_{\text{ESS},n}^{A_i}} \tag{6.33}$$

式中，$\text{SOC}_{n,s}^{A_i}(t)$ 为节点 n 储能 t 时刻的 SOC；$P_{\text{ESS},n,s}^{A_i}$ 为场景 s 下节点 n 储能的配置功率。

6.3　模型求解算法

对多目标规划模型常通过目标法、线性加权法、功效系数法等转化为单目标模型求解。由于《巴黎协定》框架下减排政策之一的碳定价政策被广泛应用，2021 年 7 月 16 日全国碳市场启动，对碳排放进行了量化并定价。因此，将 f_2 表示的碳排放量与碳价相乘后，其量纲与表示综合成本的 f_1 形成统一，两个目标函数可相加，最终目标函数为

$$f = f_1 + c_c f_2 \tag{6.34}$$

式中，c_c 为每千克 CO_2 的排放费用。

大 M 法是运筹优化建模中常用到的方法，可以将非线性问题转化成线性问题，模型中式（6.21）含有连续变量与整型变量的乘积，为方便求解，将其通过大 M 法线性化为

$$|P_{j,s,t,n}^{A_i} - b_{nm}(\theta_{s,t,n}^{A_i} - \theta_{s,t,m}^{A_i})| \leqslant M(1-Z_j) \tag{6.35}$$

式中，M 为很大的正数。

电网低碳柔性规划模型可通过 MATLAB 的 Yalmip 工具包和 Gurobi 求解器进行求解，根据各线路开断时线路越限情况配置储能，选取越限最严重时的储能配置方案作为最终规划方案。

6.4 算例仿真

6.4.1 参数设置

为验证所提出规划方法的有效性,对 IEEE－14 节点测试系统进行改进,发电机参数见表 6.1,在节点 3 处增加 1 个风电场,节点 10 处增加 1 个光伏电站,初始额定容量分别为 150 MW 与 200 MW。考虑到风光出力与负荷会随时间增长,设定风光额定容量与负荷每年增加 5%。线路参数见表 6.2,电压等级为 110 kV,线路综合建设成本为 65 万元/km,允许新建线路上限为 3 条。残值回收率 ρ_1、ρ_2 分别为 12%、10%,规划周期 T 为 20 年,银行年利率 $r = 0.05$,弃风弃光成本为 636 元/(MW·h),允许弃风、弃光的最大比例系数 $\gamma_w = 9.8\%$、$\gamma_{PV} = 10\%$。考虑风光出力加入电网对碳排放因子的影响,各季节典型日的 CO_2 排放因子如图 6.1 所示,呈鸭型曲线形状,均值为 0.997 kg/(kW·h)。根据《2021 年中国碳价调查》,2022 年的全国碳市场平均碳价预期为 49 元/t,因此本章 c_c 取 0.049 元/kg。所配储能相关参数见表 6.3。

表 6.1　发电机参数

发电机	节点	a_g/[元·(MW²·h⁻¹)]	b_g/[元·(MW·h⁻¹)]	c_g/元	$P_{G,g}^{min}$/MW	$P_{G,g}^{max}$/MW
1	1	0.035 2	67.2	1 920	30	150
2	2	0.035 2	67.2	1 920	30	150
3	3	0.035 2	67.2	1 920	12.5	100
4	6	0.035 2	67.2	1 920	12.5	100
5	8	0.035 2	67.2	1 920	12.5	100

表 6.2　线路参数

线路	R_{ij}	X_{ij}	f_{ij}^{max}/MW	线路	R_{ij}	X_{ij}	f_{ij}^{max}/MW
1－2	0.019	0.059	50	6－11	0.095	0.199	50
1－5	0.054	0.223	40	6－12	0.123	0.256	50
2－3	0.047	0.198	60	6－13	0.066	0.13	50
2－4	0.058	0.176	60	7－8	0	0.176	50
2－5	0.057	0.174	60	7－9	0	0.11	30
3－4	0.067	0.171	60	9－10	0.032	0.085	50
4－5	0.013	0.042	40	9－14	0.27	0.27	50
4－7	0	0.209	65	10－11	0.192	0.192	50
4－9	0	0.556	40	12－13	0.221	0.2	50
5－6	0	0.252	65	13－14	0.171	0.348	50

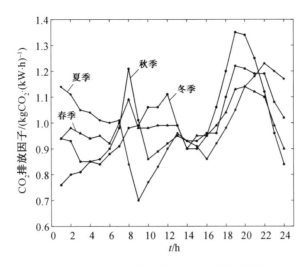

图 6.1　各季节典型日的 CO_2 排放因子

表 6.3　储能相关参数

$\theta_P/(元 \cdot kW^{-1})$	$\theta_E/[元 \cdot (kW \cdot h)^{-1}]$	$l/$ 年	η
1 270	1 650	10	95%

6.4.2　结果分析

采用华东某地 2019 年光照强度与风速历史数据，根据 6.1 节所述方法，得出的风光典型出力场景出力变化趋势如图 6.2 所示，场景 1 ~ 6 出现的概率分别为 20.80%、14.5%、16.70%、14.80%、13.20%、20.00%。图 6.3 为传统方案与本书方案对比图。

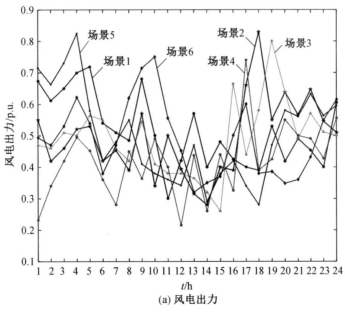

(a) 风电出力

图 6.2　风光典型出力场景出力变化趋势

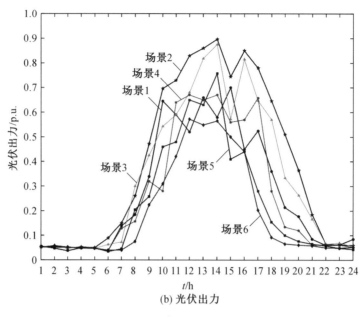

(b) 光伏出力

续图 6.2

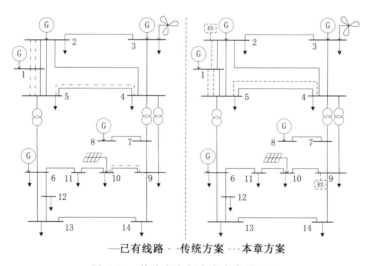

—— 已有线路 ---- 传统方案 ----- 本章方案

图 6.3   传统方案与本章方案对比图

由图 6.3 可以看出,传统方案和本章方案在节点 1 和节点 5 之间均新建 2 条线路,在节点 4 和节点 5 之间均新建 1 条线路,而在节点 1 和节点 2 之间,传统方案需新建 2 条线路,本章方案则需新建 1 条线路及 1 个 12 MW/20 MW·h 的储能。同样,在节点 9 和节点 10 之间,新建 1 个 3 MW/5 MW·h 的储能可以代替新建 1 条线路,能够节省大量投资成本。当不同线路开断,引起同一条线路出现不同越限量时,本章所建规划模型能够自动选择越限量最严重时的储能配置结果。例如,线路 1-5、4-5、5-6 分别处于开断状态时,都会引起线路 1-2 越限,越限量分别为 224%、172%、166%,储能容量则根据越限量为 224% 时的情况进行配置。传统方案与本书方案全周期新建线路与储能的参数及所需成本见表 6.4。

表 6.4　全周期新建线路与储能的参数及所需成本

	线路			储能		
	位置	容量 / MW	建设成本 / 万元	节点	功率 / 容量	建设成本 / 万元
传统方案	1−2(2)	50	12 350	无		
	1−5(2)	40	11 700			
	4−5(1)	40	5 590			
本章方案	10−9(1)	50	7 150			
	1−2(1)	50	6 175	2	12 MW/20 MW·h	7 236
	1−5(2)	40	11 700	9	3 MW/5 MW·h	1 809
	4−5(1)	40	5 590			

注:括号中数字为新建线路的数量。

计及储能在规划周期内的更换成本,两种方案在全周期内,投资成本、综合成本、弃风弃光惩罚成本等方面所需费用有所不同,弃风弃光量与碳排放量也存在差异,具体见表 6.5。

表 6.5　两种方案成本与变量对比

	投资成本 / 万元	弃风弃光惩罚成本 / 万元	综合成本 / 百万元	弃风量 /(MW·h)	弃光量 /(MW·h)	碳排放量 / 万 t
本章方案	32 510	5 481.7	9 916.4	2 218.2	2 091.3	204.2
传统方案	36 790	7 102.8	10 606.8	2 611.1	2 972.9	208.6

由表 6.5 可知,虽然传统方案中没有储能投资成本,但其线路投资成本为 36 790 万元,较本章方案中线路与储能投资成本之和高出 4 280 万元。利用替代性储能在代表性新能源风光出力多时存储电量,可以增加风光资源的消纳,在规划周期内减少弃风弃光惩罚成本 1 621.1 万元。通过各类成本的对比,本章所提方案的综合成本由传统方案综合成本 1 060 680 万元下降 6.51% 到 991 640 万元。因此可以得出,利用替代性储能实现等效惩罚的规划方案,不仅解决了惩罚系数难以确定的问题,经济效益也优于仅新增线路的规划方案。

另外,替代性储能加入后,减少了火电机组出力,降低了 CO_2 排放量。由运行结果知,当没有储能加入时,系统每年排放 CO_2 208.6 万 t,储能加入后,每年排放的 CO_2 降为 204.2 万 t,在规划周期内,共降低 CO_2 排放量 88 万 t,实现了碳减排的目标。

各节点负荷与总出力如图 6.4(a) 所示,可以看出,负荷与总出力并非完全重合,即出现总出力与负荷不匹配的情况,此时,本章方案能够利用储能补足负荷需求及消纳新能源,进而提高供电可靠性、减少弃风弃光,其中节点 3 负荷与各能源出力及新能源消纳如图 6.4(b) 所示。

由图 6.4(b) 可以直观地看出加入储能的规划方案在满足约束的前提下,能够按需进行充放电。在 1−3 时,可再生能源出力大于负荷需求,此时储能充电,减少弃风弃光量;4 时、16 时以及 23−24 时,可再生能源出力仍大于负荷需求,但储能电量已充满,不能够继续消纳过剩的可再生能源,产生弃风弃光量;10 时、11 时、13 时及 18−20 时,考虑其处于峰时电价阶段,可再生能源和火电机组总出力小于负荷需求,储能放电。结合表 6.5 可知,本章方案中,储能通过将能量时空转移的功能,较传统方案每年的弃风、弃光量分别减少 395.9 MW·h 和 890.6 MW·h,风、光消纳率分别从 96.3%、97.1% 提高到 96.9%、98.0%。

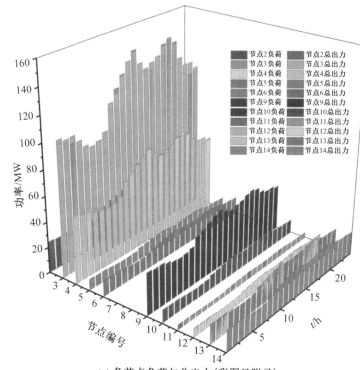

(a) 各节点负荷与总出力(彩图见附录)

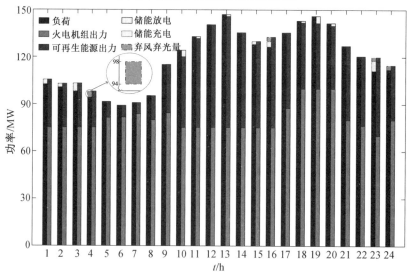

(b) 节点3负荷与各能源出力及新能源消纳

图 6.4　负荷与出力

考虑到储能成本对规划结果较为敏感,将储能成本降低三分之一后再一次进行规划,得出结果如下。

图 6.5 相较于图 6.3 右侧储能成本未降低的本章方案,减少了线路 4－5 的建设,并在节点 5 新建 1 个 15 MW/25 MW·h 的储能。由表 6.4 可以看出线路 4－5 的建设费用为 5 590 万元,储能成本降低后,15 MW/25 MW·h 的全规划周期储能投资成本仅为 5 116 万元,可节省投资成本 474 万元。另外,由于利用储能替代线路建设,能够利用储能灵活充放电减少弃风弃光量,进一步提高风光消纳率,共降低弃风弃光惩罚成本 1 857.1 万元,降低综合成本 2 331.1 万元,具体见表 6.6。

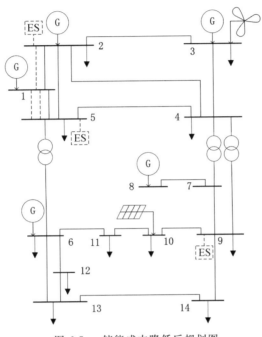

图 6.5　储能成本降低后规划图

表 6.6　储能成本降低后成本对比表

	投资成本 / 万元	弃风弃光惩罚成本 / 万元	综合成本 / 百万元
降低前	32 510	5 481.7	9 916.4
降低后	32 036	3 624.6	9 893

因此,随着储能技术的发展与成本的降低,利用储能替代线路建设的规划方法越来越具有优势,既能促进可再生能源消纳,推动可再生能源发展,又能带来良好的经济效益。

6.5　本 章 小 结

为实现"双碳"目标,积极构建新型电力系统,本章提出一种利用替代性储能实现等效惩罚的电网柔性规划方法,在多种典型场景下建立了考虑综合成本及碳排放量的多目标规划模型,发挥了储能在电网规划中的重要作用。通过对模型的求解和分析可以得到以下结论。

（1）替代性储能的配置能够补偿 $N-1$ 校验时线路的越限量，解决确定惩罚系数主观性的问题，另外无须切负荷，提高了供电可靠性。

（2）储能加入后，能够根据需要进行合理充放电，减少了弃风弃光量及火电机组出力，在增加可再生能源消纳的同时减少了 CO_2 排放量。另外，共同建造线路与储能比仅仅依靠新建线路进行电网扩展规划可节省大量投资运行费用，并且随着储能成本的不断降低，经济优势越来越明显。

下一步可以考虑储能参与阻塞管理的回报机制，进一步发挥储能在新型电力系统中的作用。

参 考 文 献

［1］李慧,孙宏斌,张芳. 风电场风速分布模型研究综述［J］. 电工电能新技术,2014,33(8)：62-66.

［2］刘忠,陈星宇,邹淑云,等. 计及碳排放的风－光－抽水蓄能系统容量优化配置方法［J］. 电力系统自动化,2021,45(22)：9-18.

［3］PAPAEFTHYMIOU G,KUROWICKA D. Using copulas for modeling stochastic dependence in power system uncertainty analysis［J］. IEEE transactions on power systems,2009,24(1)：40-49.

［4］周尚筹. 考虑风－光 Copula 相关性的电力系统运行风险评估［D］. 广州：华南理工大学,2016.

［5］何振民.风电/光伏发电接入电网的电压稳定及控制策略研究［D］.北京：华北电力大学,2016.

［6］林顺富,刘持涛,李东东,等. 考虑电能交互的冷热电区域多微网系统双层多场景协同优化配置［J］. 中国电机工程学报,2020,40(5)：1409-1421.

［7］郭明萱,穆云飞,肖迁,等. 考虑电池寿命损耗的园区综合能源电/热混合储能优化配置［J］. 电力系统自动化,2021,45(13)：66-75.

［8］翟鹤峰,赵利刚,戴仲覆,等. 计及 $N-k$ 网络安全约束的二阶段鲁棒机组组合［J］. 电力工程技术,2019,38(2)：75-85.

［9］孟遂民,刘闯,卢银均,等. 输电网规划全生命周期综合成本计算研究［J］. 三峡大学学报（自然科学版）,2017,39(5)：84-89.

［10］何颖源,陈永翀,刘勇,等. 储能的度电成本和里程成本分析［J］.电工电能新技术,2019,38(9)：1-10.

［11］DUAN Chao,JIANG Lin,FANG Wanliang,et al. Data-driven affinely adjustable distributionally robust unit commitment［J］. IEEE Transactions on Power Systems,2018,33(2)：1385-1398.

［12］陈长青,阳同光. 计及柔性负荷的电网储能和光伏协调规划研究［J］. 电力系统保护与控制,2021,49(4)：169-177.

第7章　考虑灵活性供需不确定性的电力系统储能优化配置

随着风电渗透率的增加,部分常规电源被风电替代,系统的灵活性调节能力不足,大规模风电的随机波动性给系统带来较大的调峰压力。储能能够实现与风电随机波动性的互补,提高系统的调峰灵活性。因此,在含大规模风电系统中配置储能,研究规划与运行中的灵活性问题,具有重要意义。

目前,国内外学者主要从储能容量优化配置方面与储能运行优化控制方面解决储能辅助调峰的问题。由于储能的规划与运行密切相关,茆美琴等提出了储能配置的双层优化模型,外层优化储能的配置方案,内层优化储能的充放电功率。高比例可再生能源系统中,灵活性的量化评估逐渐成为系统运行特性的核心和关键,然而以上储能优化配置模型主要从经济性角度研究储能的规划、运行问题,未考虑系统的灵活性,忽略了关键因素对储能配置方案的影响,不利于系统的安全、可靠运行。

目前,国内外学者针对系统灵活性及其指标的研究取得了一定的进展,黎静华等通过统计法计算了系统的调峰不足概率,计算量较大。张宏宇等采用蒙特卡罗模拟方法计算了调峰不足概率/期望,该方法虽然具有较好的精度,但时间复杂度较高。温丰瑞等考虑灵活性资源的优化调度和灵活性需求不确定性,建立了储能的双层优化配置模型,但并未考虑机组的随机强迫停运,也忽略了机组的爬坡率对系统灵活性不足风险及储能配置方案的影响。

为全面量化大规模风电并网对系统调峰灵活性的影响,本章考虑机组的随机停运、大/小出力限制及不同出力状态下的向上/向下爬坡率等调峰能力的不确定性,提出调峰灵活性评估指标,综合考虑系统的经济性和灵活性,基于有效容量分布的时序随机生产模拟方法,建立储能辅助调峰的双层优化模型。上层储能配置模型以综合成本小为目标,考虑风电出力的不确定性,将考虑多个随机场景的不确定性规划模型,转化为求解简单的多个确定性模型。下层运行优化模型在上层储能配置方案的基础上,考虑调峰需求和调峰能力的不确定性,以总调峰能力不足期望小为目标,并将灵活性不足损失成本返回上层目标函数。后通过 IEEE RTS-24 和 IEEE—118 节点系统验证本章模型和方法的有效性,同时对比分析系统不确定性及不同风电渗透率对储能配置方案及系统灵活性的影响。

7.1　电力系统电源灵活性评估

可再生能源发电具有间歇性、波动性和随机性等特点,其大规模接入电网后,必将加剧电源侧的不确定性。除此之外,随着电力市场化改革,发-输-配电管理分离,作为电力来源的发电公司在决定新建机组的容量、地点、投运时间等方面,包括对于废旧机组的检修、更新换代上有着越来越大的自主权。他们的决策将更多地考虑经济因素,而不是对电网安全性的整体影响。因此,现代电力系统中的电源存在比以往更大的不确定性。这增加了电网调度和运行管理的难度,也对电力系统响应和应对不确定性因素的能力提出了比以往更高的要求。

北美电力可靠性委员会(North American Electric Reliability Council,NERC)和国际能源机构(International Energy Agency,IEA)针对电力系统灵活性的概念,给出了较为完整的定义。NERC认为,电力系统灵活性是指利用系统资源满足负荷变化的能力,主要体现为运行灵活性;IEA则认为,电力系统灵活性是指在系统运行边界约束下,快速响应供应和负荷的大幅波动,对可预见和不可预见的变化和事件迅速反应,负荷需求减小时减小供应,负荷需求增加时增加供应的能力。可见,IEA对电力系统灵活性的定义比NERC更为完善,也更适用于本章所述考虑可再生能源出力不确定性的储能优化配置方法。

对于电力系统灵活性,通常认为其具有以下3个特点:① 是电力系统的固有属性,由系统的电源类型、容量、网络结构、负荷分布和负荷特性等诸多因素综合决定;② 具有方向性,既要考虑可再生能源突增(或负荷突降)的情况,此时灵活调节电源需快速减小出力,称为"向下灵活性",也要考虑可再生能源突减(或负荷突增)的情况,此时灵活调节电源需快速增加出力,称为"向上灵活性";③ 时间尺度的选择是调用不同响应特性灵活性资源的重要依据,此灵活性需在一定时间尺度下进行评估。

在本章中,定义一定时间尺度下电力系统中所有灵活调节电源和储能设备能够承受的风力发电功率变化的最大值为系统灵活性评估指标。以响应风电出力突增的系统"向下灵活性"评价指标为例,灵活性评估指标 FP_D 求解模型的目标函数为

$$\max\left\{FP_D = \sum_{i=1}^{N_w}\Delta P_{wi}\right\} \tag{7.1}$$

式中,ΔP_{wi} 为第 i 个风电场有功功率突增量;N_w 为系统中风电场的数量。

考虑的约束条件包括:风电场节点有功和无功功率平衡约束式(7.2),非风电场节点有功和无功功率平衡约束式(7.3),节点电压约束式(7.4),线路潮流约束式(7.5),发电机有功无功出力约束式(7.6) 和式(7.7),以及发电机有功无功出力调节约束式(7.8) 和式(7.9)。

$$\begin{cases} P_{G,k} - P_{L,k} - \Delta P_{w,k} - V_k\sum_{j\in k}V_j(G_{k,j}\cos\theta_{k,j} + B_{k,j}\sin\theta_{k,j}) = 0 \\ Q_{G,k} - Q_{L,k} - \Delta Q_{w,k} - V_k\sum_{j\in k}V_j(G_{k,j}\sin\theta_{k,j} - B_{k,j}\cos\theta_{k,j}) = 0 \end{cases} \tag{7.2}$$

$$\begin{cases} P_{G,k} - P_{L,k} - V_k\sum_{j\in k}V_j(G_{k,j}\cos\theta_{k,j} + B_{k,j}\sin\theta_{k,j}) = 0 \\ Q_{G,k} - Q_{L,k} - V_k\sum_{j\in k}V_j(G_{k,j}\sin\theta_{k,j} - B_{k,j}\cos\theta_{k,j}) = 0 \end{cases} \tag{7.3}$$

$$V_{k,\min} \leqslant V_k \leqslant V_{k,\max} \tag{7.4}$$

$$P_{k-j} \leqslant P_{k-j,\max} \tag{7.5}$$

$$P_{G,i,\min} \leqslant P_{Gi} \leqslant P_{G,i,\max} \tag{7.6}$$

$$Q_{G,i,\min} \leqslant Q_{Gi} \leqslant Q_{G,i,\max} \tag{7.7}$$

$$P_{G,i}^0 - \Delta P_{G,i}^- t_{scale} \leqslant P_{G,i} \leqslant P_{G,i}^0 + \Delta P_{G,i}^+ t_{scale} \tag{7.8}$$

$$Q_{G,i}^0 - \Delta Q_{G,i}^- t_{scale} \leqslant Q_{G,i,\max} \leqslant Q_{G,i}^0 + \Delta Q_{G,i}^+ t_{scale} \tag{7.9}$$

式中,$P_{G,k}$、$Q_{G,k}$ 分别为节点 k 的有功和无功发电功率;$P_{L,k}$、$Q_{L,k}$ 分别为节点 k 的有功和无功负荷功率;$\Delta P_{w,k}$、$\Delta Q_{w,k}$ 分别为节点 k 的风电有功功率和无功功率变化量;$G_{k,j}$、$B_{k,j}$、$\theta_{k,j}$ 分别为节点 k,j 之间的电导、电纳和相角差;V_k、$V_{k,\max}$、$V_{k,\min}$ 分别为节点 k 的电压及其上、下限;P_{k-j}、$P_{k-j,\max}$ 分别为线路的有功潮流及其最大限值;$P_{G,i}^{0}$、$Q_{G,i}^{0}$ 分别为当前运行状态下灵活调节电源 i 的有功和无功功率;$\Delta P_{G,i}^{+}$、$\Delta P_{G,i}^{-}$、$\Delta Q_{G,i}^{+}$ 和 $\Delta Q_{G,i}^{-}$ 分别为灵活调节电源 i 的有功和无功功率向上和向下调节的最大速率。

根据灵活性评估所选取的评估对象、时间尺度 t_{scale} 及方向,可求得相应的灵活性评价结果。

对于短时间尺度而言,我国针对风电场制定了 GB/T 19963.1—2021《风电场接入电力系统技术规定　第 1 部分:陆上风电》,规定了 10 min 和 1 min 两个时间尺度下风电场有功功率变化的最大限值,见表 7.1。

表 7.1　GB/T 19963.1—2021 规定的两个时间尺度下风电场有功功率变化最大限值

风电场装机容量 P_N/MW	10 min 有功功率变化 最大限值 /MW	1 min 有功功率变化 最大限值 /MW
$P_N < 30$	10	3
$30 \leqslant P_N \leqslant 150$	$P_N/3$	$P_N/10$
$P_N > 150$	50	15

因此,在电力系统电源灵活性评估中,可参照此国家标准选择 10 min 和 1 min 两个时间尺度,评估以系统现有的灵活性水平,是否能够满足风电场功率变化的最大限值。

综上所述,利用灵活性评估指标可以对电力系统的灵活性进行量化评估,如果系统当前运行方式下灵活性评估的结果小于风电场功率波动预测值的上限,说明系统能够提供的灵活调节能力尚不足以完全满足极端情况下风电功率波动的灵活性需求,必须采取一定的措施,以提高系统灵活性。在现有的提高系统灵活性的措施中,新增储能设备无疑是一种投资周期短、见效快的调节手段。同时,由于目前储能设备的建设成本较高,储能设备的装机容量通常相对传统电源而言较小,这一特点使得新增储能设备这一手段尤其适用于提高电力系统小时间尺度的灵活性。

7.2　基于 Well-being 理论的调峰需求模型

本节考虑风电出力的随机性,利用净负荷曲线建立系统调峰需求模型,基于 Well-being 理论,采用后向场景削减法选取典型调峰需求场景,描述风电接入系统后系统调峰需求的随机特性。

系统调峰需求可表示为

$$P_{\text{req},s}^{t} = L^{t} - P_{\text{wind},s}^{t} \tag{7.10}$$

式中,$P_{\text{req},s}^{t}$ 为场景 s 在 t 时刻的净负荷大小,即调峰容量需求;L^{t} 为 t 时刻的负荷;$P_{\text{wind},s}^{t}$ 为场景 s 在 t 时刻的风电出力。

基于 Well-being 理论,将含风电系统的调峰需求场景分为健康(Healthy)、临界(Marginal)和风险(Risk)3 种类型。其中,Healthy 为大规模风电并网后,系统的调峰需求小于风电场接入前的情况;Marginal 为大规模风电的接入加大了系统的调峰压力,但由于系统自身具有一定程度的调节能力,系统的有效调峰能力大于调峰需求的情况;Risk 为大规模风电接入后,系统的有效调峰能力小于调峰需求的情况。本章考虑大规模风电并网对系统调峰需求的不同影响,研究在系统调峰能力不足的情况下,储能辅助调峰的最优配置与运行特性,缓解系统的调峰压力。

考虑风电出力和调峰需求的不确定性,采用自回归滑动平均(autoregressive moving average,ARMA)模型模拟风电场全年时序风速,基于风电出力的预测数据,结合场景分析法进行风电场景模拟,如式(7.11)所示。假设风电出力预测误差服从高斯分布,采用拉丁超立方抽样生成风电出力预测多场景,由风电场出力场景集合根据式(7.10)生成其对应的调峰需求场景集合及各场景对应的概率集合。

$$
\begin{cases}
P_{wind,r}^t = P_{wind,f}^t + \delta_{wind}^t \\
\delta_{wind}^t \sim N\left(0, \left(\frac{1}{5}P_{wind,f}^t + \frac{1}{50}P_{w,total}^N\right)^2\right)
\end{cases}
\tag{7.11}
$$

式中,$P_{wind,r}^t$、$P_{wind,f}^t$ 分别为风电实际功率和预测功率;δ_{wind}^t 为风电出力预测误差;$P_{w,total}^N$ 为风电总装机容量。

由于计算的复杂性,本章以初始场景和削减后场景的 Kantorovich 距离最小为目标对调峰需求的场景进行削减,从而得到基于 Well-being 理论分类的典型调峰需求场景与概率,及其对应的典型风电出力场景与概率。

7.3　基于有效调峰能力分布的电力系统灵活性评估

7.3.1　调峰灵活性评估指标

大规模风电并网会增加系统的调峰压力,主要分为向上调峰压力和向下调峰压力。

向上调峰压力具体体现为:① 净负荷在短时间内的增加量大于机组在相同时间内的最大向上爬坡容量;② 净负荷值大于机组的出力上限。向上调峰能力不足时,为保证系统的可靠运行,需要适当切负荷。

向下调峰压力具体体现为:① 净负荷在短时间内的减小量大于机组在相同时间内的最大向下爬坡容量;② 净负荷值小于机组的出力下限。向下调峰能力不足时,系统需要适当弃风。

为有效评估系统调峰灵活性,本章基于系统 4 种调峰压力提出 12 个调峰灵活性评估指标,如图 7.1 所示。

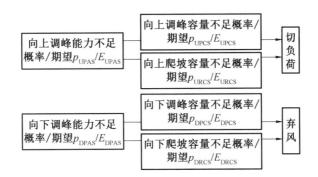

图 7.1　有效调峰能力不足示意图

7.3.2　有效调峰能力的概率分布模型

考虑机组的随机停运、最大 / 最小技术出力及不同出力状态下的向上 / 向下爬坡率,建立有效向上 / 向下调峰容量的概率分布模型和有效向上 / 向下爬坡容量的概率分布模型。机组的向上 / 向下爬坡容量与 t 时刻的出力大小有关,当机组 k 的出力分别为最大、最小技术出力时,其向上爬坡容量分别为 0、$\Delta t R_{\mathrm{U},k}$,向下爬坡容量分别为 $\Delta t R_{\mathrm{D},k}$、$0$,其中 $R_{\mathrm{U},k}$ 和 $R_{\mathrm{D},k}$ 分别为机组 k 的向上、向下爬坡速率;当机组 k 的出力在 $(P_{\mathrm{G},k,\min},P_{\mathrm{G},k,\max})$ 范围内时,其向上、向下爬坡容量分别为 $\Delta t R_{\mathrm{U},k}$、$\Delta t R_{\mathrm{D},k}$。按照系统运行成本最小的经济调度原则,将所有机组安排在最小技术出力状态,按其单位运行成本从小到大排序,确定机组的加载顺序。若有 N 台机组参与调峰,由 N 台机组的最大 / 最小技术出力,划分出 $2N+1$ 个出力区间。根据 t 时刻的净负荷值选择不同的出力区间,不同出力区间对应的向上 / 向下爬坡率见表 7.2。

表 7.2　不同出力区间对应的向上 / 向下爬坡率

净负荷值和出力区间$(n = 1,2,\cdots,N)$	向上 / 向下爬坡率
$P_{\mathrm{req},s}^{t} = \sum_{k=1}^{N} P_{\mathrm{G},k,\min}$	$\begin{cases} R'_{\mathrm{U},k,m} = R_{\mathrm{U},k} \\ R'_{\mathrm{D},k,m} = 0 \end{cases}, \quad k = 1,\cdots,N$
$P_{\mathrm{req},s}^{t} \in \left(\sum_{k=n}^{N} P_{\mathrm{G},k,\min} + \sum_{k=1}^{n-1} P_{\mathrm{G},k,\max}, \right.$ $\left. \sum_{k=n+1}^{N} P_{\mathrm{G},k,\min} + \sum_{k=1}^{n} P_{\mathrm{G},k,\max} \right)$	$R'_{\mathrm{U},k,m} = \begin{cases} 0, & k = 1,\cdots,n-1 \\ R_{\mathrm{U},k}, & k = n,\cdots,N \end{cases}$ $R'_{\mathrm{D},k,m} = \begin{cases} R_{\mathrm{D},k}, & k = 1,\cdots,n \\ 0, & k = n+1,\cdots,N \end{cases}$
$P_{\mathrm{req},s}^{t} = \sum_{k=n+1}^{N} P_{\mathrm{G},k,\min} + \sum_{k=1}^{n} P_{\mathrm{G},k,\max}$	$R'_{\mathrm{U},k,m} = \begin{cases} 0, & k = 1,\cdots,n \\ R_{\mathrm{U},k}, & k = n+1,\cdots,N \end{cases}$ $R'_{\mathrm{D},k,m} = \begin{cases} R_{\mathrm{D},k}, & k = 1,\cdots,n \\ 0, & k = n+1,\cdots,N \end{cases}$
$P_{\mathrm{req},s}^{t} = \sum_{k=1}^{N} P_{\mathrm{G},k,\max}$	$\begin{cases} R'_{\mathrm{U},k,m} = 0 \\ R'_{\mathrm{D},k,m} = R_{\mathrm{D},k} \end{cases}, \quad k = 1,\cdots,N$

注:$P_{\mathrm{G},k,\max}$、$P_{\mathrm{G},k,\min}$ 分别为机组 k 的最大、最小技术出力;$R'_{\mathrm{U},k,m}$、$R'_{\mathrm{D},k,m}$ 分别为第 k 台机组在第 m 个出力区间$(m = 1,2,\cdots,2N+1)$ 内的向上、向下爬坡率。

考虑机组的随机停运，机组 k 在第 m 个出力区间内的有效向上／下爬坡容量采用两状态概率模型，其概率分布为

$$P = \begin{cases} p_{\mathrm{FOR},k}, & \tilde{r}_{\mathrm{U},k,m} = 0 \\ 1 - p_{\mathrm{FOR},k}, & \tilde{r}_{\mathrm{U},k,m} = \Delta t R'_{\mathrm{U},k,m} \end{cases} \tag{7.12}$$

$$P = \begin{cases} p_{\mathrm{FOR},k}, & \tilde{r}_{\mathrm{D},k,m} = 0 \\ 1 - p_{\mathrm{FOR},k}, & \tilde{r}_{\mathrm{D},k,m} = \Delta t R'_{\mathrm{D},k,m} \end{cases} \tag{7.13}$$

式中，$k = 1, 2, \cdots, N$；$p_{\mathrm{FOR},k}$ 为机组 k 的强迫停运率。

前 k 台机组根据运行成本由小到大加载后，系统在第 m 个出力区间内的有效向上／向下爬坡容量概率分布为前 k 个机组在第 m 个出力区间内有效爬坡容量概率分布的卷积，其表达式为

$$\begin{cases} \tilde{R}_{\mathrm{U},k,m} = \tilde{r}_{\mathrm{U},1,m} * \tilde{r}_{\mathrm{U},2,m} * \cdots * \tilde{r}_{\mathrm{U},k,m} \\ \tilde{R}_{\mathrm{D},k,m} = \tilde{r}_{\mathrm{D},1,m} * \tilde{r}_{\mathrm{D},2,m} * \cdots * \tilde{r}_{\mathrm{D},k,m} \end{cases} \tag{7.14}$$

式中，$\tilde{R}_{\mathrm{U},k,m}$、$\tilde{R}_{\mathrm{D},k,m}$ 分别为前 k 台机组加载后，系统在第 m 个出力区间内的有效向上、向下爬坡容量概率分布，为随机变量；$\tilde{r}_{\mathrm{U},k,m}$、$\tilde{r}_{\mathrm{D},k,m}$ 分别为第 k 台机组在第 m 个出力区间内的有效向上、向下爬坡容量的概率分布；$*$ 为卷积运算符。

机组 k 的有效向上／下调峰容量采用两状态概率模型，其概率分布为

$$p = \begin{cases} p_{\mathrm{FOR},k}, & \tilde{g}_k = 0 \\ 1 - p_{\mathrm{FOR},k}, & \tilde{g}_k = P_{\mathrm{G},k} \end{cases} \tag{7.15}$$

式中，$P_{\mathrm{G},k} = R_{\mathrm{G},k,\max}$ 时，$\tilde{g}_k$ 表示机组 k 的有效向上调峰容量的概率分布；$P_{\mathrm{G},k} = R_{\mathrm{G},k,\min}$ 时，$\tilde{g}_k$ 表示机组 k 的有效向下调峰容量的概率分布。

前 k 台机组的有效向上／向下调峰容量概率分布为

$$\tilde{G}_k = \tilde{g}_1 * \tilde{g}_2 * \cdots * \tilde{g}_k \tag{7.16}$$

7.3.3　调峰灵活性评估指标计算

结合调峰需求模型和有效调峰能力概率分布模型，提出调峰灵活性评估指标的计算方法。由于式(7.14)、式(7.16)卷积计算的结果是离散的，且不同时刻的有效向上／向下爬坡容量概率分布均不同，为便于计算，本章采用半不变量法做卷积计算，利用连续的概率分布表示系统的有效容量概率分布。

前 k 台机组加载后的有效向上／向下调峰容量概率分布函数分别记为 $F_{\mathrm{UPCS},k}(x)$、$F_{\mathrm{DPCS},k}(x)$；前 k 台机组在第 m 个出力区间内的有效向上／向下爬坡容量概率分布函数分别记为 $F_{\mathrm{URCS},k,m}(x)$、$F_{\mathrm{DRCS},k,m}(x)$。面对调峰容量需求 P_{req}^t，有效向上／向下调峰容量小于 P_{req}^t 的概率分别为 $F_{\mathrm{UPCS},k}(P_{\mathrm{req}}^t)$、$F_{\mathrm{DPCS},k}(P_{\mathrm{req}}^t)$；面对向上爬坡容量需求 $\Delta P_{\mathrm{req}}^t$，有效向上爬坡容量小于 $\Delta P_{\mathrm{req}}^t$ 的概率为 $F_{\mathrm{URCS},k,m}(\Delta P_{\mathrm{req}}^t)$。

（1）向上调峰容量不足概率 / 期望：

$$\begin{cases} p_{\text{UPCS},k}^{t} = F_{\text{UPCS},k}(P_{\text{req}}^{t}) \\ E_{\text{UPCS},k}^{t} = \displaystyle\int_{0}^{P_{\text{req}}^{t}} F_{\text{UPCS},k}(x)\,\mathrm{d}x \end{cases} \tag{7.17}$$

（2）向上爬坡容量不足概率 / 期望：

$$\begin{cases} p_{\text{URCS},k}^{t} = F_{\text{URCS},k,m}(\Delta P_{\text{req}}^{t}) \\ E_{\text{URCS},k}^{t} = \displaystyle\int_{0}^{\Delta P_{\text{req}}^{t}} F_{\text{URCS},k,m}(x)\,\mathrm{d}x \end{cases} \tag{7.18}$$

式中，$\Delta P_{\text{req}}^{t}$ 为净负荷从 $t-\Delta t$ 时段到 t 时段的变化量，即向上爬坡容量需求。

（3）向上调峰能力不足概率 / 期望：

$$\begin{cases} p_{\text{UPAS}}^{t} = \max\{p_{\text{UPCS},k}^{t}, p_{\text{URCS},k}^{t}\} \\ E_{\text{UPAS}}^{t} = \max\{E_{\text{UPCS},k}^{t}, E_{\text{URCS},k}^{t}\} \end{cases} \tag{7.19}$$

（4）向下调峰容量不足概率 / 期望：

$$\begin{cases} p_{\text{DPCS},k}^{t} = 1 - F_{\text{DPCS},k}(P_{\text{req}}^{t}) \\ E_{\text{DPCS},k}^{t} = \displaystyle\int_{P_{\text{req}}^{t}}^{\sum\limits_{i=1}^{k} P_{\text{G},i,\min}} \big[1 - F_{\text{DPCS},k}(x)\big]\,\mathrm{d}x \end{cases} \tag{7.20}$$

（5）向下爬坡容量不足概率 / 期望：

$$\begin{cases} p_{\text{DRCS},k}^{t} = F_{\text{DRCS},k,m}(-\Delta P_{\text{req}}^{t}) \\ E_{\text{DRCS},k}^{t} = \displaystyle\int_{0}^{-\Delta P_{\text{req}}^{t}} F_{\text{DRCS},k,m}(x)\,\mathrm{d}x \end{cases} \tag{7.21}$$

式中，$-\Delta P_{\text{req}}^{t}$ 为净负荷从 $t-\Delta t$ 时段到 t 时段的变化量，即向下爬坡容量需求。

（6）向下调峰能力不足概率 / 期望：

$$\begin{cases} p_{\text{DPAS}}^{t} = \max\{p_{\text{DPCS},k}^{t}, p_{\text{DRCS},k}^{t}\} \\ E_{\text{DPAS}}^{t} = \max\{E_{\text{DPCS},k}^{t}, E_{\text{DRCS},k}^{t}\} \end{cases} \tag{7.22}$$

（7）总调峰能力不足概率 / 期望：

$$\begin{cases} p_{\text{PAS}}^{t} = p_{\text{UPAS}}^{t} + p_{\text{DPAS}}^{t} \\ E_{\text{PAS}}^{t} = E_{\text{UPAS}}^{t} + E_{\text{DPAS}}^{t} \end{cases} \tag{7.23}$$

（8）前 k 台机组总的期望发电量：

$$E_{k}^{t} = P_{\text{req}}^{t} - E_{\text{UPAS},k}^{t} + E_{\text{DPAS},k}^{t} \tag{7.24}$$

式中，$E_{\text{UPAS},k}^{t}$、$E_{\text{DPAS},k}^{t}$ 在同一时刻 t 内不同时存在。

（9）第 k 台机组的期望发电量：

$$E_{\text{G},k}^{t} = E_{k}^{t} - E_{k-1}^{t} \tag{7.25}$$

（10）所有机组加载后系统调峰能力不足概率 / 期望：

$$\begin{cases} p_{\text{PAS},N} = \dfrac{1}{T} \displaystyle\sum_{t=1}^{T}(p_{\text{UPAS},N}^{t} + p_{\text{DPAS},N}^{t}) \\ E_{\text{PAS},N} = \displaystyle\sum_{t=1}^{T}(E_{\text{UPAS},N}^{t} + E_{\text{DPAS},N}^{t}) \end{cases} \tag{7.26}$$

式中，T 为模拟的时间周期；N 为所有机组个数。

7.4 兼顾经济性和灵活性的双层优化模型

本章建立兼顾经济性和灵活性的双层优化模型，其求解流程如图 7.2 所示。其中，上层优化模型为多场景的混合整数线性规划模型，以包含系统运行成本、储能成本、灵活性不足损失成本的综合成本等日值最小为优化目标，从经济性最优的角度确定满足多场景工况的储能配置方案。下层优化模型在上层储能配置方案的基础上，采用本章提出的时序随机生产模拟方法，以系统的调峰能力不足期望最小为优化目标，建立调峰灵活性指标与储能容量的量化关系，进行储能辅助调峰的优化运行模拟，并将灵活性不足损失成本带回至上层模型，实现上下层迭代优化，最终求解得到兼顾经济性和灵活性的最优储能配置方案。

目标函数为

$$\min\{f_{\text{total}} = (f_{\text{b}} + f_{\text{ess}} + f_{\text{cpl}} + f_{\text{w}})\}$$

$$
\begin{cases}
f_{\text{b}} = p_s \sum_{s \in \Omega_{\text{req}}} \sum_{k=1}^{N} \sum_{t=1}^{T} c_{\text{G},k} E_{\text{G},k,s}^t \\[2mm]
f_{\text{invest}} = \dfrac{\alpha (1+\alpha)^{Y\gamma}}{365[(1+\alpha)^{Y\gamma} - 1]} \cdot \\[2mm]
\qquad \sum_{i \in \Omega_{\text{ess}}} (c_{\text{p}} P_{\text{ess},N,i} + c_{\text{e}} E_{\text{ess},N,i})(1 + k_{\text{oc}} + k_{\text{mc}}) \\[2mm]
f_{\text{benifit}} = p_s \sum_{s \in \Omega_{\text{req}}} \sum_{i \in \Omega_{\text{ess}}} \sum_{t=1}^{T} c_t (E_{\text{dis},i,s}^t - E_{\text{ch},i,s}^t) \\[2mm]
f_{\text{ess}} = f_{\text{invest}} - f_{\text{benifit}} \\[2mm]
f_{\text{cpl}} = p_s c_{\text{cpl}} \sum_{s \in \Omega_{\text{req}}} \sum_{t=1}^{T} E_{\text{UPAS},N,s}^t \\[2mm]
f_{\text{w}} = p_s c_{\text{w}} \sum_{s \in \Omega_{\text{req}}} \sum_{t=1}^{T} E_{\text{DPAS},N,s}^t
\end{cases}
\tag{7.27}
$$

式中，f_{b} 为机组的运行成本；f_{ess} 为储能投资成本及储能收益；f_{cpl}、f_{w} 分别为上、下调峰能力不足带来的缺电损失费用和弃风惩罚费用；$c_{\text{G},k}$、$E_{\text{G},k}^t$ 分别为机组 k 的单位电能成本和 t 时刻的期望发电量；α 为贴现率；$Y\gamma$ 为储能的使用年限，由于储能的使用寿命与放电深度密切相关，本章对储能寿命进行了修正；c_{p}、c_{e} 分别为储能单位功率成本和单位容量成本；$P_{\text{ess},N,i}$、$E_{\text{ess},N,i}$ 分别为节点 i 配置储能的额定功率和额定容量；k_{oc}、k_{mc} 分别为储能运行和维护成本系数；c_t 为实时峰谷电价；$E_{\text{ch},i,s}^t$、$E_{\text{dis},i,s}^t$ 分别为节点 i 储能的期望充电量和放电量；c_{cpl}、c_{w} 分别为单位缺电损失成本和单位弃风惩罚成本；$E_{\text{UPAS},N,s}^t$、$E_{\text{DPAS},N,s}^t$ 分别为 t 时刻系统的缺电量和弃风电量；Ω_{reg} 为场景集；Ω_{ess} 为储能允许配置节点集；p_s 为典型调峰需求场景 s 的概率。

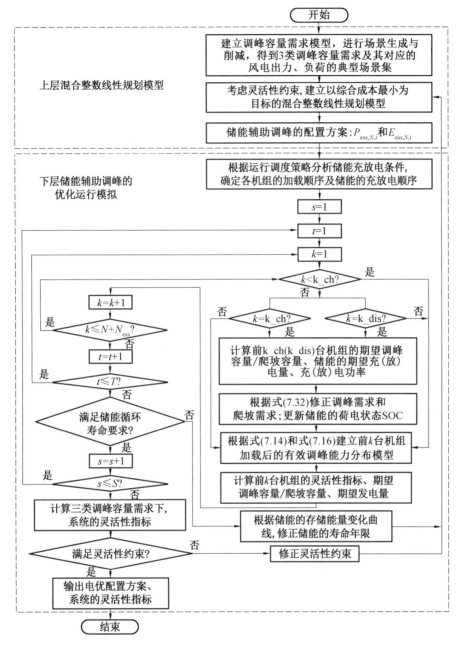

图 7.2　双层优化模型求解流程

注:k_ch、k_dis、N_{ess}、S 为设定的阈值。

除节点功率平衡约束、线路潮流约束、机组出力约束、爬坡约束、储能运行约束以外,约束还包括以下几个。

(1)调峰灵活性约束:

$$\sum_{s\in\Omega_{req}} p_s\left[f_{flex,s}\left(\sum_i P_{ess,N,i},\sum_i E_{ess,N,i}\right)\right]\leqslant\lambda \tag{7.28}$$

式中，λ 为给定的灵活性要求；$f_{\text{flex},s}$ 为下层优化模型建立的灵活性指标与储能配置方案的隐式函数。

（2）投资决策变量约束：

$$
\begin{cases}
P_{\text{ess},N,i,\min} x_{\text{ess},i} \leqslant P_{\text{ess},N,i} \leqslant P_{\text{ess},N,i,\max} x_{\text{ess},i} \\
E_{\text{ess},N,i,\min} x_{\text{ess},i} \leqslant E_{\text{ess},N,i} \leqslant E_{\text{ess},N,i,\max} x_{\text{ess},i} \\
\sum x_{\text{ess},i} \leqslant x_{\text{ess},\max}
\end{cases}
\tag{7.29}
$$

式中，$x_{\text{ess},i}$ 为节点 i 配置储能的 $0-1$ 决策变量；$P_{\text{ess},N,i,\max}$、$P_{\text{ess},N,i,\min}$、$E_{\text{ess},N,i,\max}$、$E_{\text{ess},N,i,\min}$ 分别为节点 i 可配置储能的额定功率和额定容量的最大值、最小值；$x_{\text{ess},\max}$ 为电网允许配置储能的最大个数。

7.5 储能辅助调峰的时序随机生产模拟方法

考虑机组的随机停运和风电的不确定性，在调峰需求的基础上，计及储能 SOC 的时序变化特性，设计储能辅助调峰的运行策略，提出储能辅助调峰的时序随机生产模拟方法，量化评估含风电和储能电力系统的调峰灵活性。

7.5.1 含风电和储能电力系统的运行调度策略

运行人员通过制定运行调度策略，协调风电和传统发电机组的出力分配，灵活调控储能充放电，从而满足运行要求。本章制定的运行调度策略如下：当系统的向上调峰能力不足时，即机组的最大技术出力小于净负荷值或者向上爬坡容量小于净负荷的增加量时，储能放电；当系统的向下调峰能力不足时，即机组的最小技术出力大于净负荷值或者向下爬坡容量小于向下爬坡需求时，储能充电。t 时刻储能可提供最大充电功率和放电功率分别为

$$
\begin{cases}
P_{\text{ch},\max}^{t} = \min\left\{ \dfrac{S_{\text{SOC},\max} - S_{\text{SOC}}^{t}}{\Delta t \eta_{\text{ch}}}, P_{\text{ch},\max}, \max(E_{\text{DPCS},k\_ch-1}^{t}, E_{\text{DRCS},k\_ch-1}^{t}) \right\} \\
P_{\text{dis},\max}^{t} = \min\left\{ (S_{\text{SOC}}^{t} - S_{\text{SOC},\min}^{t})\eta_{\text{dis}}/\Delta t, P_{\text{dis},\max}, \max(E_{\text{UPCS},k\_dis-1}^{t}, E_{\text{URCS},k\_dis-1}^{t}) \right\}
\end{cases}
$$
$$\tag{7.30}$$

式中，S_{SOC}^{t} 为储能 t 时刻的 SOC 值；$P_{\text{ch},\max}$ 和 $P_{\text{dis},\max}$ 分别为储能最大充电、放电功率；η_{ch}、η_{dis} 为储能的充放电功率；$E_{\text{DPCS},k\_ch-1}^{t}$、$E_{\text{DRCS},k\_ch-1}^{t}$、$E_{\text{UPCS},k\_dis-1}^{t}$、$E_{\text{URCS},k\_dis-1}^{t}$ 分别为 t 时刻前 k_ch-1 台机组加载后系统的向下和向上调峰容量、爬坡容量不足期望值。

7.5.2 下层优化模型的时序随机生产模拟方法

首先根据运行策略确定储能的充放电条件及各出力元件的加载顺序。若前 k_ch-1 台机组加载后储能满足充电条件，则储能的充电顺序记为 k_ch，储能的充电功率由前 k_ch-1 台机组加载后系统的向下调峰能力决定。若前 k_dis-1 台机组加载后储能满足放电条件，则储能的放电顺序记为 k_dis，储能的放电功率由前 k_dis-1 台机组加载后系统的向上调峰能力决定。通过储能充放电，系统的调峰能力曲线不变，不断修正调峰需求曲线。机组的加

载顺序由运行成本决定,因此需 $k\_ch < k\_dis$,否则运行成本较高的机组会对储能进行充电,而储能通过放电替代运行成本较低的机组,违背经济性原则。

1.储能充电过程

储能的充电条件可表示为

$$\widetilde{G}_{k\_ch-1,\min}(n_{\mathrm{GR}}) > P_{\mathrm{req}}^t \ \text{或} \ \widetilde{R}_{\mathrm{D},k\_ch-1,m}(n_{\mathrm{GR}}) < -\Delta P_{\mathrm{req}}^t \tag{7.31}$$

式中,$\widetilde{G}_{k\_ch-1,\min}$ 为前 k_ch-1 台机组加载后的最小技术出力容量概率分布;$\widetilde{G}_{k\_ch-1,\min}(n_{\mathrm{GR}})$ 为 $\widetilde{G}_{k\_ch-1,\min}$ 中第 n_{GR} 个状态对应的最小技术出力容量的大小;$\widetilde{R}_{\mathrm{D},k\_ch-1,m}$ 为前 k_ch-1 台机组加载后在第 m 个出力区间内的向下爬坡容量概率分布。

本章通过净负荷曲线反映系统的调峰容量需求,调峰容量需求的大小由净负荷与系统最大 / 小技术出力的差值、净负荷的变化量与爬坡容量的差值确定。储能充电时等效为负荷,前 k_ch 台机组共同承担 $L^t + P_{\mathrm{ch}}^t$ 的等效负荷与 $-\Delta P_{\mathrm{req}}^t - \Delta t P_{\mathrm{ch}}^t$ 的爬坡容量需求,此时的等效净负荷增加、等效向下爬坡容量需求减小,缓解了一部分的向下调峰压力,修正后的调峰容量需求与爬坡容量需求分别为

$$\begin{cases} P'^t_{\mathrm{req}} = P_{\mathrm{req}}^t + P_{\mathrm{ch}}^t \\ -\Delta P'^t_{\mathrm{req}} = -\Delta P_{\mathrm{req}}^t - \Delta t P_{\mathrm{ch}}^t \end{cases} \tag{7.32}$$

式中,P_{ch}^t 为 t 时刻储能充电功率。

前 k_ch 台机组总的期望调峰容量 / 爬坡容量:

$$E_{k\_ch}^t = \begin{cases} \int_{P_{\mathrm{req}}^t}^{P_{\mathrm{req}}^t + P_{\mathrm{ch,max}}^t} [1 - F_{\mathrm{DPCS},k\_ch-1}(x)]\mathrm{d}x + \\ P_{\mathrm{req}}^t [1 - F_{\mathrm{DPCS},k\_ch-1}(P_{\mathrm{req}}^t)], \quad E_{\mathrm{DPCS},k\_ch-1}^t > E_{\mathrm{DRCS},k\_ch-1}^t \\ -\Delta P_{\mathrm{req}}^t F_{\mathrm{DRCS},k\_ch-1,m}(-\Delta P_{\mathrm{req}}^t) - \\ \int_{-\Delta P_{\mathrm{req}}^t - P_{\mathrm{ch,max}}^t}^{-\Delta P_{\mathrm{req}}^t} F_{\mathrm{DRCS},k\_ch-1,m}(x)\mathrm{d}x, \quad E_{\mathrm{DPCS},k\_ch-1}^t < E_{\mathrm{DRCS},k\_ch-1}^t \end{cases} \tag{7.33}$$

前 k_ch-1 台机组总的期望调峰容量 / 爬坡容量:

$$E_{k\_ch-1}^t = \begin{cases} P_{\mathrm{req}}^t + E_{\mathrm{DPCS},k\_ch-1}^t, \quad E_{\mathrm{DPCS},k\_ch-1}^t > E_{\mathrm{DRCS},k\_ch-1}^t \\ -\Delta P_{\mathrm{req}}^t - E_{\mathrm{DRCS},k\_ch-1}^t, \quad E_{\mathrm{DPCS},k\_ch-1}^t < E_{\mathrm{DRCS},k\_ch-1}^t \end{cases} \tag{7.34}$$

t 时刻储能的期望充电量:

$$E_{\mathrm{ch}}^t = \Delta t P_{\mathrm{ch}}^t = | E_{k\_ch}^t - E_{k\_ch-1}^t | \tag{7.35}$$

2.储能放电过程

储能的放电条件可表示为

$$\widetilde{G}_{k\_dis-1,\max}(n_{\mathrm{GR}}) < P'^t_{\mathrm{req}} \ \text{或} \ \widetilde{R}_{\mathrm{U},k\_dis-1,m}(n_{\mathrm{GR}}) < \Delta P'^t_{\mathrm{req}} \tag{7.36}$$

式中,$\widetilde{G}_{k\_dis-1,\max}$ 为前 k_dis-1 台机组加载后的最大技术出力容量概率分布;$\widetilde{R}_{\mathrm{U},k\_dis-1,m}$ 为前 k_dis-1 台机组加载后在第 m 个出力区间内的向上爬坡容量概率分布。

储能放电时,修正的调峰需求与爬坡需求为

$$\begin{cases} P''^t_{\mathrm{req}} = P'^t_{\mathrm{req}} - P_{\mathrm{dis}}^t \\ \Delta P''^t_{\mathrm{req}} = \Delta P'^t_{\mathrm{req}} - \Delta t P_{\mathrm{dis}}^t \end{cases} \tag{7.37}$$

前 k_dis 台机组总的期望调峰容量／爬坡容量：

$$E_{k\_dis}^{t} = \begin{cases} P'^{t}_{\text{req}} - \int_{P'^{t}_{\text{req}} - P^{t}_{dis,\max}}^{P'^{t}_{\text{req}}} F_{\text{UPCS},k\_dis-1}(x)\mathrm{d}x, & E_{\text{UPCS},k\_dis-1}^{t} > E_{\text{URCS},k\_dis-1}^{t} \\ \Delta P'^{t}_{\text{req}} - \int_{\Delta P'^{t}_{\text{req}} - P^{t}_{dis,\max}}^{\Delta P'^{t}_{\text{req}}} F_{\text{URCS},k\_dis-1,m}(x)\mathrm{d}x, & E_{\text{UPCS},k\_dis-1}^{t} < E_{\text{URCS},k\_dis-1}^{t} \end{cases} \tag{7.38}$$

前 k_dis-1 台机组总期望调峰容量／爬坡容量：

$$E_{k\_dis}^{t} = \begin{cases} P'^{t}_{\text{req}} - E_{\text{UPCS},k\_dis-1}^{t}, & E_{\text{UPCS},k\_dis-1}^{t} > E_{\text{URCS},k\_dis-1}^{t} \\ \Delta P'^{t}_{\text{req}} - E_{\text{URCS},k\_dis-1}^{t}, & E_{\text{UPCS},k\_dis-1}^{t} < E_{\text{URCS},k\_dis-1}^{t} \end{cases} \tag{7.39}$$

则 t 时刻储能的期望放电量为

$$E_{\text{dis}}^{t} = \Delta t P_{\text{dis}}^{t} = \left| E_{k\_dis}^{t} - E_{k\_dis-1}^{t} \right| \tag{7.40}$$

根据储能的期望充／放电量更新下一时刻的 SOC：

$$S_{\text{SOC}}^{t+1} = S_{\text{SOC}}^{t} + E_{\text{ch}}^{t}\eta_{\text{ch}} - \frac{E_{\text{dis}}^{t}}{\eta_{\text{dis}}} \tag{7.41}$$

7.6 算 例 仿 真

本章以 IEEE RTS－24 和 IEEE－118 节点测试系统为例进行算例仿真，相关参数见表 7.3～7.6。为了验证本章模型和方法的有效性，对 IEEE RTS － 24 节点测试系统和 IEEE－118 节点测试系统进行如下修改：在节点 1 处接入风电渗透率为 20％的风电场。上层混合整数线性规划模型在 MATLAB R2018a 平台上通过 YALMIP 工具箱调用 GUROBI 7.0.2 求解，下层运行模拟在 MATLAB R2018a 平台上进行计算编程求解。

表 7.3 IEEE RTS－24 节点测试系统机组数据

节点	机组型号	台数	强迫停运率	运行成本／$[\$ \cdot (\text{MW} \cdot \text{h})^{-1}]$	机组容量／MW	最小出力／MW	爬坡率／$(\text{MW} \cdot \text{h})^{-1}$
1	2#	2	0.1	40.85	20	11	3
1	4#	2	0.02	15.3	76	26.6	2.66
2	2#	2	0.1	40.85	20	11	3
2	4#	2	0.02	15.3	76	26.6	2.66
7	5#	3	0.04	24.8	100	55	15
13	7#	3	0.05	22.7	197	108.35	29.55
15	1#	5	0.02	28.4	12	6.6	1.8
15	6#	1	0.04	12.1	155	54.3	5.43
16	6#	1	0.04	12.1	155	54.3	5.43
18	9#	1	0.12	6.03	200	200	—
21	9#	1	0.12	6.03	200	200	—

续表7.3

节点	机组 型号	台数	强迫 停运率	运行成本 / [$ · (MW · h)⁻¹]	机组容量 /MW	最小出力 /MW	爬坡率 /(MW · h⁻¹)
22	3#	6	0.01	24.04	50	27.5	7.5
23	6#	2	0.04	12.1	155	54.3	5.43
23	8#	1	0.08	12.4	350	140	52.5

表 7.4　IEEE RTS－24 节点测试系统最大负荷

负荷节点	最大负荷 /MW	负荷节点	最大负荷 /MW
1	108	13	265
2	97	14	194
3	180	15	317
4	74	16	100
5	71	17	0
6	136	18	333
7	125	19	181
8	171	20	128
9	175	21	0
10	195	22	0
11	0	23	0
12	0	24	0

表 7.5　电网峰谷分时电价

时段	时间	电价 /[元 · (kW · h)⁻¹]
谷	0:00—8:00	0.313 9
平	12:00—17:00,21:00—24:00	0.641 8
峰	8:00—12:00,17:00—21:00	1.069 7

表 7.6　其他相关参数

参数名称	参数值
储能单位容量成本 /[万元 · (MW · h)⁻¹]	210
储能单位功率成本 /(万元 · MW⁻¹)	80
储能运行维护系数	0.01
储能充放电效率	0.95
储能 SOC 范围	[0.1,0.9]
贴现率	20%
切负荷成本系数 /[元 · (kW · h)⁻¹]	42

7.6.1 调峰需求的典型场景分析

由于风电出力存在的随机特性和季节特性,考虑风电出力的预测误差,以 24 节点系统为例,建立春夏秋冬四个季节的风电出力场景集,如图 7.3 所示。

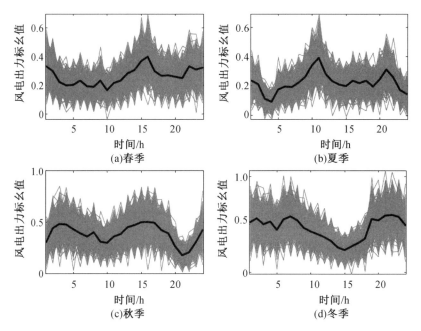

图 7.3 春夏秋冬四个季节的风电出力场景集

基于 Well－being 理论的分析,每个季节的调峰需求目标场景集包括 3 个典型场景,全年可得到 12 种调峰需求典型场景的风电出力曲线,如图 7.4 所示。基于 Well-being 理论的调峰需求典型场景概率见表 7.7。

表 7.7 基于 Well－being 理论的调峰需求典型场景概率

类型	春	夏	秋	冬	全年
Healthy	0.17	0.61	0.09	0.07	0.24
Marginal	0.72	0.34	0.54	0.68	0.57
Risk	0.11	0.05	0.37	0.25	0.19

由图 7.3、7.4 和表 7.7 可知,夏季风电出力曲线具有正调峰特性,风电出力增减趋势与时序负荷变化趋势基本相同,易出现接入风电后系统调峰需求减小的情况,一定程度上缓解了系统的调峰压力,夏季 Risk 类型的调峰需求概率为 0.05,远低于其他季节。秋季风电出力曲线具有明显的反调峰特性,大规模风电接入后加大系统的调峰压力,易出现调峰灵活性不足的现象,秋季 Risk 类型的调峰需求概率最高。

从全年来看,尽管四个季节的风电出力曲线各不相同,但每个类型的风电出力曲线变化趋势大致相似。系统调峰需求大部分集中于 Marginal 类型,说明系统具有一定的调节能力,能够应对风电接入后的部分调峰压力。Risk 类型的调峰需求概率为 0.19,说明当风电渗透率为 20% 时,系统调峰灵活性不足的概率较高,需要配置储能进行辅助调峰。

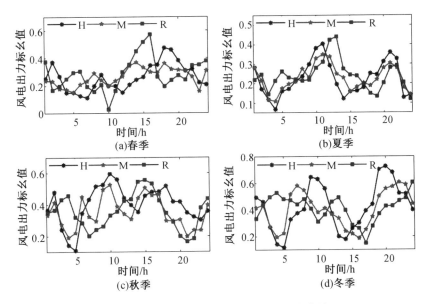

图 7.4　调峰需求典型场景的风电出力曲线

注:图中 H 代表 Healthy,M 代表 Marginal,R 代表 Risk。

7.6.2　调峰需求及调峰能力的不确定性分析

为了研究系统向上／下调峰压力较大的具体时段,基于 24 节点系统的某一典型场景,风电接入前后不同时段的调峰能力不足概率如图 7.5 所示。

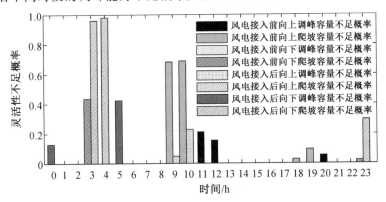

图 7.5　风电接入前后不同时段的调峰能力不足概率

由图 7.5 可知,大规模风电接入后,系统向上调峰能力不足明显减小,向下调峰能力不足明显增加,失负荷事件可能发生在 09:00—10:00,弃风现象多发生在 03:00—05:00 和 23:00—24:00,直观地体现了不同时段引起系统向上／下调峰能力不足的主要原因,风电渗透率为 20% 时,风电并网带来的系统调峰压力主要在于低谷时段的向下调峰能力不足。

为了对比分析调峰需求及调峰能力不确定性对储能配置方案及系统经济性、灵活性的影响,表 7.8 设置了考虑不同不确定性因素的案例,并分别采用 24 和 118 节点系统进行仿真,case 1 ～ case 4 的风电渗透率为 20%,24 节点系统的结果如表 7.9 和 7.10 所示,118 节点系统的结果见表 7.11 和 7.12。

表 7.8　考虑不同不确定性因素的储能配置方案

案例	风储系统	考虑的因素	
		调峰需求不确定性	随机停运
case 0	不含风、储	√	√
case 1	不含储能	√	√
case 2	√	×	√
case 3	√	√	×
case 4	√	√	√

注:case 1 ～ case 4 的风电渗透率为 20％。

表 7.9　IEEE RTS－24 节点系统不同案例的储能配置方案及系统灵活性指标对比

案例	储能位置	功率/MW	容量/(MW·h)	E_{UPAS}/(MW·h)	P_{UPAS}/%	E_{DPAS}/(MW·h)	P_{DPAS}/%
case 0	—	—	—	29.80	4.26	9.69	1.82
case 1	—	—	—	4.09	0.26	149.55	6.41
case 2	1	3.28	4.10	0	0	92.13	2.22
	6	13.30	16.64				
	24	27.52	34.33				
case 3	4	32.85	41.07	0	—	53.56	—
	6	30.52	37.91				
	7	16.68	20.74				
case 4	3	25.49	31.86	0	0	21.87	0.79
	5	42.33	52.69				
	24	27.17	33.97				

表 7.10　IEEE RTS－24 节点系统不同案例的成本及收益构成

案例	综合成本/百万元	运行成本/百万元	储能成本 / 万元		f_{cpl}/万元	f_w/万元
			$f_{benifit}$	f_{invest}		
case 0	39.66	38.42	—		123.43	0.55
case 1	37.72	37.47	—		16.92	8.39
case 2	36.84	36.65	6.50	20.84	0	5.18
case 3	36.96	36.72	16.92	37.83	0	3.01
case 4	36.93	36.63	27.13	56.30	0	1.19

表 7.11　IEEE－118 节点系统不同案例的储能配置方案及系统灵活性指标对比

案例	储能位置	功率/MW	容量/(MW·h)	E_{UPAS}/(MW·h)	P_{UPAS}/%	E_{DPAS}/(MW·h)	P_{DPAS}/%
case 2	1	24.58	30.56	0	0	1 042.32	8.08
	6	55.44	68.85				
	34	59.89	74.41				
	77	67.45	84.05				
case 3	9	34.17	42.58	0	—	55.04	—
	34	99.87	124.19				
	61	49.20	61.42				
	94	36.22	45.12				
	116	70.28	87.53				
case 4	1	26.55	33.19	0	0	3.86	0.20
	31	21.91	27.23				
	54	27.58	34.40				
	90	184.71	230.43				
	112	109.03	135.78				

表 7.12　IEEE－118 节点系统不同案例的成本及收益构成

案例	综合成本/百万元	运行成本/百万元	储能成本/万元		f_{cpl}/万元	f_{w}/万元
			$f_{benifit}$	f_{invest}		
case 2	115.84	114.77	32.21	80.66	0	58.21
case 3	117.63	116.93	52.99	120.29	0	3.07
case 4	117.37	116.74	72.71	135.79	0	0.21

由图 7.6 可知,系统在模拟周期内每一时刻的有效调峰容量概率分布均相同,有效爬坡容量概率分布均不同,不同区间的有效爬坡容量概率分布需要根据调峰需求场景进行更新计算。以 case 4 为例,采用蒙特卡罗方法和本章方法的计算时间分别为 2 861.78 s、228.37 s,这体现出了本章方法在计算时间上的优越性。

从调峰灵活性角度,case 4 配置储能后,系统的向上／向下调峰能力不足概率远小于 case 0、case 1,配置储能对系统灵活性提升方面效果显著。case 2 不考虑调峰需求的不确定性,case 3 不考虑机组的随机停运,case 4 相较于 case 2、case 3 向下调峰能力不足期望分别减少70.26 MW·h、31.69 MW·h(IEEE RTS－24 节点系统),表明当风电的实际出力低于预测出力或机组随机停运时,由于向下调峰能力不足导致的潜在弃风量减少。因此,本章提出的考虑风电不确定性和机组随机停运的双层优化模型有利于提高系统的调峰灵活性,使系统具有更强的应对不确定性的能力。

从经济性角度,case 4 的综合成本低于 case 1,合理的储能配置有利于提高系统的经济

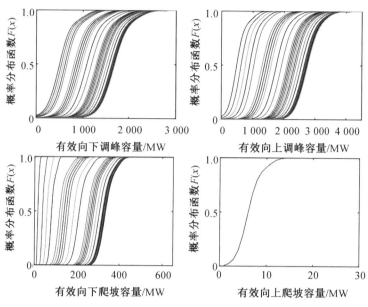

图 7.6　有效调峰能力的概率分布

性。为了满足灵活性约束,case 4 相较于 case 2 的储能配置容量增加 63.45 MW・h(IEEE RTS－24 节点系统),综合成本增加 8.95 万元,说明风电的随机性对系统的影响较大,不可忽略,需要以一定的经济代价应对风电的随机特性对系统调峰的影响。case 4 相较于 case 3 的储能配置容量增加18.80 MW・h,由于储能存在峰谷获利,更多的储能投入使储能收益增加 10.21 万元,同时,调峰能力不足损失成本减少 1.82 万元,故 case 4 的综合成本相较于 case 3 减少2.72 万元,说明当风电渗透率为 20% 时,考虑机组的随机停运有利于提高系统的综合经济性。若 case 0、case 1 不考虑机组的随机停运,其综合成本分别增加 111.73 万元、减少 10.70 万元,说明不同风电渗透率下,考虑机组的随机停运对系统的经济性产生积极或消极的不同影响,机组的随机停运作为影响系统运行的关键因素,不可忽略。

7.6.3　风电渗透率对仿真结果的影响分析

为了量化不同风电渗透率对系统调峰性能的影响,以 24 节点系统为例,图 7.7 给出了储能优化配置前后,不同风电渗透率下系统灵活性指标;图 7.8 为忽略经济性,仅对下层优化模型求解得到的不同风电渗透率和储能配置方案下系统总调峰能力不足指标。

由图 7.7、图 7.8 可知,当风电渗透率小于 5% 时,主要存在向上调峰能力不足风险,几乎可以忽略向下调峰能力不足的影响。随着储能容量的增加,灵活性不足指标的变化趋于平缓。当风电渗透率小于 20% 时,系统的总调峰能力不足概率/期望较小,配置储能对提高系统调峰灵活性的效果微弱;当风电渗透率大于 35% 时,配置不同容量的储能对系统总调峰能力不足指标的影响较大,说明储能辅助调峰对提升高比例可再生能源系统的调峰灵活性效果显著。

采用 118 节点系统进一步验证本章所提模型和方法对于大规模电力系统的有效性和适用性,储能优化配置前后,不同风电渗透率下系统灵活性指标如图 7.9 所示。

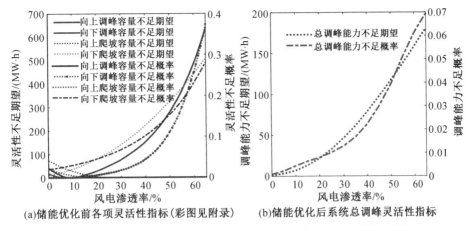

(a)储能优化前各项灵活性指标(彩图见附录)　　(b)储能优化后系统总调峰灵活性指标

图7.7　IEEE RTS－24节点系统不同风电渗透率下系统灵活性指标

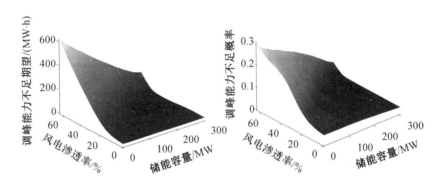

图7.8　IEEE RTS－24不同风电渗透率和储能配置方案下系统总调峰能力不足指标

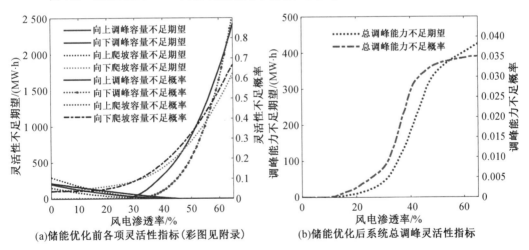

(a)储能优化前各项灵活性指标(彩图见附录)　　(b)储能优化后系统总调峰灵活性指标

图7.9　IEEE－118节点系统不同风电渗透率下系统灵活性指标

由图7.7、图7.9可知。随着风电渗透率的增加,采用本章所提出的模型和方法进行储能优化配置后,大规模118节点系统的总调峰能力不足概率小于小规模24节点系统的总调峰能力不足概率,说明本章所提的模型和方法在提升大规模电力系统灵活性方面具有较好的优越性和适用性。

7.7　本 章 小 结

为了全面量化大规模风电并网对系统调峰问题的影响,提高系统的灵活性,本章提出了12个调峰灵活性评估指标,考虑系统调峰需求和调峰能力的不确定性,计及含风电和储能电力系统的运行调度策略,提出兼顾经济性和灵活性的储能辅助调峰优化配置方法,算例分析验证了本章所提指标、模型和方法的合理性及有效性,得到如下结论:

(1)在储能的规划与运行阶段,考虑调峰需求和调峰能力的不确定性有利于提高系统运行灵活性,但考虑风电不确定性对系统的综合经济性影响较大,单一的经济性规划模型在系统不确定性较大时会出现严重的弃风现象或失负荷现象。

(2)由于考虑调峰能力的不确定性,系统在模拟周期内每一时刻的有效调峰容量概率分布均相同,有效爬坡容量概率分布均不同,基于有效容量概率分布的时序随机生产模拟方法在保留风电和负荷时序特性的同时,将离散的容量分布连续化,提高了计算速度。

(3)随着风电渗透率的增加,系统自身的调节能力无法满足灵活性要求,调峰问题主要在于向下调峰能力不足导致的弃风现象。在风电渗透率较高的情况下,储能对提升系统调峰灵活性的效果显著。

电力系统灵活性的量化评估是灵活性资源优化规划的基础,本章主要从电网侧储能优化配置的角度研究大规模风电并网对系统灵活性的影响,未来将充分挖掘其他灵活性资源的潜力,进一步研究可转移负荷、可中断负荷、电动汽车等需求侧灵活性资源的优化调度对提升系统灵活性的影响。

参 考 文 献

[1] 杨策,孙伟卿,韩冬,等.考虑风电出力不确定的分布鲁棒经济调度[J].电网技术,2020,44(10):3649-3655.

[2] 朱嘉远,刘洋,许立雄,等.风电全消纳下的配电网储能可调鲁棒优化配置[J].电网技术,2018,42(6):1875-1883.

[3] 鲍冠南,陆超,袁志昌,等.基于动态规划的电池储能系统削峰填谷实时优化[J].电力系统自动化,2012,36(12):11-16.

[4] 李军徽,朱星旭,严干贵,等.抑制风电并网影响的储能系统调峰控制策略设计[J].中国电力,2014,47(7):91-95.

[5] 李军徽,张嘉辉,穆钢,等.储能辅助火电机组深度调峰的分层优化调度[J].电网技术,2019,43(11):3962-3969.

[6] 茆美琴,刘云晖,张榴晨,等.含高渗透率可再生能源的配电网广义储能优化配置[J].电力系统自动化,2019,43(8):77-85.

[7] 徐国栋,程浩忠,方斯顿,等.用于提高风电场运行效益的电池储能配置优化模型[J].电

力系统自动化,2016,40(5):62-70.

[8] 鲁宗相,李海波,乔颖.高比例可再生能源并网的电力系统灵活性评价与平衡机理[J]. 中国电机工程学报,2017,37(1):9-19.

[9] 黎静华,汪赛.兼顾技术性和经济性的储能辅助调峰组合方案优化[J].电力系统自动化,2017,41(9):44-50.

[10] 张宏宇,印永华,申洪,等.大规模风电接入后的系统调峰充裕性评估[J].中国电机工程学报,2011,31(22):26-31.

[11] 黎静华,龙裕芳,文劲宇,等.满足充裕性指标的电力系统可接纳风电容量评估[J].电网技术,2014,38(12):3296-3404.

[12] 邹斌,李冬.基于有效容量分布的含风电场电力系统随机生产模拟[J].中国电机工程学报,2012,32(7):23-31.

[13] 温丰瑞,李华强,温翔宇,等.主动配电网中计及灵活性不足风险的储能优化配置[J].电网技术,2019,43(11):3952-3959.

[14] BLUDSZUWEIT H,DOMINGUEZ－NAVARRO J A. A probabilistic method for energy storage sizing based on wind power forecast uncertainty[J]. IEEE Trans. on Power Systems (S0885－8950),2011,26(3):1651-1658.

[15] OPATHELLA C,VENKATESH B. Managing uncertainty of wind energy with wind generators cooperative[J]. IEEE Trans. on Power Systems (S0885－8950),2013, 28(3):2918-2928.

[16] 江知瀚,陈金富.计及不确定性和多投资主体需求指标的分布式电源优化配置方法研究[J].中国电机工程 学报,2013,33(31):34-42.

[17] 肖定垚,王承民,曾平良,等.电力系统灵活性及其评价综述[J].电网技术,2014, 38(3):1569-1576.

[18] 孙彬,潘学萍,吴峰,等.基于Well－Being理论的风储混合电力系统充裕度评估[J].电网技术,2016,40(5):1363-1370.

[19] 侯婷婷,娄素华,吴耀武,等.含大型风电场的电力系统调峰运行特性分析[J].电工技术学报,2013,28(5):105-111.

[20] 陈碧云,闭晚霞,李欣桐,等.考虑风－光－荷联合时序场景的分布式电源接入容量规划策略[J].电网技术,2018,42(3):755-761.

[21] 马静洁,张少华,李雪,等.发电系统充裕度与灵活性的随机评估[J].电网技术,2019, 43(11):3867-3874.

[22] 吴玮坪,胡泽春,宋永华.结合随机规划和序贯蒙特卡罗模拟的风电场储能优化配置方法[J].电网技术,2018,42(4):1055-1062.

第4篇　储能参与电力市场专题

第8章　电力辅助服务市场下的
用户侧广义储能调度策略

　　目前的用户侧储能出力及接入具有分散性、不可控等特点,从电网调度角度而言,广域分布的储能目前缺乏有效的调度手段,如任其自发运行,相当于接入一大批随机性扰动电源,它们的无序运行无助于电网频率、电压和电能质量的改善,也会造成储能资源的极大浪费。因此,如何整合广域分散的储能资源并实现广域资源的统一调度成为本章重点研究的问题。针对广域资源的统一调度问题,本章首先以 LA 调度虚拟储能(virtual energy storage,VES)和狭义储能(narrow sense energy storage,NSES)的顺序为依据,提出狭义储能优先响应和虚拟储能优先响应的两种调度策略,并比较分析两种调度策略对 LA 的区别。然后,给出 LA 参与电力辅助服务市场的交易流程,并建立两种调度策略下 LA 参与电力辅助服务的市场收益模型。最后,采用美国 PJM 市场数据,对所提出调度策略进行仿真测算。

　　未来高比例可再生能源电力系统中,由于可控性较差的可再生能源所占比例的提高,系统净负荷曲线的最低值更接近甚至小于常规机组的最小技术出力,对电力系统的灵活性和爬坡性能需求更加显著。储能作为提高电力系统灵活性的关键性技术,其高成本限制了其应用收益。本章首先根据储能技术的特点,对传统的储能进行划分,科学定义电力系统广义储能(generalized energy storage,GES)的概念,并描述其特征。然后,借鉴生命科学第一性原理,总结出电力系统第一性原理的概念,同时基于该原理对广义储能价值进行探讨。最后,根据广义储能在时间上和状态上的响应特性,分别对用户侧传统储能和虚拟储能的响应特性进行分析。

8.1　广义储能的定义及特征

8.1.1　广义储能的定义

　　电力储能按照储能技术的特点可以分为功率型储能和能量型储能两类。功率型储能具体的特征是功率密度大、循环次数多、响应速度快,然而能量密度小,该类储能主要以超级电容和飞轮储能为代表;能量型储能具体的特征是能量密度大、储能时间长,然而功率密度小、循环次数少,该类储能主要以各类电化学电池为代表。同时,按照美国桑迪亚国家实验室的划分,储能在电力系统中的应用主要体现在五大领域十七种类型。

另一方面,需求响应作为一种新型灵活资源,被广泛应用于电力系统以提高系统运行经济性,优化系统供需平衡。需求侧对可中断负荷的灵活控制及对电动汽车充放电行为的有序管理,不仅可以实现削峰填谷,还可以提高可再生能源的消纳能力,是虚拟储能在电力系统中作用的有效体现。因此,可以将虚拟储能视为需求侧响应的一种逻辑和策略,本研究将用户侧具有一定调节能力的电力负荷(如空调、制冷、取暖、电动汽车等)聚合形成的新型储能系统称为虚拟储能。

针对电力系统中各种应用场合对狭义储能的性能要求,IEA 进行了如表 8.1 所示的总结。那么,根据各种应用场合对储能装置性能的要求,广义储能应针对狭义储能中的能量型装置进行替代,以降低电力系统对狭义储能的投资需求。

表 8.1　电力系统各种应用场合对狭义储能的性能要求

应用场合	输出功率 /MW	持续时间	充放电频率	响应速度	储能类型
季节储能	$500 \sim 2\,000$	日、月	$1 \sim 5/a$	天	能量型
充放电获利	$100 \sim 2000$	$8 \sim 24\ h$	$0.25 \sim 1/d$	$< 1\ h$	能量型
调频	$1 \sim 2\,000$	$1 \sim 15\ min$	$20 \sim 40/d$	$< 1\ min$	功率型
负荷跟踪	$1 \sim 2\,000$	$15\ min \sim 1\ d$	$1 \sim 29/d$	$< 1\ min$	功率型
电压稳定	$1 \sim 40$	$1\ s \sim 1\ min$	$10 \sim 100/d$	$< 1s$	功率型
黑启动	$0.1 \sim 400$	$1 \sim 4\ h$	$< 1/d$	$< 1\ h$	能量型
缓解阻塞	$10 \sim 500$	$2 \sim 4\ h$	$0.14 \sim 1.25/d$	$> 1\ h$	能量型
需求调节和调峰	$0.001 \sim 1$	$1\ min \sim 1\ h$	$0.75 \sim 1.25/d$	$< 15\ min$	功率型
离网需求	$0.001 \sim 0.01$	$3 \sim 5\ h$	$0.75 \sim 1.5/d$	$< 1\ h$	能量型
变量供应资源整合	$1 \sim 400$	$1\ min \sim 1\ h$	$0.2 \sim 2/d$	$< 15\ min$	功率型
废热利用和热电联供	$1 \sim 10$	$1\ min \sim 1\ h$	$1 \sim 20/d$	$< 15\ min$	功率型
热、冷备用	$10 \sim 2\,000$	$15\ min \sim 2\ h$	$0.5 \sim 2/d$	$< 15\ min$	功率型

目前在电力系统中,缺少对广义储能的统一定义。茆美琴等将电动汽车、温控负荷等具有一定存储能量能力的负荷与实际储能系统统称为广义储能系统。茆美琴等认为,广义储能系统是传统固定储能系统和可控负荷的组合。程林等指出,广义储能应由包含电化学储能、飞轮储能等多种储能形式的实际储能和激励机制作用下多种柔性负荷的虚拟储能两大部分组成。

综上,本书定义广义储能为一切能够改变电能时空特性,在电能供需之间发挥缓冲调节作用的设备和措施,包括狭义储能、需求侧管理和响应、电动汽车充放电管理、多能源互联系统(包括电转热储能、电转气储能、海水淡化等)。由于响应速度的限制,广义储能与狭义储能的差集部分皆为能量型储能。两者的类型划分如图 8.1 所示。因此,可将广义储能视为狭义储能与虚拟储能的结合。LA 通过聚合用户侧零散化的虚拟储能资源,并以狭义储能修正其响应偏差,向市场提供具有较高可调度性和响应精度的用户侧辅助服务,获取收益。

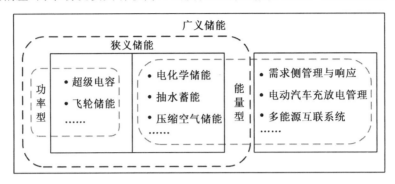

图 8.1   广义储能与狭义储能类型划分

8.1.2   广义储能的特征

广义储能作为狭义储能和虚拟储能的结合,充分挖掘了电源侧和负荷侧的灵活性,将成为适应未来高比例可再生能源电力系统的关键性技术。广义储能具有如下特征。

(1) 不对称性。广义储能由多种系统参与者构成,其为系统提供向上灵活性和向下灵活性时的功率和容量特性是不同的,即广义储能的"充电"与"放电"特性是不同的。

(2) 状态时变性。广义储能的"充放电"受系统运行机制的影响,在不同时间段内的可响应量是不同的,即广义储能的"功率"和"容量"是时变的。

(3) 多重不确定性。由广义储能的定义可知,其构成包含确定性部分和不确定性部分,且确定性部分与不确定性部分具有多种不同的耦合方式,使得广义储能对外表现出多重不确定性。

(4) 场景相依性。不同类型负荷受价格信号影响的敏感度不同,即使在相同的价格激励下,不同类型负荷的响应程度也是不同的。

从性质上看,广义储能与目前应用较广的虚拟电厂具有很大的异同性。虚拟电厂通过对分布式能源的协调控制参与市场调度。其中,分布式能源资源可以是分布电源、储能等,也可以是需求侧可控负荷等虚拟储能设备。广义储能作为虚拟储能与狭义储能的组合体,如果合理调度参与系统响应,不仅能提高虚拟电厂参与市场的竞争力,还可以充分发挥分布式电源的效益。另一方面,广义储能的应用可以有效平抑分布式电源的功率波动,优化电力系统平衡稳定性。虚拟电厂、广义储能和虚拟储能的关系见表 8.2。

表 8.2   虚拟电厂、广义储能和虚拟储能比较关系

	虚拟电厂	广义储能	虚拟储能
分布式电源	√	×	×
狭义储能	√	√	×
需求侧响应	√	√	√
对外特性	电源性	负荷性	双向性

注:√ 表示含有,× 表示不含。

相较于虚拟储能与广义储能,从对外呈现的功能与效果上看,虚拟电厂可等效为传统电厂。在对外特性方面,广义储能区别于虚拟电厂的电源性和虚拟储能的负荷性,更倾向于狭义储能的双向性。

8.1.3　基于第一性原理的广义储能价值分析

第一性原理即通过归纳演绎法产生人类所有知识。从定义可知,第一性原理建立于不证自明的逻辑奇点或基石假设之上,亦可建立于其他已被证明的原理之上。例如:欧氏几何就是建立在 5 条公理之上的,至于公理是否正确,仍然不清楚。但基于此演绎的知识都是自洽的。

根据自然界中第一性原理的推演,电力系统第一性原理的核心为电力电量的平衡,电力系统的平衡从时间尺度上分为瞬时平衡、短时平衡和时段平衡。其中,瞬时平衡的核心是频率和电压的平衡,其中包括电能质量、电压稳定和频率稳定等电力系统问题,在直流系统中就是电压的稳定问题;短时平衡就是指分钟时间尺度的功率调整,例如交流系统中的旋转备用;时段平衡包括削峰填谷和规划阶段的平衡分析。

依此规律,电力系统中电能"源 — 荷"实时平衡是电力系统运行的基本法则。目前的电力系统由于可控电源比例较高,很大程度上是由电源调整出力,被动适应负荷需求变化,即发电曲线匹配负荷曲线。但是未来高比例可再生能源电力系统中,由于可控性较差的可再生能源比例提高,常规机组发电曲线的匹配对象将由负荷曲线转变为净负荷曲线。由图 8.2 所示的 CAISO 描绘的 2020 年 4 月加州负荷、风力出力、光伏出力曲线可见,与负荷曲线相比,净负荷曲线(即所谓的"鸭型曲线")的最低值更接近甚至小于常规机组的最小技术出力,而且曲线更加陡峭,对电力系统的灵活性和爬坡性能需求更加显著。而这一特征在 2050 年将更甚,在这种情况下电源侧的柔性几乎消失殆尽,因此"源 — 荷"实时匹配模式需变为"源 — 荷 — 储"互动模式,以提高电力系统灵活性。

基于电力系统第一性原理,电力系统需维持每个时空交点的平衡。大规模的源 — 网 — 荷互动主要针对瞬时和短时功率调节需求,以满足大电网频率稳定的控制要求;容量要求很大,响应时间也长,传统电网侧加强的方式,成本相当高。此时,广义储能可使能源在时间和空间上具有可平移性,实现能源的广域共享。因此,广义储能的介入将电力系统的点平衡转化为面平衡,如图 8.3 所示。图中阴影部分表示采用包括储能、可中断负荷在内的广义储能技术,实现电力系统在不同时间和空间尺度内的电力电量平衡,有助于降低系统平衡代价,这也是大规模源 — 网 — 荷互动的价值所在。分散在不同空间和多时间尺度上的广义储能系统可以为时空交叉点的平衡提供电力上的补充或消耗,从而实现电力系统点、面平衡的转换,使得维持点平衡付出的代价分散到平面上,大大降低了电力系统的平衡成本。在未来高比例可再生能源电力系统中,风光出力的不确定性将提高维持系统的平衡成本,因此研究储能在未来高比例可再生能源电力系统中的应用至关重要。

另外,依此规律可分析广义储能技术在市场层面对 LA 的价值。由图 8.3 可知,LA 可调度广义储能参与日前市场和实时市场,在日前市场中,LA 可以通过响应合同与电力公司达成协议,在实时市场中利用狭义储能的双向可控性弥补虚拟储能响应不确定性,从而达到实时电量平衡。图 8.3 中阴影部分可以理解为,分散在不同空间和时间尺度上的广义储能资

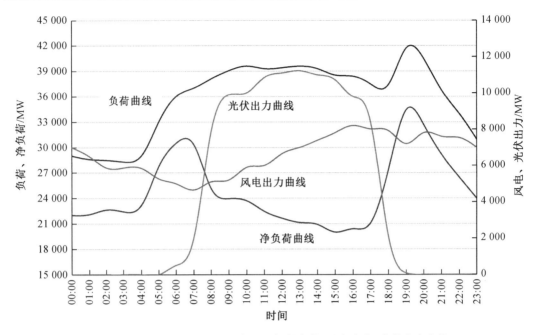

图 8.2　CAISO 描绘的 2020 年 4 月加州负荷、风力出力、光伏出力曲线

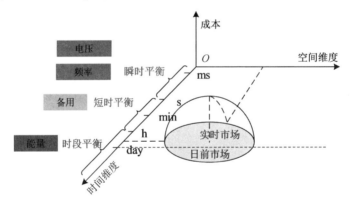

图 8.3　基于第一性原理的广义储能市场价值示意图

源,通过 LA 的统一调度,为时空交叉点的平衡提供电力上的补充或消耗,从而实现电力系统点、面平衡的转换和 LA 双市场运营,同时使得维持点平衡付出的代价分散到平面上,大大降低了电力系统平衡成本,同时也极大地提高了 LA 的市场收益。

8.2　广义储能的响应特性分析

8.2.1　狭义储能响应特性

　　狭义储能由诸多确定性的储能系统组成,可将狭义储能的响应电量视为确定量来处理。一定时间段内,狭义储能响应电量可等价于狭义储能提供的灵活性。狭义储能具有多时间尺度和状态相依性,其提供的响应电量与自身 SOC、充放电状态及充放电功率有关。本节针对不同类型的储能,以时间和储能电量为变量,分别建立了其在多时间尺度下和一定时间尺度下的响应示意图,如图 8.4 所示。

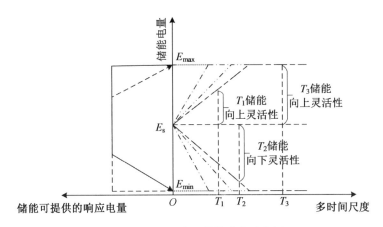

图 8.4　狭义储能响应示意图

狭义储能通过充放电行为优化系统供需平衡,从另一个角度理解,狭义储能为系统提供的响应电量可等价于储能的灵活性,与储能 SOC、充放电状态及充放电功率有关。图 8.4 的右半轴为多时间尺度下狭义储能中各类储能的响应示意图。狭义储能中各类储能的充放电功率不一致,导致各类储能提供的响应电量存在差异(在图 8.4 中表现为斜率不同)。当储能 i 的 SOC 较高时,随着时间尺度的增加,其可提供响应电量增加。当时间尺度足够大时,该储能提供的响应电量仅与其初始的 SOC 有关。如在充电状态下,随着时间尺度的增加,储能 i 提供的响应电量等于其充电电量,当储能的 i 的 SOC 达到上限时,提供的响应电量恒为 $E_i^{\max} - E_i^s$。

图 8.4 的左半轴为在一定时间尺度 τ 下储能 i 的响应示意图。储能 i 可提供响应电量的可行域为 $[E_i^{\min}, E_i^{\max}]$,与储能的充放电状态、充放电功率及 SOC 相关。当储能 i 处于充电状态时,若 SOC 较低,受其充电功率限制,可提供的响应电量为恒定值,随着储能电量的增加,响应电量受其容量的限制,储能 i 可提供的响应电量逐渐减小。同样地,在放电状态下,若储能 SOC 较高,受放电功率限制,储能为系统提供的向上灵活性为恒定值,状态电量低至一定程度时,受到储能容量的限制,向上灵活性会呈现递减趋势。

当储能 i 处于充电状态时,在时间尺度 τ 下,其可提供的响应电量与 SOC 及充电功率有如下关系:

$$
\begin{aligned}
q_i^{\pm}(\tau; P_i^{st}(t); E_i^s(t)) &= f_i(\tau; P_i^{st}(t); E_i^s(t)) \\
&= \int_0^{\tau} \min\{P_i^{st}(t)\tau; E_i^{\max} - E_i^s(t)\} dt, \quad i \in A_{NSES}
\end{aligned}
\tag{8.1}
$$

式中,q_i^+ 为储能 i 提供的响应电量,上标 $\pm$ 表示其对系统的效果;$P_i^{st}(t)\,(P_i^{st}(t) > 0)$ 为 t 时刻储能 i 的充电功率,$E_i^s(t)$ 为 t 时刻储能 i 的电量,$E_i^{\max}$ 为储能 i 的电量上限;A_{NSES} 为狭义储能资源集合。

则在时间尺度 τ 一定的情况下,区域内狭义储能可提供的响应电量为

$$Q_{st}^{\pm} = \sum_{i \in A_{NSES}} q_i^{\pm}(\tau\,;P_i^{st}(t)\,;E_i^s(t)) = \sum_{i \in A_{NSES}} f_i(P_i^{st}(t)\,;E_i^s(t)) \qquad (8.2)$$

8.2.2　虚拟储能响应特性

用户侧虚拟储能资源以需求响应为响应手段,参与 LA 的调度。需求侧通过一定的价格信号或激励政策,引导电力用户主动改变用电习惯,优化用电方式,提高电力系统运行经济性。需求响应利用对可控负荷群的协调控制,促进供需两侧优化平衡,故用户侧具有一定调节能力的电力负荷(如空调、制冷、取暖、电动汽车等)可被视为一种位于用户侧的虚拟储能设备。用户通过控制上述电力负荷参与需求响应获得一定的经济补偿,获得补偿的方式有两种:电费补偿和电费折扣。

需求响应分为基于价格的需求响应和基于激励的需求响应两大类。在实际响应过程中,用户电力负荷受发电机停运、输电线路突发事件等多种客观因素影响。此外,用户对价格激励的敏感程度不同,会导致负荷曲线的不确定性,进而引起虚拟储能响应的不确定性。

王秀丽等将负荷实际值与预测值之间的偏差用模糊随机变量来表示,可以准确地描述负荷不确定性因素。张振高等计及需求侧响应不确定性因素,提出了其对电力需求影响的概率数学模型,最后通过对给定区域的响应数据进行概率拟合,得到了区域内用户的响应潜力趋向正态分布。Vrakopoulou 等通过分析电价激励水平、负荷响应量及负荷自弹性系数对价格型需求响应不确定性的影响,并利用模糊规划理论,将等效后的模糊优化问题转换为确定性优化问题。Hao 等提出了一个基于场景法理论的 LA 经济调度框架,用以解决日前电力市场清算过程中的不确定性问题。该方法通过从有限不确定性集合中移除样本,在保证违反约束概率的可量化风险水平的同时,提高了调度性能。可见,与确定性狭义储能不同,用户侧虚拟储能资源参与调度时,受多种因素影响,且响应手段复杂,其实际的响应电量具有较大的不确定性。

因此,由于用户侧资源具有分散、数量大且相互独立的特性,区域内具有虚拟储能特性的措施或设备响应不确定性可采用正态分布进行模拟。但又因为虚拟储能的响应具有功率约束、时间约束及连续性约束,可抽象为某一时段内虚拟储能的实际响应电量分布在 $[0,\ Q_{VES}^{max}]$ 非负区间内,其中 Q_{VES}^{max} 为该时段虚拟储能可调度的最大响应电量,故本研究采用截断正态分布以模拟虚拟储能响应电量的随机分布。

虚拟储能参与调度时,响应电量的随机分布取决于其资源条件。分布的截断下限为 0,此时虚拟储能资源均未响应;响应过程中也存在过响应的情况,本书引入特性系数 α 和 β 体现虚拟储能在不同调度需求下的表现差异,则随机分布的标准差 $\sigma = \sigma(\alpha\,,Q_{VES}^E)$,截断上限 $Q_{VES}^{max} = Q_{VES}^{max}(\beta\,,Q_{VES}^E)$,其中,$Q_{VES}^E$ 为该时段虚拟储能的响应电量。虚拟储能响应电量的概率密度函数为

$$f(Q_{VES}\,;Q_{VES}^E\,,\sigma(\alpha\,,Q_{VES}^E)\,,0\,,Q_{VES}^{max}(\beta\,,Q_{VES}^E))$$

$$= \frac{\varphi\left(\dfrac{Q_{VES} - Q_{VES}^E}{\sigma(\alpha\,,Q_{VES}^E)}\right)}{\sigma(\alpha\,,Q_{VES}^E)\left[\Phi\left(\dfrac{Q_{VES}^{max}(\beta\,,Q_{VES}^E) - Q_{VES}^E}{\sigma(\alpha\,,Q_{VES}^E)}\right) - \Phi\left(\dfrac{-Q_{VES}^E}{\sigma(\alpha\,,Q_{VES}^E)}\right)\right]} \qquad (8.3)$$

式中,Q_{VES} 为该时段虚拟储能实际响应电量;$\Phi(\ )$、$\varphi(\ )$ 分别为标准正态分布的累积分布函

数和标准正态分布的概率密度函数。

虚拟储能响应电量概率密度函数标准差 $\sigma(\alpha, Q_{VES}^{E})$ 与响应电量 Q_{VES}^{E} 成正相关,虚拟储能概率密度曲线随响应电量及标准差的变化如图 8.5 所示。可见,虚拟储能的响应电量越小,则标准差越小,相应的虚拟储能响应精度就越高。

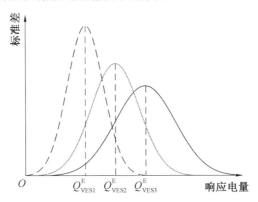

图 8.5　虚拟储能概率密度曲线随响应电量及标准差的变化

由于狭义储能和虚拟储能在实际调度中相互独立,广义储能在接受调度时其响应电量表现为截断正态的分布特征,则该时段广义储能响应电量的概率密度函数为

$$h(Q_{GES}) = f(Q_{GES}; \mu(Q_{st}, Q_{VES}), \sigma(Q_{st}, Q_{VES}), Q_{st}, Q_{GES}^{max}(Q_{st}, Q_{VES})) \tag{8.4}$$

式中,Q_{GES} 为广义储能实际响应电量;Q_{st} 为狭义储能的响应电量;$\mu(Q_{st}, Q_{VES})$ 为广义储能响应电量;Q_{GES}^{max} 为广义储能最大可响应电量。

8.3　广义储能的调度策略

市场中 LA 根据电力市场公布的次日各时段需求电量,与运营商形成需求侧响应合同,然后依据合同中各时段的响应需求电量,调度广义储能参与响应。调度过程中 LA 存在两种调度策略:① 狭义储能优先响应,即 LA 根据狭义储能自身状态优先调度狭义储能参与响应,若狭义储能的响应电量不能满足响应需求电量,则调度虚拟储能参与补充响应;② 虚拟储能优先响应,即受虚拟储能响应不确定的影响,当虚拟储能的响应电量与响应需求电量存在偏差时,方考虑调度狭义储能参与补充响应。

8.3.1　狭义储能优先响应的调度策略

假设合同中某一时段的响应需求电量为 Q_{con}。在狭义储能优先响应的调度策略下,若狭义储能的响应电量满足该时段的合同响应需求,则不需要调度虚拟储能;若不足,缺额的电量需调度虚拟储能补充响应。

图 8.6 为狭义储能优先响应的调度策略下广义储能响应电量的概率密度函数曲线。其中,$h_1(Q_{GES})$ 为该时段狭义储能响应电量为 0 时的广义储能响应电量概率密度,此时合同响应需求完全由虚拟储能补充,即该时段虚拟储能的响应电量为 Q_{con}。由式(8.4)得,广义储

能响应电量的概率密度函数 $h_1(Q_{GES})$ 为

$$h_1(Q_{GES}) = f(Q_{GES}; Q_{con}, \sigma(\alpha, Q_{con}), 0, Q_{GES,0}^{max}) \quad (8.5)$$

式中,响应电量的截断上限为 $Q_{GES,0}^{max} = Q_{GES}^{max}(\beta, Q_{con})$。

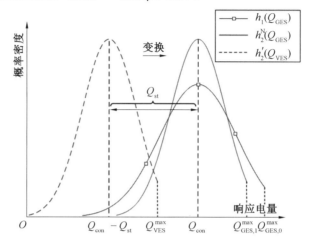

图 8.6　狭义储能优先响应的调度策略下广义储能响应电量的概率密度函数曲线

当该时段狭义储能的响应电量为 $Q_{st}(Q_{st} \neq 0)$,且不能满足合同响应需求时,缺额电量调度虚拟储能补充响应,则广义储能响应电量概率密度 $h_2^N(Q_{GES})$ 如式(8.6)所示,可理解为由响应电量为 $(Q_{con} - Q_{st})$ 的虚拟储能响应概率密度 $h_2'(Q_{VES})$ 变换得到,其中,$h_2'(Q_{VES})$ 如式(8.7)所示。

$$h_2^N(Q_{GES}) = f(Q_{GES}; Q_{con}, \sigma_{GES}, Q_{st}, Q_{GES,1}^{max}) \quad (8.6)$$

$$h_2'(Q_{VES}) = f(Q_{VES}; Q_{con}, \sigma_{VES}(\alpha, Q_{con} - Q_{st}), 0, Q_{VES}^{max}(\beta, Q_{con} - Q_{st})) \quad (8.7)$$

式中,广义储能响应电量的标准差 $\sigma_{GES} = \sigma_{VES}$,$\sigma_{VES}$ 为虚拟储能响应电量的标准差,截断上限为 $Q_{GES,1}^{max} = Q_{VES}^{max} + Q_{st}$。

广义储能响应电量概率密度函数的标准差与狭义储能的响应电量满足式(8.8)。当狭义储能优先响应的电量不能满足合同响应需求时,狭义储能的响应电量越大,则需调度的虚拟储能响应电量越小,广义储能响应电量概率密度函数的标准差也随之减小。

$$\frac{\partial \sigma_{GES}(\alpha, Q_{con} - Q_{st})}{\partial Q_{st}} \begin{cases} < 0, & Q_{st} < Q_{con} \\ = 0, & Q_{st} \geqslant Q_{con} \end{cases} \quad (8.8)$$

8.3.2　虚拟储能优先响应的调度策略

虚拟储能优先响应的调度策略下,利用狭义储能弥补虚拟储能响应不确定性带来的偏差,提高响应水平。为定量评估广义储能的响应水平,本书引入了响应置信水平(response confidence level,RCL),RCL 即实际响应电量在指定响应偏差区间内的概率。则广义储能的 RCL 可计算为

$$RCL = F(Q_2) - F(Q_1)$$
$$= \int_{Q_1}^{Q_2} f(Q_{GES}; Q_{con}, \sigma(Q_{st}, Q_{VES}), Q_{st}, Q_{GES}^{max}(Q_{st}, Q_{VES})) dQ_{GES} \quad (8.9)$$

式中，$[Q_1, Q_2]$ 为某一假设的响应偏差区间，$F(\ )$ 为广义储能响应电量的累积分布函数。

假设某一时段虚拟储能响应的偏差电量为 ΔQ_{VES}；Q_{st} 为该时段狭义储能的响应电量，则该策略下广义储能响应的偏差电量 ΔQ_{GES} 可计算为

$$\Delta Q_{GES} = \Delta Q_{VES} - Q_{st} \tag{8.10}$$

图 8.7 为虚拟储能优先响应的调度策略下广义储能响应电量的概率密度函数曲线。其中，$h_1(Q_{GES})$ 为狭义储能响应电量为 0 时的广义储能响应电量概率密度；$h_2^v(Q_{GES})$ 为狭义储能响应电量为 Q_{st} 时的广义储能响应电量概率密度。则有狭义储能补充响应的电量为 Q_{st} 时，广义储能在响应偏差区间 $[Q_{con} - \Delta Q_{GES}, Q_{con} + \Delta Q_{GES}]$ 内的 RCL 等于无狭义储能补充响应下其在区间 $[Q_{con} - \Delta Q_{VES}, Q_{con} + \Delta Q_{VES}]$ 内的 RCL，即阴影 S_1 的面积等于阴影 S_2 的面积：

$$F_2(\Delta Q_{GES} + Q_{con}) - F_2(Q_{con} - \Delta Q_{GES}) = F_1(\Delta Q_{VES} + Q_{con}) - F_1(Q_{con} - \Delta Q_{VES}) \tag{8.11}$$

式中，$F_1(\ )$ 为狭义储能的响应电量为 0 时的广义储能响应电量的概率分布函数；$F_2(\ )$ 为狭义储能的响应电量为 Q_{st} 时的广义储能响应电量的概率分布函数。

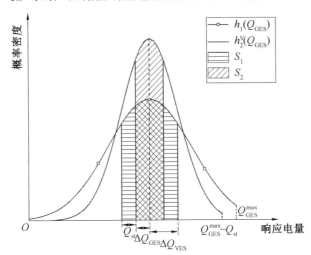

图 8.7　虚拟储能优先响应的调度策略下广义储能响应电量的概率密度函数曲线

保证响应偏差区间 $[Q_{con} - \Delta Q_{GES}, Q_{con} + \Delta Q_{GES}]$ 不变情况下，狭义储能的响应电量为 Q_{st} 时，广义储能的 RCL 较无狭义储能时的有所提高，提高量为 $\Delta\gamma_{RCL}$（阴影 S_1 或 S_2 的面积）：

$$\Delta\gamma_{RCL} = 2\left[F_1(\Delta Q_{GES} + Q_{st} + Q_{con}) - F_1(\Delta Q_{GES} + Q_{con})\right] \tag{8.12}$$

综上所述，在无狭义储能补充响应的情况下，假设在响应偏差区间 $[Q_{con} - \Delta Q_{VES}, Q_{con} + \Delta Q_{VES}]$ 内广义储能的 RCL 为 ζ，则存在可调度的狭义储能补充响应时，保证 RCL 为 ζ 不变的情况下，广义储能的响应偏差区间将变窄，即响应更精准，且狭义储能的响应电量 Q_{st} 越大，区间越窄。结合式(8.11)和(8.12)可知，狭义储能的响应电量越大，广义储能响应电量的概率密度函数标准差越小，且为单值函数：

$$\sigma_{GES} = g(Q_{con}; Q_{st}) \tag{8.13}$$

则广义储能在该调度策略下的响应电量概率密度函数为

$$h_2^{\text{V}}(Q_{\text{GES}}) = f(Q_{\text{GES}}; Q_{\text{con}}, \sigma_{\text{GES}}, Q_{\text{st}}, Q_{\text{st}}^{\max}(\beta, Q_{\text{con}}) - Q_{\text{st}}) \tag{8.14}$$

此外,为评估虚拟储能在该策略下的响应潜力,本书定义虚拟储能的置信响应电量用以量化虚拟储能的响应价值。其中,虚拟储能的置信响应电量可计算为广义储能的响应电量与在一定响应偏差区间内达到确定 RCL 时所需调度的狭义储能电量之差,即

$$Q_{\text{v}} = Q_{\text{con}} - Q_{\text{st}}' \tag{8.15}$$

根据上述分析,广义储能在一定响应偏差区间内的 RCL 与狭义储能的响应电量相关。换言之,虚拟储能的置信响应电量与一定响应偏差区间内的 RCL 有关。则当某时段狭义储能的响应电量 Q_{st}' 未知时,欲使广义储能在响应偏差区间 $[Q_{\text{con}} - \Delta Q_{\text{GES}}, Q_{\text{con}} + \Delta Q_{\text{GES}}]$ 内的 RCL 达到 ζ,则在 Q_{con}、ΔQ_{GES}、ζ 均为已知的情况下,广义储能响应电量的概率密度函数的标准差 σ_{GES} 为

$$\int_{Q_{\text{con}} - \Delta Q_{\text{GES}}}^{Q_{\text{con}} + \Delta Q_{\text{GES}}} h_2^{\text{V}}(Q_{\text{GES}}; \sigma_{\text{GES}}) \, \mathrm{d}Q_{\text{GES}} = \zeta \tag{8.16}$$

结合式(8.13),得所需调度的狭义储能电量 Q_{st}' 为

$$Q_{\text{st}}' = g^{-1}(\sigma_{\text{GES}}; Q_{\text{con}}) \tag{8.17}$$

8.3.3 响应策略对比分析

本节以广义储能在一定响应偏差区间内的 RCL 为目标,从达到相等 RCL 所需调度的狭义储能响应电量的角度,探讨两种调度策略的优劣。由于目前市场中售电主体较多,LA 为提高自身的竞争力,将上述的一定响应偏差区间定为广义储能的目标响应偏差区间。

为便于两种调度策略在同一幅图中比较,将狭义储能优先响应调度策略下的广义储能响应概率曲线向左平移 Q_{st}^{N},Q_{st}^{N} 为该策略下狭义储能的响应电量,得到图 8.8 所示的两种调度策略的比较示意图。另外,引入广义储能的响应率以便对其响应偏差区间进行描述,其中,广义储能的响应率为广义储能的实际响应电量与响应电量的比值。

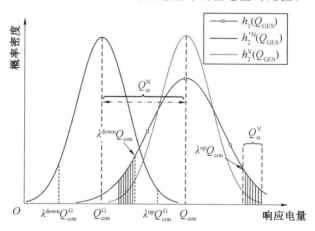

图 8.8 两种调度策略的比较示意图

图中,λ^{up}、λ^{down} 分别为 LA 的目标响应率上限和下限,$h_1(Q_{\text{GES}})$ 为狭义储能响应电量为 0 时的广义储能响应电量概率密度曲线,$h_2'^{\text{N}}(Q_{\text{GES}})$ 为平移后的广义储能在狭义储能优先响应调度策略下的响应电量概率密度函数,$h_2^{\text{V}}(Q_{\text{GES}})$ 为虚拟储能优先响应策略下广义储能的

响应电量概率密度函数。

在狭义储能优先响应的调度策略下,假设狭义储能在该时段的优先响应电量为 Q_{st}^N,广义储能响应电量的概率密度曲线变为 $h_2'^N(Q_{GES})$,其在目标区间内增加的 RCL 为

$$\Delta \gamma_{RCL} = \begin{bmatrix} [F_2^N(\lambda^{up}Q_{con} - Q_{st}^N) - F_2^N(\lambda^{down}Q_{con} - Q_{st}^N)] \\ - [F_1(\lambda^{up}Q_{con}) - F_1(\lambda^{down}Q_{con})] \end{bmatrix} \tag{8.18}$$

式中,$F_2^N(\ )$ 为狭义储能优先响应调度策略下的广义储能响应电量累积分布函数;$F_1(\ )$ 为无可调度狭义储能下的广义储能响应电量累积分布函数。

根据 8.2 节的分析,若在狭义储能优先响应调度策略下,广义储能在目标区间上的 RCL 提高 $\Delta \gamma_{RCL}$,则在虚拟储能优先响应的调度策略下,广义储能在目标区间上的 RCL 提高相同的水平(即图 8.8 阴影部分)时,需调度狭义储能补充的响应电量 Q_{st}^V 为

$$\begin{bmatrix} [F_1(\lambda^{up}Q_{con} + Q_{st}^V) - F_1(\lambda^{up}Q_{con})] \\ + [F_1(\lambda^{down}Q_{con}) - F_1(\lambda^{down}Q_{con} - Q_{st}^V)] \end{bmatrix} = \Delta \gamma_{RCL} \tag{8.19}$$

记两者差值为 Γ:

$$\Gamma = Q_{st}^V - Q_{st}^N \tag{8.20}$$

从所需调度狭义储能响应电量的角度,$\Gamma < 0$,虚拟储能优先响应的调度策略优于狭义储能优先响应的调度策略;$\Gamma > 0$,狭义储能优先响应的调度策略优于虚拟储能优先响应的调度策略;$\Gamma = 0$,两者优劣相当。

8.4　负荷聚合商市场收益模型

由于目前市场尚未针对用户侧的狭义储能资源形成统一的调度奖惩制度,即无法确认不同类型狭义储能提供的响应电量并给予相应补偿,本书假设 LA 自身装设电化学储能作为狭义储能设备,在此基础上建立两种调度策略下的市场收益模型。

8.4.1　负荷聚合商市场交易流程

区域电力公司根据发电及负荷预测情况,与 LA 形成日前响应合同,公布次日各时段增加或削减负荷的需求电量,并向 LA 购买辅助服务。LA 通过调度广义储能参与辅助服务获得相应的奖励,同时调度狭义储能参与削峰填谷服务获利。LA 调度广义储能资源参与响应服务时的资金流、信息流、电力流如图 8.9 所示。在虚拟储能的实际调度中,充电响应电量超过计划响应电量,超过部分需支付相应的电费,放电响应未达到或超过响应电量不予以惩罚。但虚拟储能往往因响应电量超出或不满足需求电量而损失相应的补偿。狭义储能的参与,可以提高虚拟储能的响应精度,同时增加参加响应项目的收益,且向电网释放电能可正常获得售电补偿,两种调度策略下对广义储能资源的调度框图如图 8.10 所示。

LA 根据自身资源条件,依据与运营商形成的日前响应合同,调度广义储能参与服务。基于美国 PJM 市场的交易流程,LA 参与市场交易可具体为两个阶段。

(1) 在日前市场,LA 根据某时段用户侧电量使用情况的历史数据,预测下一日该时段用户侧虚拟储能可提供"虚拟电量"的概率分布,结合 LA 自身狭义储能设备可提供的响应

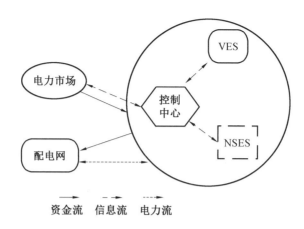

图 8.9　LA 调度广义储能资源参与响应服务时的资金流、信息流、电力流

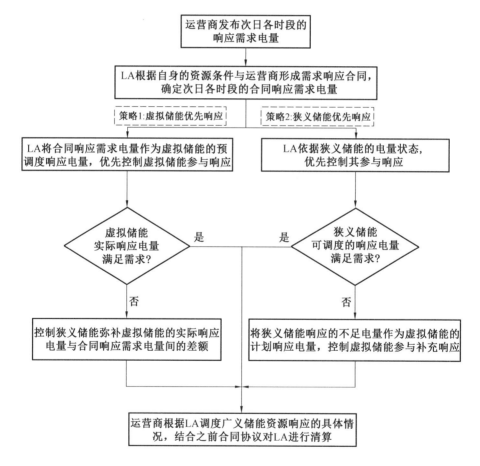

图 8.10　两种调度策略下对广义储能资源的调度框图

电量,与电力市场运营商签订需求侧响应服务合同。

（2）在实时市场,采用合同电价出清,若某一时段广义储能充电响应电量超过该时段合同的响应需求电量,超过部分需支付相应的电费,放电响应超过部分不给予奖励;若响应电量不能满足合同响应需求电量不予以惩罚,因此 LA 选择合理的调度策略,充分发挥狭义储能资源确定的充放电特性,降低合同响应需求电量与实际交割响应电量的差额,提高 LA 的响应质量,规避因响应不足而带来的经济损失。

8.4.2　负荷聚合商市场收益模型

LA 与电力公司签订了响应合同后,根据某时段用户的电量使用情况,以及市场中需求响应项目的合同价格,预测下一时段虚拟储能可以提供的"虚拟电量"信息,判断是否满足电力公司需求。若虚拟储能无法满足电力需求,LA 通过权衡狭义储能的充电成本及其弥补虚拟储能偏差而提高的需求响应项目收益,决定是否参与响应。例如,负荷低谷时负荷增加,若 LA 调度狭义储能参与需求响应项目的收益不小于单独削峰填谷的获利,则调度狭义储能参与项目。负荷高峰时 LA 调度虚拟储能"放电",若虚拟储能欠响应,则调度狭义储能的参与响应服务,因其向电网释放电能而正常获得售电补偿而提高了 LA 的市场收益。LA 通过调度广义储能获取的收益以其实际响应量和合同价格为标准进行清算,虚拟储能优先响应的调度策略下 LA 调度广义储能获得的收益见表 8.3。

表 8.3　虚拟储能优先响应的调度策略下 LA 调度广义储能获得的收益

VES 状态	VES 响应程度	NSES 状态	NSES 不参与辅助服务 LA 的收益	NSES 参与辅助服务 提高 LA 的收益部分
放电响应	过响应	充电	$Q_{con}\pi_{inc}$	$-Q_{st}^{+}\pi_{rr}$
		不动作		0
	欠响应	放电	$Q_{VES}\pi_{inc}$	$\min\{Q_{st}^{-},(Q_{con}-Q_{VES})\}(\pi_{inc}+\pi_{rr})$
		不动作		0
充电响应	过响应	放电	$[Q_{con}\pi_{inc}-(Q_{VES}-Q_{con})\pi_{rr}]$	$2Q_{st}^{-}\pi_{rr}$
		不动作		0
	欠响应	充电	$Q_{VES}\pi_{inc}$	$\min\{Q_{st}^{+},Q_{con}-Q_{VES}\}(\pi_{inc}-\pi_{rr})$
		不动作		0

注:π_{inc} 为合同补偿价格;π_{rr} 为市场零售电价;Q_{st}^{+} 和 Q_{st}^{-} 分别为狭义储能的放电响应电量和充电响应电量。

在狭义储能优先响应的调度策略下,LA 为最大化的市场收益,调度狭义储能谷时充电响应,峰时放电响应。但在虚拟储能优先响应的调度策略下,LA 的决策较为复杂,需权衡狭义储能的充电成本及其弥补虚拟储能偏差而提高的合同收益,进而决定是否调度狭义储能补充响应,具体的调度框图如图 8.11 所示。例如,负荷高峰时虚拟储能"放电",若虚拟储能欠响应,狭义储能的参与不仅提高了 LA 的合同收益,也因其向电网释放电能而正常获得售电补偿。

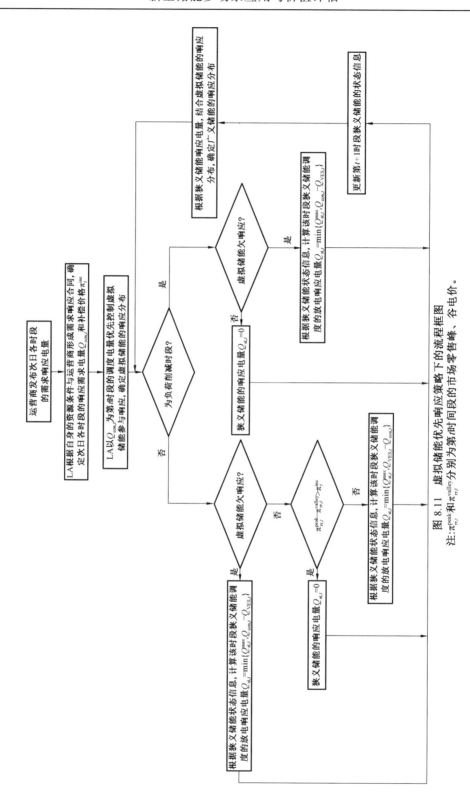

图 8.11　虚拟储能优先响应策略下的流程框图

注：$\pi_{rr,t}^{peak}$ 和 $\pi_{rr,t}^{valley} > \pi_{rr,t}^{inc}$ 分别为第 t 时间段的市场零售峰、谷电价。

综上,两种调度策略下,LA 的市场收益主要包括两部分:狭义储能放电收益和合同收益。市场收益模型为

$$\max\left\{I_{\text{com}} = \sum_{t=1}^{N_F+N_C} \min\{Q_{\text{GES},t}, Q_{\text{con},t}\}\pi_t^{\text{inc}} + s_t^{\text{dch}}Q_{\text{st},t}^-\pi_{\text{rr},t} - s_t^{\text{ch}}Q_{\text{st},t}^+\pi_{\text{rr},t}\right.$$

$$\left. - \sum_{t=1}^{N_C}\max\{Q_{\text{GES},t} - Q_{\text{con},t}, 0\}\pi_{\text{rr},t}\right\} \tag{8.21}$$

$$\text{s.t.} P_t^{\text{st},\pm} \leqslant P_{\text{st}} \tag{8.22}$$

$$s_t^{\text{dch}} + s_t^{\text{ch}} = 1 \tag{8.23}$$

$$E_{\text{st},t-1} - \frac{P_t^{\text{st},-}\Delta t}{\eta_{\text{dch}}} \leqslant E_{\text{st,min}} \tag{8.24}$$

$$E_{\text{st},t-1} + \eta_{\text{ch}}P_t^{\text{st},+}\Delta t \leqslant E_{\text{st,max}} \tag{8.25}$$

$$\sum_{t=1}^{N_C+N_F} Q_{\text{st},t}^+ - \sum_{t=1}^{N_C+N_F} Q_{\text{st},t}^- = 0 \tag{8.26}$$

$$0 \leqslant Q_{\text{VES},t} \leqslant Q_{\text{VES},t}^{\max}(\beta, Q_{\text{VES},t}^E) \tag{8.27}$$

$$h_2^i(Q_{\text{GES},t}) = f(Q_{\text{GES},t}; Q_{\text{con},t}, \sigma_{\text{GES},t,i}, Q_{\text{st},t}, Q_{\text{GES},t,i}^{\max}) \tag{8.28}$$

式中,N_C、N_F 分别为广义储能充电响应时段数和放电响应时段数;$Q_{\text{con},t}$ 和 $Q_{\text{GES},t}$ 分别为第 t 时间段的合同响应需求电量和广义储能的实际响应电量;π_t^{inc}、$\pi_{\text{rr},t}$ 分别为第 t 时间段的合同补偿价格和市场零售电价;$P_t^{\text{st},+}$、$P_t^{\text{st},-}$ 分别为狭义储能在第 t 时间段的充电功率和放电功率;s_t^{dch}、s_t^{ch} 为狭义储能的状态参数(狭义储能充电响应 $s_t^{\text{ch}}=1, s_t^{\text{dch}}=0$;反之 $s_t^{\text{ch}}=0, s_t^{\text{dch}}=1$);$P_{\text{st}}$ 为狭义储能额定功率;$Q_{\text{st},t}^-$、$Q_{\text{st},t}^+$ 分别为第 t 时间段狭义储能的放电响应电量和充电响应电量;$E_{\text{st},t-1}$ 为第 $t-1$ 时间段狭义储能的电量状态;η_{ch}、η_{dch} 分别为狭义储能的充电和放电效率;$E_{\text{st,max}}$、$E_{\text{st,min}}$ 分别为狭义储能的最大和最小 SOC;$Q_{\text{VES},t}^E$ 为第 t 时间段虚拟储能的预响应电量;$Q_{\text{VES},t}$ 为第 t 时间段虚拟储能的实际响应电量;$Q_{\text{GES},t}$ 为第 t 时间段广义储能实际响应电量,其服从如式(8.28)所示的随机分布,其中,分布具体的计算形式见式(8.3);$Q_{\text{VES},i}^{\max}$ 为第 t 时间段虚拟储能最大可响应电量;$h_2^i(Q_{\text{GES},t})$ 为不同调度策略下广义储能响应电量的概率密度函数,其中,i 为 N 或者 V,分别代表狭义储能优先响应和虚拟储能优先响应的调度策略。

式(8.22)~(9.25)为狭义储能的充放电功率约束和电量约束;式(8.26)为狭义储能的电量平衡约束;式(8.27)为虚拟储能响应电量约束。

对于虚拟储能优先响应的调度策略,LA 调度狭义储能参与补充响应的市场收益 I_{NSES} 为

$$I_{\text{NSES}} = \sum_{t=1}^{N_F}\begin{cases} 0, & Q_{\text{con},t} < Q_{\text{VES},t} \\ Q_{\text{st}}^-\pi_{\text{rr},t} + \min\{Q_{\text{st}}^-, Q_{\text{con},t} - Q_{\text{VES},t}\}\pi_t^{\text{inc}}, & Q_{\text{con},t} \geqslant Q_{\text{VES},t} \end{cases}$$

$$+ \sum_{t=1}^{N_C}\begin{cases} 2Q_{\text{st}}^-\pi_{\text{rr},t}, & Q_{\text{con},t} < Q_{\text{VES},t} \\ \min\{Q_{\text{st}}^+, Q_{\text{con},t} - Q_{\text{VES},t}\}(\pi_t^{\text{inc}} - \pi_{\text{rr},t}), & Q_{\text{con},t} \geqslant Q_{\text{VES},t} \end{cases} \tag{8.29}$$

狭义储能提高的市场合同收益 I_{imp} 为

$$I_{\text{imp}} = \sum_{t=1}^{N_F} \min\{Q_{\text{st}}^-, Q_{\text{con},t} - Q_{\text{VES},t}\}\pi_t^{\text{inc}}$$

$$+ \sum_{t=1}^{N_C} \begin{cases} \min\{Q_{\text{st}}^+, Q_{\text{con},t} - Q_{\text{VES},t}\}\pi_t^{\text{inc}}, & Q_{\text{con},t} \geqslant Q_{\text{VES},t} \\ Q_{\text{st}}^- \pi_{\text{rr},t}, & Q_{\text{con},t} < Q_{\text{VES},t} \end{cases} \tag{8.30}$$

8.5 算 例 仿 真

本书采用美国 PJM 市场相关数据,用户分时电价见表 8.4。现有一 LA 处于成立初期,聚合的用户侧虚拟储能资源相对不受控性略高,且对用户侧广义储能的响应率要求较低。因此,取 $\sigma = \alpha Q_{\text{VES},t}^E$,$Q_{\text{VES}}^{\max} = \beta Q_{\text{VES},t}^E$,特性系数 $\alpha = 0.02$、$\beta = 1.6$。假设 LA 针对广义储能的目标响应率上、下限分别为 $\lambda^{\text{up}} = 1.4$ 和 $\lambda^{\text{down}} = 0.6$,则当某时段 LA 对虚拟储能的预响应电量为 30 MW·h、40 MW·h 时,虚拟储能优先响应的调度策略下,由式(8.15)~(8.17)计算得到,目标偏差率区间内,不同 RCL 下虚拟储能的置信响应电量见表 8.5。

表 8.4 用户分时电价

	时段	电价[$/(MW·h)]
谷	0:00 — 8:00	52.104 3
平	8:00 — 14:00,17:00 — 19:00,22:00 — 24:00	97.503 2
峰	14:00 — 17:00,19:00 — 22:00	156.255 3

表 8.5 不同 RCL 下虚拟储能的置信响应电量

RCL	0.68	0.7	0.72	0.74	0.76	0.78	0.80	0.82	0.83	0.84	0.85
虚拟储能的置信响应电量/(MW·h)	30	29.74	28.63	27.53	26.44	25.15	23.36	20.94	17.41	13.09	10
	40	39.88	38.05	36.57	35.02	33.43	31.85	28.85	26.43	22.84	15.68

由表 8.5 可知,从数据的变化趋势上可以看出,LA 要求的 RCL 越高,虚拟储能的置信响应电量越低。原因在于广义储能的 RCL 越高,LA 需调度的狭义储能参与补充响应的电量越大。当 RCL 在 0.68 ~ 0.80 范围内时,虚拟储能的置信响应电量变化较缓,即虚拟储能的不确定性对 LA 响应水平的影响较大,调度少量的狭义储能资源 LA 的 RCL 就能得到很大的提升。因此,虚拟储能的置信响应电量在 LA 合理配置狭义储能容量致使广义储能响应电量满足调度需求时,具有重要的参考价值。

另外,本书选取已大规模应用的锂离子电池储能系统作为 LA 装设的狭义储能资源,其单位容量成本取 $C_E = 220$ $/(kW·h),变流器单位功率成本取 $C_{\text{PCS}} = 70$ $/kW,一年以 330 d 计算,狭义储能的放电深度为 $20\% \sim 80\%$,充放电效率 $\eta_{\text{ch}} = \eta_{\text{dch}} = 80\%$。LA 签订的日前合同响应需求量电和补偿价格如图 8.12 所示(合同响应需求电量小于零表示负荷削减,反之负荷增加)。

基于以上数据,在 MATLAB 的编程环境下,利用 Monte Carlo 方法对 LA 的两种调度

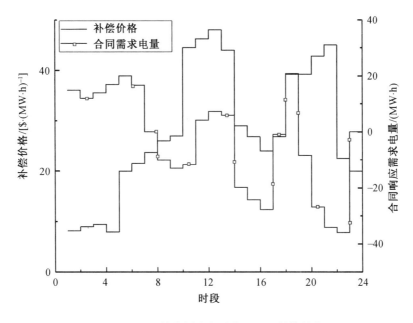

图 8.12　日前合同响应需求电量和补偿价格

策略进行经济性测算。

图 8.13 为不同调度策略下的单位 NSES 收益 LA 市场收益。从图中可以看出，在有限的狭义储能的装配条件下，受虚拟储能响应不确定性的影响，虚拟储能优先响应调度策略下 LA 市场收益比狭义储能优先响应及虚拟储能单独响应的收益都高。

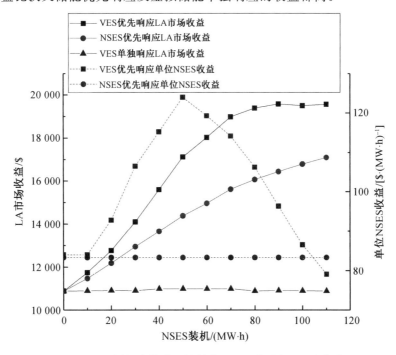

图 8.13　不同调度策略下的单位 NSES 收益与 LA 市场收益

从图 8.13 中曲线的走势上看,随着狭义储能装机增加,LA 在虚拟储能单独响应下的市场收益曲线保持平稳,而 LA 在虚拟储能优先响应调度策略下和在狭义储能优先响应调度策略下的市场收益曲线则逐渐上升。但不同的是,虚拟储能优先响应调度策略下,LA 的市场收益曲线先上升后趋于平稳,而狭义储能优先响应调度策略下 LA 的市场收益曲线一直上升。原因在于,虚拟储能优先响应的调度策略下,当狭义储能装机达到 80 MW·h 后继续装机将会出现冗余。而狭义储能优先响应调度策略下,对狭义储能响应电量的需求处于不饱和的状态,LA 的市场收益仍受虚拟储能响应不确定性的影响。另一方面,随着狭义储能的可响应电量的增加,虚拟储能的预调度响应电量减少,由式(8.8)可知广义储能响应电量概率函数的标准差变小,该调度策略下 LA 的市场收益呈非线性增长。

具体的,虚拟储能优先响应调度策略下 LA 的市场收益见表 8.6。

表 8.6 虚拟储能优先响应调度策略下 LA 的市场收益情况

NSES 装机 /[MW/(MW·h)]	VES 单独响应收益 / $	NSES 提高合同收益 / $	NSES 削峰填谷收益 / $	单位 NSES 收益 / $	SPBP/ 年
0	10 884	—	—	—	—
6/10	10 904	240.12	600.18	84.03	8.51
12/20	10 914	635.26	1 221.48	92.84	7.70
18/30	10 908	1 196.94	1 997.73	106.48	6.72
24/40	10 990	2 015.26	2 594.05	115.23	6.21
30/50	10 922	3 017.95	3 179.70	123.95	5.77
36/60	10 991	3 424.39	3 612.54	117.28	6.10
42/70	10 994	3 757.18	4 232.79	114.14	6.26
48/80	10 891	3 880.37	4 718.38	106.23	6.73
54/90	10 911	3 971.65	4 701.36	96.37	7.42
60/100	10 848	3 961.34	4 695.43	86.57	8.26
66/110	10 862	3 980.32	4 723.33	79.12	9.04

通过调度狭义储能平抑虚拟储能响应不确定性可明显提高 LA 的市场收益,提高量最高可达 3 980.32 $,同时参与削峰填谷获得的最高收益为 4 723.33 $。另外,随着狭义储能装机规模的不断增大,由于狭义储能装机足够大后其参与调度的容量存在冗余,冗余的容量无法进一步提高 LA 的市场收益,故 LA 利用狭义储能提高的市场收益走势先升后平。另一方面,在该调度策略下,狭义储能高昂的成本使得单位 NSES 收益先增后减。结果表明,单位 NSES 收益在 NSES 装机为 30 MW/50 MW·h 时达到最大值 123.95 $/(MW·h)。此时狭义储能的静态投资回收期(static payback period,SPBP)为 5.77 年,相比于狭义储能优先响应的调度策略,缩短了 2.85 年。狭义储能的静态投资回收期等于初期投资与狭义储能年净收益的比值。可见,在虚拟储能优先响应的调度策略下,LA 可获得更好的狭义储能投资收益,更短的静态投资回收期。

LA 为保障其在市场中的平稳发展,调度广义储能参与服务的响应质量尤为关键。在

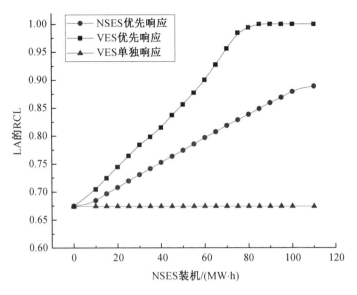

图 8.14　LA 的 RCL 与狭义储能装机的关系

目标响应区间内,LA 的 RCL 与狭义储能装机的关系如图 8.14 所示。虚拟储能单独响应时,LA 在目标响应区间内的 RCL 为 0.674 6 不变,而另两种调度策略下,LA 的 RCL 逐渐增加。结合表 8.1,虚拟储能优先响应的调度策略下,当单位狭义储能为收益最高的配置时,LA 的 RCL 达到 0.856,而等配置条件下,狭义储能优先响应策略下的 RCL 仅有 0.775,欲达到 0.856,根据式(8.18),此时需增配可响应电量为 41.56 MW·h 的狭义储能。可见,虚拟储能优先响应的策略能有效提高 LA 的 RCL,提高 LA 参与辅助服务的质量,同时极大减少了对狭义储能的需求。

　　虚拟储能优先响应的调度策略下,为凸显 LA 对系统供能的效果,有必要对广义储能参与前后的负荷曲线进行分析。图 8.15 为该调度策略下狭义储能装机为 30 MW/50 MW·h 时广义储能响应前后负荷曲线,其中虚拟储能在不同时段响应电量的概率分布参数见表 8.7。

表 8.7　虚拟储能优先响应调度策略下虚拟储能在不同时段响应电量的概率分布参数

时段	预响应电量 /(MW·h)	响应标准差	响应电量下限 /(MW·h)	响应电量上限 /(MW·h)
1	15	0.30	0	24
2	12	0.24	0	19.2
3	14	0.28	0	22.4
4	17	0.34	0	27.2
5	20	0.40	0	32
6	16.63	0.33	0	26.608
7	0	0	0	0
8	10	0.20	0	16
9	13	0.26	0	20.8

续表8.7

时段	预响应电量 /(MW·h)	响应标准差	响应电量下限 /(MW·h)	响应电量上限 /(MW·h)
10	11.67	0.23	0	18.672
11	4.2	0.08	0	6.72
12	7.32	0.15	0	11.712
13	6.01	0.12	0	9.616
14	19.83	0.40	0	31.728
15	24.25	0.49	0	38.8
16	27.74	0.55	0	44.384
17	0.93	0.02	0	1.488
18	20.76	0.42	0	33.216
19	8.43	0.17	0	13.488
20	26.81	0.54	0	42.896
21	34	0.68	0	54.4
22	36	0.72	0	57.6
23	0	0	0	0
24	27	0.54	0	43.2

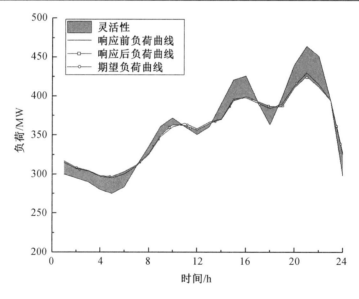

图 8.15 虚拟储能优先响应调度策略下广义储能响应前后负荷曲
线(NSES 装机为 30 MW/50 MW·h)

仿真结果表明,广义储能响应前,负荷曲线峰谷差为 164.81 MW,最大波动为 41.38 MW/h;广义储能响应后,负荷曲线更接近计划曲线,总响应电量 422.36 MW·h,另外,负荷曲线峰谷差减小为 113.79 MW,最大波动减小为 24.45 MW/h,两者皆变化明显。

而在狭义储能优先响应的调度策略下，并采用一充一放的充放电方案，需要配置 194.12 MW·h 的狭义储能，同比增加了 144.12 MW·h。可见，虚拟储能优先响应的调度策略可以极大地降低 LA 对狭义储能资源的投资。

综上所述，LA 通过装配一定量的狭义储能，将其与虚拟储能协同调度，可以降低广义储能调度过程中的不确定性，提升对电网供能的平稳性。此外，虚拟储能优先响应的调度策略能更有效地提高 LA 参与辅助市场的响应质量，同时也极大地减少了其对狭义储能的需求，降低了投资成本。

8.6　本 章 小 结

本章利用 LA 作为整合用户侧零散广义储能的独立市场主体，首先以 LA 调度虚拟储能和狭义储能的顺序为依据，提出了虚拟储能优先响应和狭义储能优先响应的广义储能调度策略，并讨论、比较了两种调度策略，同时提出了计算虚拟储能置信响应电量的方法，该指标可为 LA 评估虚拟储能响应潜力，预调狭义储能的响应电量提供理论依据。然后，根据国外现有的辅助服务市场机制，给出了 LA 整合用户侧广义储能资源参与市场的交易流程，并根据具体的交易流程讨论了 LA 两种调度策略下的收益状况。随后，以 LA 参与两阶段电力辅助服务市场为场景，建立了以其市场收益最大化为目标的经济调度模型。最后，采用美国 PJM 市场数据对本章所提两种调度策略下的 LA 市场收益进行仿真计算，研究得到以下结论：

（1）广义储能是用户侧各类可控电力资源的统称，由于确定性狭义储能的加入，其响应质量较虚拟储能显著提高，有利于负荷侧资源更好地参与系统运行。

（2）虚拟储能优先响应的调度策略对于 LA 更具经济性，其原因在于 LA 通过少量配置狭义储能，提高了辅助服务的质量，获取了更高的收益。

（3）广义储能中的狭义储能充分发挥了其响应速度快、精度高的优点，因此获得了可观的收益，经仿真计算已具备市场化应用的技术经济性。

参 考 文 献

[1] 田世明,王蓓蓓,张晶. 智能电网条件下的需求响应关键技术[J]. 中国电机工程学报, 2014,34(22):219 — 220.

[2] 楚皓翔,解大. 考虑电网运行状态的电动汽车充放储一体化充换电站充放电控制策略 [J]. 电力自动化设备,2018,38(4):96 — 101.

[3] 徐辉,焦扬,蒲雷,等. 计及不确定性和需求响应的风光燃储集成虚拟电厂随机调度优化模型[J]. 电网技术,2017,41(11):3590 — 3597.

[4] 茆美琴,丁勇,王杨洋,等. 微网——未来能源互联网系统中的"有机细胞"[J]. 电力系统自动化,2017,41(19):1 — 11,45.

[5] 茆美琴,刘云晖,张榴晨,等. 含高渗透率可再生能源的配电网广义储能优化配置[J]. 电力系统自动化,2019,43(8):77－88.

[6] 程林,齐宁,田立亭. 考虑运行控制策略的广义储能资源与分布式电源联合规划[J]. 电力系统自动化,2019,43(10):27－40＋43.

[7] 王宣元,刘敦楠,刘蓁,等. 泛在电力物联网下虚拟电厂运营机制及关键技术[J]. 电网技术,2019,43(9):3175－3183.

[8] 陈妤,卫志农,胥峥,等. 电力体制改革下的多虚拟电厂联合优化调度策略[J]. 电力系统自动化,2019,43(7):42－51,165.

[9] 范明天,谢宁,王承民,等. No.5 实现灵活高效智能电网的思路与实践[J]. 供用电,2016,33(10):38－44.

[10] 周任军,石亮缘,汤吉鸿,等. 多功率曲线协整度约束下的源－荷－储优化协整模型[J]. 中国电机工程学报,2019,39(12):3454－3465.

[11] 杨旭英,周明,李庚银. 智能电网下需求响应机理分析与建模综述[J]. 电网技术,2016,40(1):220－226.

[12] 王秀丽,武泽辰,曲翀. 光伏发电系统可靠性分析及其置信容量计算[J]. 中国电机工程学报,2014,34(1):15－21.

[13] 张振高,王学军,李慧,等. 需求响应对电力需求影响的概率模型[J]. 电力系统及其自动化学报,2017,29(4):115－121.

[14] VRAKOPOULOU M,LI B,MATHIEU J L. Chance constrained reserve scheduling using uncertain controllable loads part i:formulation and scenario-based analysis[J]. IEEE Transactions on Smart Grid,2019,2(10):1608－1617.

[15] MING Hao,XIE Le,MARCO C C,et al. Scenario-based economic dispatch with uncertain demand response[J]. IEEE Transactions on Smart Grid,2017,2(10):1858－1868.

[16] ZHU Qiaohao,CARRIERE K C. Detecting and correcting for publication bias in meta-analysis—A truncated normal distribution approach[J]. Statistical Methods in Medical Research,2018,27(9):2722-2741.

[17] 马子明,钟海旺,李竹,等. 美国电力市场信息披露体系及其对中国的启示[J]. 电力系统自动化,2017,41(24):49－57.

第9章 基于改进需求响应交易机制的广义储能聚合商运营策略

高渗透率可再生能源并网使得电力系统安全、稳定、经济运行面临着巨大挑战,需求响应(demand response,DR)作为一种重要调节手段在电力供需平衡中扮演着愈加重要的角色。然而,需求侧资源响应具有较大的不确定性,导致需求响应市场规模有限,经济驱动力不足。为有效引导需求侧提供高质量响应服务,本章设计了一种考虑响应率差异的DR交易机制,提出资源响应质量评估指标,基于"高质高价"原则制定动态惩罚机制。在该机制作用下,需求侧为规避低响应质量带来的经济风险,提出广义储能聚合商(generalized energy storage aggregator,GESA)的概念,构建将高响应精度、高成本的狭义储能与低响应精度、低成本的虚拟储能相结合的广义储能运营决策模型,协同参与市场交易。最后,本章基于美国PJM市场数据,探讨改进机制对GESA运营决策的影响。

9.1 计及多影响因素的DR不确定性建模

需求侧响应是智能电网环境下一种有效的负荷调控手段,主要通过激励信号或电价信号改变用户的用电行为,调节电力供需关系,提高电网运行可靠性,降低系统安全风险。目前,由于DR项目种类繁多,影响因素复杂,需求侧资源响应具有较大的不确定性。在DR不确定性建模方面,现有研究通常将诸多影响因素视为整体并构造不确定性模型,缺少对其成因的具体分析。本节综合考虑响应不确定性的成因,基于盲数理论与经典概率论建立DR不确定性模型。

9.1.1 多影响因素的盲数模型

1.盲数的定义

不确定性包括随机性、模糊性、未确知性和灰色性,同时具有上述两种以上不确定性的较为复杂的信息,称为"盲信息"。盲数理论简称盲数论,是表达和处理盲信息的一种数学工具。设 $g(I)$ 为区间型灰数集,存在 $x_i \in g(I), \alpha_i \in [0,1], i=1,2,\cdots,e, f(x)$ 为定义在 $g(I)$ 上的灰函数,且有

$$f(x) = \begin{cases} \alpha_i, & x = x_i, i=1,2,\cdots,e \\ 0, & \text{其他} \end{cases} \tag{9.1}$$

式中,函数 $f(x)$ 被称为盲数,当 $i \neq j$ 时,$x_i \neq x_j$ 且 $\sum_{i=1}^e \alpha_i = \alpha \leqslant 1$,其中 α_i 为可信区间 x_i 的可信度;α 为 $f(x)$ 的总可信度;e 为 $f(x)$ 的阶数。

盲数不仅可以表达和处理灰信息、未确知信息等,更可以用来表达和处理盲信息。盲数

是对区间数、随机变量分布的一种推广,故其信息至少包含两种不确定性,更易于反映客观事实和不确定性的本质,对未知分布的不确定量表达更灵活,解决含有多种不确定性问题的能力更高。

2.盲数在 DR 中的应用

DR 项目中,用户响应行为受诸多主观因素影响,且各影响因素具有模糊性、未知性等不确定性,在建模过程中,若对影响因素考虑不周全,会造成结果失真,可信度降低。盲数理论是研究不确定信息的方法,利用盲数模型可将各影响因素的"强"不确定性转化为可信区间和可信度的"弱"不确定性,与经典概率论下用户响应行为的概率分布函数相结合,可以更加全面地反映实际问题。基于消费者心理学,本书将影响用户响应行为的因素概括为:电价变化率、经济激励水平,以及用户用能舒适度。

将影响用户响应行为的 3 个主要因素分别看作相互独立的可信区间,记为 F_i,其中,$i = 1,2,\cdots,n$,n 为影响因素的个数。基于盲数理论建立多影响因素的盲数模型:

$$f(x) = \begin{cases} \gamma_i, & x = F_i, i = 1,2,\cdots,n \\ 0, & \text{其他} \end{cases} \quad (9.2)$$

式中,γ_i 为可信区间 F_i 对应的可信度,表示该影响因素对用户响应行为的影响程度,其值越大影响程度越高。

9.1.2 区间可信度评估方法

为评估各影响因素的区间可信度,本书采用判断矩阵法,利用权重系数对多影响因素的盲数模型进行定量和定性分析。

在可信区间 F_i 中任取一对区间 F_a 和 F_b,对其影响用户行为的可能性程度进行对比,将 F_a 相对于 F_b 的可能性程度记为 F_b^a,将 F_b 相对于 F_a 的可能性程度记为 F_a^b,其中,F_b^a 与 F_a^b 互为倒数。区间可信度决策表见表 9.1。

表 9.1 区间可信度决策表

可能性程度对比	F_b^a
F_a 与 F_b 可能性相同	1
F_a 的可能性比 F_b 略大	3
F_a 的可能性明显比 F_b 大	5
F_a 的可能性比 F_b 大得多	7
与 F_b 相比 F_a 的可能性极大	9
上述相邻等级的中间值	2、4、6、8

由于用户响应行为的影响因素大多为主观因素,因此本书采用主观赋值法,通过对参与响应的用户进行问卷调查来获取可能性程度判断值。将电价变化率、经济激励水平及用能舒适度对用户行为的影响程度进行两两比较,接受调查者依据自身长期生活方式及用户用电习惯在区间可信度决策表中选取相应的数值以表达两两因素之间的可能性程度对比。

将所有可信区间的可能性程度两两比较可得

$$H_{ab} = \frac{F_b^a}{F_a^b}, \quad a,b = 1,2,\cdots,n \tag{9.3}$$

构造判断矩阵为

$$\boldsymbol{H} = \begin{bmatrix} H_{11} & H_{12} & \cdots & H_{1n} \\ H_{21} & H_{22} & \cdots & H_{2n} \\ \vdots & \vdots & & \vdots \\ H_{n1} & H_{n2} & \cdots & H_{nn} \end{bmatrix} \tag{9.4}$$

计算判断矩阵 $\boldsymbol{H}$ 的最大特征根 $\lambda_{\max}$ 及其对应的特征向量 $\hat{\boldsymbol{u}} = [u_1, u_2, \cdots, u_n]$，并对 $\hat{\boldsymbol{u}}$ 进行归一化。

$$\gamma_i = u_i / \sum_{l=1}^{n} u_l \tag{9.5}$$

可得各影响因素 $F_i(i=1,2,\cdots,n)$ 对应的可信度 $\gamma = \{\gamma_1, \gamma_2, \cdots, \gamma_n\}$。

9.1.3　响应不确定性评估模型

由于负荷侧资源参与 DR 项目具有规模大、独立、分散的特性，且用户响应需满足时间约束、功率约束及连续性约束，因此采用截断正态分布来模拟各影响因素单独作用下用户响应偏差系数的随机分布。将标准正态分布的概率密度函数和累积分布函数分别记为 $\varphi(\delta)$ 和 $\phi(\delta)$，则对于截断正态分布 $\delta \sim N(\mu, \sigma^2, \delta_1, \delta_r)$，其概率密度函数如式（9.6）所示。

$$f(\delta) = \begin{cases} \dfrac{\varphi\left(\dfrac{\delta - \mu}{\sigma}\right)}{\sigma\left[\phi\left(\dfrac{\delta_r - \mu}{\sigma}\right) - \phi\left(\dfrac{\delta_1 - \mu}{\sigma}\right)\right]}, & \delta_1 < \delta < \delta_r \\ 0, & \text{其他} \end{cases} \tag{9.6}$$

式中，μ 和 σ^2 分别为随机变量 δ 的均值和方差；δ_1 和 δ_r 分别为随机变量 δ 的截断下限和截断上限。

假设在日前市场中，系统运营商（independent system operator，ISO）与需求侧资源聚合商签订的合约电量为 Q_t（削负荷电量为正、增负荷电量为负），令 $Q_t' = |Q_t|$。用户实际响应电量相对于日前合约电量存在一定的响应偏差，为定量分析其偏差程度，本书定义用户响应偏差系数 λ_t 为

$$\lambda_t = Q_{t,\text{dev}}^{\text{user}} / Q_t' \tag{9.7}$$

式中，$Q_{t,\text{dev}}^{\text{user}}$ 为 t 时段用户响应偏差电量（欠响应为正、过响应为负）。

引入特性系数 α 体现用户在不同响应场景下的表现差异，则 $Q_{t,\text{dev}}^{\text{user}}$ 的取值范围可表示为 $[-\alpha Q_t', Q_t']$。

由此可得单一影响因素影响下用户响应偏差系数的截断正态分布 $\lambda_{t,i} \sim N(\mu_i, \sigma_i^2, -\alpha, 1)$，其中，$\mu_i$ 和 σ_i^2 分别为随机变量 $\lambda_{t,i}$ 的均值和方差。用户对影响因素 F_i 越敏感，则 σ_i 越小，$\lambda_{t,i}$ 分布越集中；反之，σ_i 越大，$\lambda_{t,i}$ 分布越离散。

基于多影响因素的盲数模型及各种影响因素单独作用下用户响应偏差系数的随机分布，求得多种影响因素同时作用下，用户响应偏差系数 λ_t 为

$$\lambda_t = \sum_{i=1}^{n} \gamma_i \lambda_{t,i} \tag{9.8}$$

9.2 考虑响应率差异的 DR 交易机制设计

需求侧资源因其响应质量不同而具有不同的价值,高质量响应资源可灵活跟踪电网侧发布的 DR 任务,提供高精度服务,然而其成本往往相对较高。本节针对需求侧资源的服务水平,提出响应质量评估指标,制定考虑响应率差异的 DR 交易机制,利用合理的交易机制引导需求侧提供优质的响应服务。

9.2.1 需求侧资源响应质量评估指标

本章定义响应率(response rate,RT)和服务水平置信度(service level confidence,SLC)这 2 个指标来衡量需求侧资源的响应质量。

响应率 Ω_t 即第 t 时段聚合商聚合资源的实际响应电量 Q_t^{real} 占合约电量的比值,如式(9.9)所示。若 $\Omega_t < 1$ 则该时段聚合商欠响应,$\Omega_t > 1$ 则该时段聚合商过响应。

$$\Omega_t = Q_t^{\text{real}} / Q_t' \tag{9.9}$$

聚合商作为需求侧资源与 ISO 之间的中间商,为保证其响应质量及市场交易的信誉度,有必要对其服务水平向 ISO 提供一定的承诺保障;同时从实际市场的角度考虑,ISO 也会对聚合商提出一定的要求。本章利用响应率相关指标在指定区间内的概率表征聚合商参与市场提供响应服务的能力,其服务水平置信度 ω 为

$$\omega = P(\,|\,1 - \Omega_t\,| \leqslant \Delta\varepsilon_m) \tag{9.10}$$

式中,$P(\cdot)$ 为约束事件发生的可能性测度值;$\Delta\varepsilon_m$ 为资源等级 m 的阈值,详见下文。

9.2.2 考虑响应率的差异化奖励机制

针对 DR 项目的单位奖励价格,考虑需求侧资源响应率,将其划分为 4 个等级,对不同等级的单位奖励价格进行差异化处理,用以鼓励优质资源。本章定义合同补偿系数 ρ_e 以量化奖励价格差异:

$$\rho_e = \mu_{\text{base}} + \xi\mu_{\text{var}}^2 \tag{9.11}$$

式中,μ_{base} 为基础补偿系数;μ_{var} 为动态补偿系数;ξ 为响应率－价格相关度。

需求侧资源在 t 时段的响应偏差占比 $\Delta\varepsilon$ 为

$$\Delta\varepsilon = |\,1 - \Omega_t\,| \tag{9.12}$$

设 $\Delta\varepsilon_1$ 为市场准入阈值,$\Delta\varepsilon_2$ 为较可靠资源阈值,$\Delta\varepsilon_3$ 为高度可靠资源阈值,$\Delta\varepsilon_4$ 为理想资源响应偏差占比。若 $\Delta\varepsilon > \Delta\varepsilon_1$,则聚合商失去参与响应的机会。动态补偿系数 μ_{var} 随响应偏差占比 $\Delta\varepsilon$ 的减小而增大,即为了维持电网运行的可靠性,ISO 愿意给出更高的单位奖励价格以获得更优质的响应服务。动态补偿系数的等级划分见表 9.2,其中,$\mu_{\text{var},1}$、$\mu_{\text{var},2}$、$\mu_{\text{var},3}$ 分别为准入资源、较可靠资源及高度可靠资源所对应的动态补偿系数。

表 9.2　动态补偿系数的等级划分

等级	资源类型	响应偏差占比	动态补偿系数
1	高度可靠资源	$\Delta\varepsilon_4 < \Delta\varepsilon \leqslant \Delta\varepsilon_3$	$\mu_{var,3}$
2	较可靠资源	$\Delta\varepsilon_3 < \Delta\varepsilon \leqslant \Delta\varepsilon_2$	$\mu_{var,2}$
3	准入资源	$\Delta\varepsilon_2 < \Delta\varepsilon \leqslant \Delta\varepsilon_1$	$\mu_{var,1}$
4	受禁资源	$\Delta\varepsilon > \Delta\varepsilon_1$	

若电网对资源响应率有较高要求,可适当调整响应率－价格相关度 ξ 的数值,各资源等级之间的奖励差异随 ξ 的增大而增大,如图 9.1 所示。

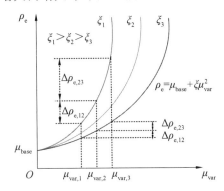

图 9.1　不同响应率－价格相关度和动态补偿系数下的合同补偿系数

9.2.3　考虑响应偏差电量的动态惩罚机制

为避免实际运行过程中出现较大的响应偏差电量,在 DR 合约中添加惩罚机制。当需求侧未能完成与 ISO 签订的市场合约时,ISO 对偏差电量进行一定的惩罚。参照美国 PJM 市场规则,惩罚价格应依据响应偏差造成的缺电损失来决定,因此,本书针对响应偏差电量设计动态惩罚机制。

将需求侧在 t 时段产生的总响应偏差电量记为 $Q_{all,t,dev}$,若 $Q_{all,t,dev} < 0$ 为过响应电量,$Q_{all,t,dev} > 0$ 为欠响应电量。

1.过响应电量结算方式

从电网公司的角度来看,并不鼓励过度响应。过度响应不仅不会给系统运行带来额外的效益,而且容易造成用户用能舒适度下降,导致响应疲劳,进而影响未来用户参与 DR 项目的积极性。因此,对于需求侧的过响应电量,ISO 将会减小补偿力度,过响应补偿价格 C_t^s 为

$$C_t^s = \begin{cases} 0, & Q_t = 0 \\ \rho_s C_t^{con}, & Q_t \neq 0 \end{cases} \tag{9.13}$$

式中,C_t^{con} 为现货市场电价;ρ_s 为过响应补偿系数,ρ_s 的取值范围为 $(0,1)$。

2.欠响应电量结算方式

本书设定合理偏差范围为 Δq_t,如式(9.14)所示,其大小与该时刻的合约电量有关,在

合理偏差范围内,ISO 以恒定的惩罚价格对欠响应电量进行惩罚。

$$\Delta q_t = \theta Q'_t \tag{9.14}$$

式中,θ 为合理偏差系数。

若欠响应电量超出该偏差范围,ISO 将加大惩罚力度,且惩罚价格与超限欠响应电量规模成正相关,即在合理偏差范围内,ISO 以固定惩罚价格 $C_t^{\text{puni},0}$ 收取罚款,超过限额的部分其价格将以系数 k 线性增长,如图 9.2 所示。欠响应惩罚价格可表示为

$$C_t^{\text{puni}} = \begin{cases} 0, & Q_{\text{all},t,\text{dev}} \leqslant 0 \\ C_t^{\text{puni},0} + k(Q_{\text{all},t,\text{dev}} - \Delta q_t)^+, & Q_{\text{all},t,\text{dev}} > 0 \end{cases} \tag{9.15}$$

式中,x^+ 含义为 $\max\{x, 0\}$。

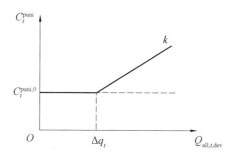

图 9.2　欠响应惩罚价格

9.3　改进机制下 GESA 运营策略

交易机制的设计需同时考虑需求侧和系统侧,使双方均能从 DR 项目的开展中获益。从需求侧角度来看,合理的交易机制可促使其主动做出调整,提高自身响应质量以获取更高收益;从系统侧角度来看,高质量的 DR 服务可提高电网运行可靠性,降低系统安全风险。为此,9.2 节设计了考虑响应率差异的 DR 交易机制,本节则探讨改进机制下需求侧 GESA 的运营策略,并以此验证改进机制的优越性。本节首先对广义储能的组成成分及其参与 DR 市场的响应特性进行具体分析;然后,在改进机制作用下,为规避需求侧低响应质量带来的经济风险,提出 GESA 的概念,给出 GESA 的运营模式,并搭建改进机制下 GESA 参与 DR 市场的运营决策模型;最后,基于美国 PJM 市场数据,采用嵌入蒙特卡罗随机模拟的粒子群算法对模型进行求解。

9.3.1　广义储能的组成成分及其响应特性分析

广义储能即一切能够改变电能时空特性,在电能供需之间发挥缓冲调节作用的设备和措施,包含狭义储能和虚拟储能两大部分。

1.狭义储能响应特性

传统储能设备统称为狭义储能资源,飞轮储能、抽水蓄能、集装箱式蓄电池储能等固定

储能系统均为狭义储能。在诸多广义储能资源中,狭义储能的可调控能力最强、稳定性最好,接入电网后可随调度指令随时进行充放电操作,既可以从外界吸收功率,也可以对外输出功率,具有功率双向性。狭义储能通过充放电行为可以实现电能在时间维度的转移,进而优化系统供需平衡。

在一定的时间段内,狭义储能的响应电量可以等效为储能为系统提供的灵活性,该灵活性大小与储能 SOC、充放电状态及充放电功率有关。针对不同类型的储能,以时间尺度和储能状态为变量,得到其在多时间尺度下的响应特性如图 9.3 所示。图 9.3 中不同颜色即表示不同类型的储能,由于各狭义储能设备的充放电功率存在差异(在图中以斜率的形式体现),导致其单位时间内可以提供的响应电量各不相同。当储能 s 的 SOC 较高时,随着时间尺度的增加,其可提供响应电量随之增加。当时间尺度足够大时,该储能提供的响应电量仅与其初始的 SOC 有关。如在充电状态下,随着时间尺度的增加,储能 s 提供的响应电量等于其充电电量,当储能 s 的 SOC 达到上限时,提供的响应电量恒为 $Q_{\max,\text{NSES}} - Q_{0,\text{NSES}}$。

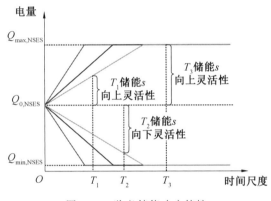

图 9.3　狭义储能响应特性

在 DR 市场中,狭义储能的响应特性可归纳为高响应精度、高成本,狭义储能可为市场提供高度可靠的确定性响应资源,即在规定时间内提供规定的响应容量。利用狭义储能可提高 DR 资源供应的稳定性,防止因随机事件带来响应差额的大幅波动,降低 GESA 运营风险。但截至目前,狭义储能装置的成本仍较高,且使用寿命有限,昂贵的投资建设费用制约了其大规模的商业应用。

2.虚拟储能响应特性

用户侧可控负荷的可调度容量经聚合、等效后,其作用与储能设备类似,统称为虚拟储能资源。电动汽车、洗衣机、热水器、空调等具有储能特性的可控负荷均为虚拟储能资源,进一步将可控负荷进行分类,可以分为可平移负荷(shiftable load,SL)、可转移负荷(transferable load,TL)、可中断负荷(interruptable load,IL)。

(1)可平移负荷。

可平移负荷是指以固定流程的家用电器、工业流水线作业为代表,受生产流程的约束,可以在设定时间段工作且只能实现完整用电时间段平移的负荷,如图 9.4 所示。电饭煲、烘干机、洗衣机等都属于可平移负荷。GESA 通过聚合大量可平移负荷可实现负荷用电量在时间维度的转移。可平移负荷中因转移而增加或减少的用电量可以视为广义储能的充放电电量,负荷曲线前移等效为虚拟储能先充电后放电,负荷曲线后移等效为虚拟储能先放电后充电。可平移负荷仅改变用户使用某设备的时间范围,因此对用户用电满意度产生的影响可忽略不计,具有良好的储能特性。

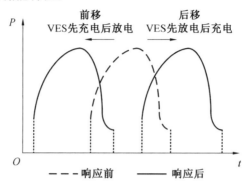

图 9.4　可平移负荷响应特性

（2）可转移负荷。

可转移负荷是指没有连续性和时序性限制,在一定的时间区间内可以灵活调配的柔性负荷,如图 9.5 所示。常见的可转移负荷有冰蓄冷空调、电动汽车换电站、部分工商业负荷等。GESA 通过聚合大量可转移负荷可以实现负荷用电量在时间维度的转移。可转移负荷中因转移而增加或减少的用电量可视为广义储能的充放电电量,转移后负荷与原负荷差值为正的部分可等效为虚拟储能充电,差值为负的部分可等效为虚拟储能放电。同可平移负荷类似,可转移负荷也只改变了用户使用某设备的时间范围,对用户用电满意度产生的影响可忽略不计,具有良好的储能特性,但不同的是,可转移负荷因其不受连续性约束而具有更强的灵活性。

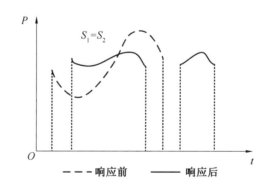

图 9.5　可转移负荷响应特性

注：S_1 和 S_2 分别表示两种曲线与横坐标围成的面积。

（3）可中断负荷。

可中断负荷是指在考虑用户满意度与响应意愿的前提下可在其使用过程中对其进行关断或减小功率运行的负荷,如图 9.6 所示。常见的可中断负荷有温控负荷、楼宇照明负荷等。GESA 通过聚合大量可中断负荷可以实现负荷用电量在时间维度的转移。可中断负荷因削减输出功率（或直接关断）而减少的用电量可以视为广义储能的放电电量。可中断负荷具有响应迅速、可控性强等优点,但设备功率的变化会对用户造成不同程度的影响,因此在调控过程应着重考虑用户满意度。

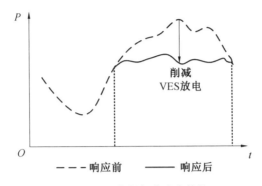

图 9.6 可中断负荷响应特性

在 DR 市场中,虚拟储能的响应特性可归纳为低响应精度、低成本,虚拟储能用户基数大,调度潜力较高,且组织成本低廉,但虚拟储能资源参与调度时,受多种客观因素影响,其实际响应电量具有较大的不确定性。若 GESA 仅依靠虚拟储能参与市场交易,则只能通过预估响应量去量化行为特征,尽量降低不确定性带来的经济影响,对于响应实施后产生的响应量差额没有缓解方法。

9.3.2 GESA 运营机制

本章将 GESA 定义为一家可提供具有灵活性广义储能响应服务的需求侧资源聚合商。GESA 在 DR 市场中作为各类储能资源与服务购买者之间的中间商,既要将分散的虚拟储能资源与狭义储能资源聚合为广义储能综合体,同时又要完成与上层市场之间的业务交互。GESA 运营机制如图 9.7 所示。

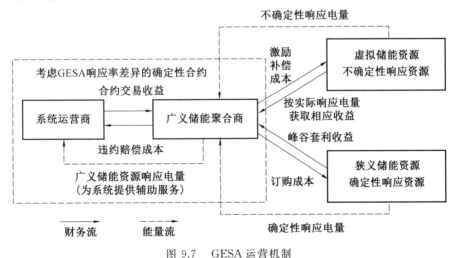

图 9.7 GESA 运营机制

1.GESA 与市场之间的上层交易业务

ISO 根据电网设定的峰谷调峰目标,在负荷低于目标下限的时段激励广义储能进行充电,在负荷高于目标上限的时段激励广义储能进行放电,负荷超限部分的电量即为ISO期望响应电量。GESA根据ISO发布的需求信息,顾及广义储能资源的可调度容量及履约能力,在日前市场与ISO签订服务合同,依据合同中各时段的合约电量控制广义储能参与响应。ISO与GESA依照改进机制进行交易。

2.GESA与用户之间的下层交易业务

针对广义储能的控制策略问题,孙伟卿等提出了两种方案,即优先调用狭义储能和优先调用虚拟储能。本书借助广义储能响应电量的概率密度曲线,从达到相等响应置信水平所需调度的狭义储能响应电量的角度,探讨所提方案的优劣性,同时建立聚合商市场收益模型,对各方案进行可行性验证和收益测算,结果表明,优先调用虚拟储能参与响应更具经济性,且该结论由广义储能资源的响应特性所决定,具有普适性。

因此,本书设定GESA与ISO的合约电量即为虚拟储能的可调度容量。GESA向实际参与响应的虚拟储能用户提供经济激励,在虚拟储能优先响应的基础上,通过提前购入狭义储能来缓解响应不确定性,提高GESA服务质量。

9.3.3　GESA运营决策模型

基于改进机制及GESA运营机制,建立GESA参与DR市场的运营决策模型,优化GESA对各类储能资源的调控策略。

1.目标函数

目标函数为最大化GESA在优化周期T内参与DR的收益P_{GESA},即

$$\max\{P_{GESA}=(B_1+B_2)-(C_1+C_2+C_3+C_4)\} \tag{9.16}$$

式中,B_1为GESA合约收益;B_2为狭义储能放电收益;C_1为GESA激励虚拟储能响应的成本;C_2为狭义储能充电成本;C_3为GESA欠响应惩罚成本;C_4为狭义储能投资建设及运维成本。

(1)GESA合约收益。

该收益由2个部分组成:①合约电量以内的实际响应电量带来的收益,根据其响应率等级对应的合约补偿系数获取的相应合约奖励;②合约电量以外的过响应电量带来的收益。

$$B_1=\sum_{t=1}^{T}\min\{Q'_t,Q'_t\Omega_t\}\rho_e C_t^{con}-\sum_{t=1}^{T}\min\{Q_{all,t,dev},0\}\rho_s C_t^{con} \tag{9.17}$$

$$\Omega_t=\frac{(1-\lambda_t)Q'_t+\left[\eta^c Q^c_{t,NSES}+\dfrac{1}{\eta^d}Q^d_{t,NSES}\right]}{Q'_t} \tag{9.18}$$

$$Q_{all,t,dev}=(1-\Omega_t)Q'_t \tag{9.19}$$

式中,η^c和η^d分别为狭义储能的充电和放电效率;$Q^c_{t,NSES}$和$Q^d_{t,NSES}$分别为t时段狭义储能的充电和放电电量。

(2)狭义储能放电收益。

$$B_2=\sum_{t=1}^{T}\frac{1}{\eta^d}Q^d_{t,NSES}C_t^{con} \tag{9.20}$$

（3）GESA 激励虚拟储能响应的成本。

$$C_1 = \sum_{t=1}^{T} C_{\text{ves}}(1-\lambda_t)Q_t' \tag{9.21}$$

式中，C_{ves} 为 GESA 在虚拟储能实施合约交易后支付给用户的单位激励价格，用户总补偿费用按照其一个响应周期内的实际响应电量进行结算。

（4）狭义储能充电成本。

$$C_2 = \sum_{t=1}^{T} \eta^{c} Q_{t,\text{NSES}}^{c} C_t^{\text{con}} \tag{9.22}$$

（5）GESA 欠响应惩罚成本。

$$C_3 = \sum_{t=1}^{T} \max\{Q_{\text{all},t,\text{dev}},0\} C_t^{\text{puni}} \tag{9.23}$$

（6）狭义储能投资建设及运维成本。

$$C_4 = \frac{1}{365}\left[(c_{\text{ep}}P_{\text{NSES}} + c_{\text{ee}}E_{\text{NSES}})\frac{r(1+r)^y}{(1+r)^y - 1} + w_{\text{ee}}E_{\text{NSES}}\right] \tag{9.24}$$

式中，c_{ep} 和 c_{ee} 分别为狭义储能的单位功率成本和单位容量成本；P_{NSES} 和 E_{NSES} 分别为狭义储能的额定功率和额定容量；r 为折现率；y 为狭义储能的最大寿命，年；w_{ee} 为狭义储能的单位容量运行维护成本。

2.约束条件

（1）狭义储能充放电功率约束。

$$Q_{t,\text{NSES}}^{c} = P_{t,\text{NSES}}^{c}\Delta t, \quad t = 1,2,\cdots,T \tag{9.25}$$

$$Q_{t,\text{NSES}}^{d} = P_{t,\text{NSES}}^{d}\Delta t, \quad t = 1,2,\cdots,T \tag{9.26}$$

$$0 \leqslant P_{t,\text{NSES}}^{c} \leqslant \sigma_t^{c}P_{\text{max},\text{NSES}}^{c}, \quad t = 1,2,\cdots,T \tag{9.27}$$

$$0 \leqslant P_{t,\text{NSES}}^{d} \leqslant \sigma_t^{d}P_{\text{max},\text{NSES}}^{d}, \quad t = 1,2,\cdots,T \tag{9.28}$$

$$\sigma_t^{c} + \sigma_t^{d} \leqslant 1, \quad t = 1,2,\cdots,T \tag{9.29}$$

式中，$P_{t,\text{NSES}}^{c}$ 和 $P_{t,\text{NSES}}^{d}$ 分别为 t 时段狭义储能的充电和放电功率；$P_{\text{max},\text{NSES}}^{c}$ 和 $P_{\text{max},\text{NSES}}^{d}$ 分别为狭义储能的最大充电和放电功率；σ_t^{c} 和 σ_t^{d} 均为 $0-1$ 变量，当 $\sigma_t^{c}=1$、$\sigma_t^{d}=0$ 时，狭义储能充电，当 $\sigma_t^{c}=0$、$\sigma_t^{d}=1$ 时，狭义储能放电。

（2）狭义储能充放电量约束。

$$Q_{t,\text{NSES}} = Q_{t-1,\text{NSES}} + \eta^{c}Q_{t,\text{NSES}}^{c} - \frac{Q_{t,\text{NSES}}^{d}}{\eta^{d}}, \quad t = 1,2,\cdots,T \tag{9.30}$$

$$Q_{\text{min},\text{NSES}} \leqslant Q_{t,\text{NSES}} \leqslant Q_{\text{max},\text{NSES}}, \quad t = 1,2,\cdots,T \tag{9.31}$$

$$Q_{\text{min},\text{NSES}} = \tau_{\text{min}}E_{\text{NSES}} \tag{9.32}$$

$$Q_{\text{max},\text{NSES}} = \tau_{\text{max}}E_{\text{NSES}} \tag{9.33}$$

$$\sum_{t=1}^{T}Q_{t,\text{NSES}}^{c} - \sum_{t=1}^{T}Q_{t,\text{NSES}}^{d} = 0 \tag{9.34}$$

式中，$Q_{t,\text{NSES}}$ 为 t 时段狭义储能的荷电量；$Q_{\text{min},\text{NSES}}$ 和 $Q_{\text{max},\text{NSES}}$ 分别为狭义储能的最小和最大

荷电量;$\tau_{\min}$ 和 $\tau_{\max}$ 分别为狭义储能荷电量的最小和最大允许系数。

(3)GESA 服务水平机会约束。

$$\begin{cases} P(\mid 1-\Omega_t \mid \leqslant \Delta\varepsilon_m) \geqslant \beta \\ P(\mid 1-\Omega_t \mid \leqslant \Delta\varepsilon_{m+1}) < \beta \end{cases} \tag{9.35}$$

式中,β 表示 ISO 对 GESA 服务水平提出的要求。当且仅当该机会约束成立时,GESA 在该指定响应率区间内响应成功,按相应的合同补偿系数进行结算,否则在该区间内响应失败,不进入该资源等级的市场结算。

9.3.4 模型求解

本节建立了改进机制下 GESA 参与 DR 市场的运营决策模型,同时计及了聚合商服务水平的机会约束。采用蒙特卡罗模拟验证机会约束是否成立,模型求解流程图如图 9.8 所示。

步骤 1:ISO 发布响应任务及服务水平置信度要求,GESA 以此为依据初始化虚拟储能与狭义储能的配置容量。

步骤 2:令初始结算价格为准入资源对应的奖励价格,设定总模拟次数为 N,初始化计数器 a、b、k 均为 0。

步骤 3:依据各种影响因素单独作用下虚拟储能响应偏差系数的概率分布产生随机数(每组均为 nT 个),代入 GESA 运营决策模型,求解得到该组随机数下 GESA 的最大收益及各时段响应率。

步骤 4:判断 $\mid 1-\Omega_t \mid \leqslant \Delta\varepsilon_m$ 是否在各时段均成立(即响应偏差占比是否低于该等级的上限阈值),若成立则计数 $k=k+1$;进一步判断 $\mid 1-\Omega_t \mid \leqslant \Delta\varepsilon_{m+1}$ 是否成立(即响应偏差占比是否低于高一等级的上限阈值),若不成立则计数 $a=a+1$,若成立则继续判断 $\mid 1-\Omega_t \mid = 0$ 是否成立(即资源是否达到理想资源的标准),若成立则计数 $b=b+1$。重复上述步骤共 N 次。

步骤 5:判断 $k/N \geqslant \beta$ 是否成立,若不成立,说明此时 GESA 未达到该等级的服务要求,应立即调整其狭义储能的配置容量并重新求解;若成立,说明此时 GESA 已满足该等级的响应偏差上限。进一步判断 $a/N \geqslant \beta$ 且 $b/N < \beta$ 是否成立,若成立,说明此时 GESA 完全符合该资源等级的响应要求,在该等级进行结算,记录此时的配置方案及其对应的 GESA 收益与各时段响应率,并继续调整资源配置,直至 GESA 达到高一等级的响应要求;若不成立,说明此时的资源响应率已高于该等级的要求,则直接进入高等级进行结算。重复上述步骤,直至资源变为理想资源。

步骤 6:记录所有符合各等级要求的资源配置方案及其对应的 GESA 收益与各时段响应率,并为后续的改进机制效果分析提供数据支持。

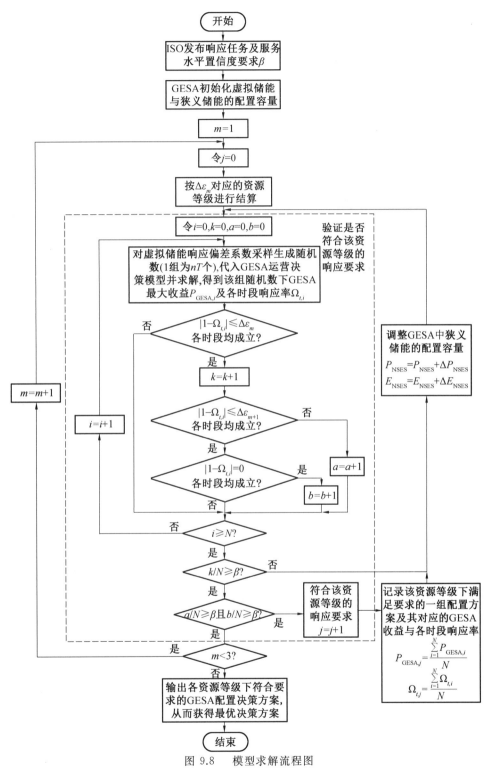

图 9.8　模型求解流程图

注：ΔP_{NSES} 和 ΔE_{NSES} 分别为狭义储能功率、容量配置调整量。

9.4 算 例 仿 真

本书采用美国 PJM 市场的负荷及电价数据进行统计分析。设定 ISO 于每日 00:00 发布负荷峰谷阈值及当日 DR 项目,峰时阈值 $L_{peak}=38$ MW·h,谷时阈值 $L_{valley}=30$ MW·h,超出阈值部分即为当日响应任务,设定优化周期 T 为 24 h,时段间隔为 1 h。ISO 对 DR 服务提供者的服务水平置信度要求取为 0.9。针对改进的 DR 奖励机制,本书定义合同补偿系数 ρ_e 以量化奖励价格差异,其中,基础补偿系数取为 2,动态补偿系数的相关参数设置见表 9.3,响应率－价格相关度取为 1。针对考虑响应偏差电量的动态惩罚机制,设定过响应补偿系数为 0.5,合理偏差系数为 0.05,超过限额部分的惩罚价格增长系数为 0.002。

表 9.3 动态补偿系数的相关参数设置

资源类型	响应偏差占比	动态补偿系数
高度可靠资源	$0.00 < \Delta\varepsilon \leqslant 0.04$	0.9
较可靠资源	$0.04 < \Delta\varepsilon \leqslant 0.08$	0.7
准入资源	$0.08 < \Delta\varepsilon \leqslant 0.12$	0.5
受禁资源	$\Delta\varepsilon > 0.12$	

假设现有某 GESA 处于成立初期,其聚合的虚拟储能资源具有较大的不确定性,故对用户响应偏差系数随机分布的相关参数进行选取,其中,$\mu_i=0.1$,特性系数 $\alpha=0.1$。本算例中 GESA 选用锂离子电池作为预先装设的狭义储能资源,其相关参数见表 9.4。

表 9.4 狭义储能相关参数

参数	数值
单位容量成本	220 \$/(kW·h)
单位功率成本	70 \$/kW
单位容量运维成本	1.45 \$/(kW·h)
充放电效率	90%
寿命	10 a
折现率	5%
SOC 的最小／最大约束值	$0.1E_{NSES}/0.9E_{NSES}$
初始电量	$0.1E_{NSES}$

基于上述数据,在 MATLAB 软件环境中,利用嵌入蒙特卡罗随机模拟的粒子群算法对改进 DR 交易机制下 GESA 的运营决策模型进行求解。

9.4.1 不同方案下 GESA 响应效果分析

为研究多种不确定因素对用户响应行为的影响程度,选取上海市部分居民电力用户开展线上调研,总计发放问卷 400 份,收回有效问卷 378 份。为确保样本的广泛性和代表性,此次问卷调查涵盖了不同特性的调查对象,如年龄、职业、家庭收入等。对调查结果取均值,并基于判断矩阵法求解多影响因素的盲数模型,可得电价变化率、经济激励水平及用户用能舒适度对应的可信度分别为:$\gamma_1 = 0.238$,$\gamma_2 = 0.727$,$\gamma_3 = 0.035$。

基于 9.3.2 节 GESA 运营机制共设定 3 种运营方案,如下所示。

方案 1:仅靠虚拟储能资源参与 DR 项目。

方案 2:引入部分狭义储能以将资源调整为较可靠资源。

方案 3:增大狭义储能配置容量进而将资源调整为高度可靠资源。

图 9.9~9.11 显示了不同运营方案 GESA 实际响应电量。可以看出,以方案 1 参与市场时,由于受多种客观因素影响,其响应行为各时段均存在一定程度的偏差,由表 9.5 中各时段响应率可知该方案资源属于准入,但其大规模响应偏差电量使得 GESA 在改进机制下仍面临较大的偏差惩罚;以方案 2 参与市场时,确定性资源的加入抵消了方案 1 中的部分响应偏差电量,降低了虚拟储能随机行为带来的经济影响,但由于狭义储能的容量有限,方案 2 无法完全抵消方案 1 中的欠响应电量,故其只能在现货市场电价较低的时段进行充电并选择偏差惩罚较高的时段进行放电,因此,狭义储能设备的充电响应集中于时段 1~7,放电响应集中于时段 14~18 及 21,22,以避免 GESA 在高峰时段受到高额的偏差惩罚,最大限度地提升自身收益;方案 3 继续增大狭义储能配置容量,将资源调整为高度可靠资源参与 DR市场,相较于方案 2,该方案可以基本抵消所有时段的欠响应电量。

表 9.5　不同运营方案下 GESA 响应数据

时段	响应率			NSES 响应量占比		
	方案 1	方案 2	方案 3	方案 1	方案 2	方案 3
1	89.88%	106.53%	103.67%	0	15.63%	13.30%
2	89.70%	107.89%	104.00%	0	16.86%	13.75%
3	89.73%	107.66%	103.97%	0	16.66%	13.70%
4	89.62%	107.71%	104.00%	0	16.80%	13.83%
5	90.02%	106.98%	103.69%	0	15.85%	13.19%
6	89.56%	107.76%	103.90%	0	16.89%	13.80%
10	90.14%	93.85%	96.11%	0	3.95%	6.21%
11	89.93%	94.68%	96.38%	0	5.02%	6.69%
12	89.88%	94.82%	97.33%	0	5.21%	7.66%
13	89.40%	95.03%	98.23%	0	5.92%	8.99%
14	90.19%	95.05%	99.25%	0	5.11%	9.13%
15	89.78%	95.32%	99.38%	0	5.81%	9.66%
16	89.44%	95.43%	99.79%	0	6.72%	10.37%
17	89.97%	95.40%	99.54%	0	5.69%	9.61%
18	89.66%	95.38%	99.33%	0	6.00%	9.74%
19	90.16%	93.95%	96.27%	0	4.03%	6.34%

续表9.5

时段	响应率			NSES 响应量占比		
	方案 1	方案 2	方案 3	方案 1	方案 2	方案 3
20	89.71%	94.83%	96.56%	0	5.40%	7.09%
21	89.32%	95.28%	99.86%	0	6.25%	10.55%
22	89.62%	95.23%	99.67%	0	5.89%	10.08%

注:表中只包含合约电量不为零的时段。

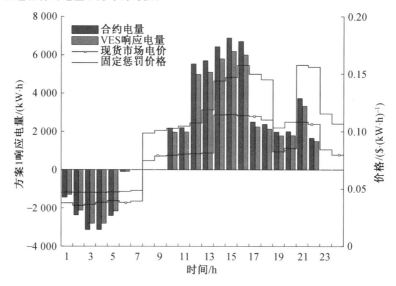

图 9.9　方案 1 GESA 实际响应电量

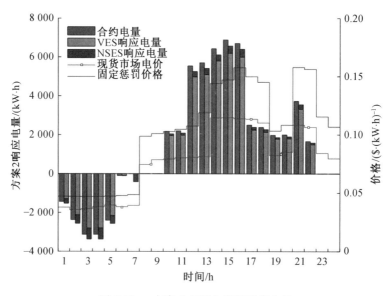

图 9.10　方案 2 GESA 实际响应电量

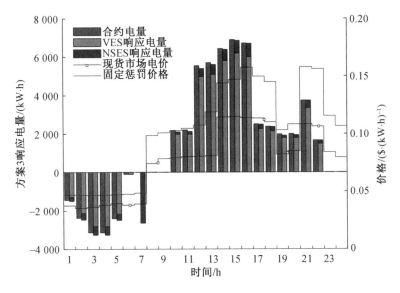

图 9.11　方案 3 GESA 实际响应电量

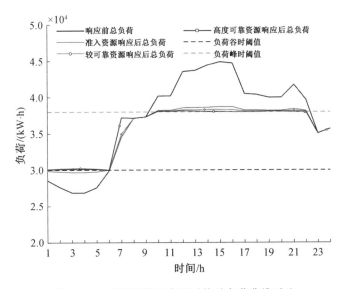

图 9.12　不同运营方案下系统总负荷曲线对比

不同运营方案下系统总负荷曲线对比如图 9.12 所示。可以看出,高度可靠资源响应后总负荷曲线基本控制在峰谷阈值以内,负荷得到了有效平抑,大大提高了电网运行的安全性与稳定性。

9.4.2　不同运营方案下 GESA 配置策略及收益对比

不同运营方案下 GESA 净收益及其对应的狭义储能资源配置容量如图 9.13 所示。

基于考虑响应率差异的 DR 交易机制,随着资源由准入资源分别提升为较可靠资源和高度可靠资源,狭义储能配置容量分别为 3.312 MW·h、5.520 MW·h,配置功率分别为 2.981 MW、4.968 MW,日储能成本增加量依次为 345.72 \$、576.19 \$,GESA 日净收益由

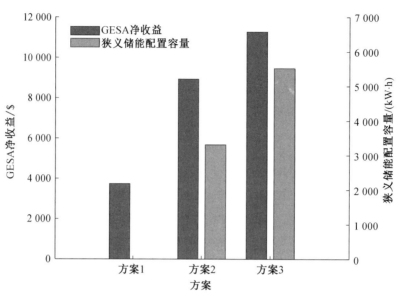

图 9.13　不同运营方案下 GESA 净收益及其对应的狭义储能配置容量

3 741.04 $ 分别提高为 8 933.54 $、11 268.73 $。狭义储能的引入虽增大了 GESA 投资成本,但在很大程度上弥补了虚拟储能的不确定性,随着需求侧资源质量的不断提高,GESA净收益存在明显的上升空间。可见,改进机制可为 GESA 提供显著的经济驱动,引导其主动调整广义储能的配置比例,通过改善服务质量来获取更高的经济效益。

此外,为衡量 GESA 存在的价值,基于改进机制,令虚拟储能和狭义储能分别作为 2 个独立的市场主体参与 DR 项目,进行收益测算,并与经 GESA 聚合后的收益情况形成对比,测算结果见表 9.6。

表 9.6　无 GESA 聚合场景下各市场主体收益测算

指标	方案 1	方案 2	方案 3
VES 期望响应电量 /(kW·h)	62 470	62 470	62 470
VES 实际响应偏差占比	10.23%	10.23%	10.23%
NSES 配置容量 /(kW·h)	—	3 312	5 520
NSES 实际响应偏差占比	—	0	0
VES 独立参与市场的净收益 / $	3 741.05	3 741.05	3 741.05
NSES 独立参与市场的净收益 / $	—	807.77	1 161.88
VES 与 NSES 独立参与市场的总净收益 / $	3 741.05	4 548.82	4 902.93
聚合后 GESA 响应偏差占比	10.23%	5.80%	2.40%
聚合后 GESA 净收益 / $	3 741.05	8 933.54	11 268.74

由表 9.6 可知,虚拟储能资源作为独立市场主体参与响应时,由于自身资源的不确定

性,实际响应偏差占比高达 10.23%,在改进机制作用下,仅可作为准入资源参与市场,服务精度较差,单位奖励价格较低,同时,大规模响应偏差电量使其在动态惩罚规则下面临高额的惩罚成本,导致其经济性不高,净收益仅为 3 741.05 \$。狭义储能作为独立市场主体参与响应时,确定性响应特性使其在差异化奖励机制下作为高度可靠资源参与市场,并以最优等级的奖励单价进行结算,具有较好的经济性,但由于狭义储能资源的引入旨在平抑虚拟储能响应过后的响应量差额,整体规模较小,导致总收益并不高。

对比本书有 GESA 存在的场景可知,以聚合后的广义储能综合体协同参与市场交易,响应偏差占比得到了明显的改善,分别降低为 5.80%、2.40%。对虚拟储能资源而言,GESA 的存在使其在响应效果不变的前提下,有资格作为优质资源进入 DR 市场,从而获取更高的合约收益,降低惩罚成本;对狭义储能资源而言,聚合后协同响应的方式不仅没有对其原有的价值产生影响,还因提高了虚拟储能的经济性而获得了额外的间接价值。通过分析各市场主体的收益可知,经 GESA 聚合后的市场净收益相较于狭义储能与虚拟储能分别独立参与市场的净收益之和更高,由此可知,GESA 在对各市场主体进行聚合的过程中创造了更大的价值,在提高响应质量的同时获取了更高的收益,有助于多利益主体实现共赢。

9.4.3　不同交易机制下 GESA 优化运营效益分析

为衡量改进机制对 GESA 运营效益的影响,按照是否有改进机制的实施,设置 3 个典型场景来对比分析 GESA 的运营效果,场景划分如下。

场景 1:无差异化奖励机制及动态惩罚规则。

场景 2:仅考虑动态惩罚规则。

场景 3:考虑响应率差异的 DR 改进机制。

基于这 3 个场景对 GESA 运营决策模型进行优化求解,各场景下 GESA 优化运营结果见表 9.7。

表 9.7　各场景下 GESA 优化运营结果

场景	GESA 日净收益 / \$	欠响应惩罚成本 / \$	NSES 投资建设及运维成本(分摊到天) / \$	平均欠响应偏差占比 / %	平均过响应偏差占比 / %
1	6 727.16	749.30		10.23	
2	7 618.60	396.96	328.18	5.43	8.74
3	11 268.73	81.17	576.19	1.72	3.87

由表 9.7 可知,场景 1、2、3 分别对需求侧实施不同的交易机制,其响应结果差异较大。场景 1 对 DR 服务采用固定奖励价格,GESA 响应积极性一般,另由于缺少对偏差考核费用及偏差电量规模的关联度分析,GESA 单方面追求利益最大化,出现了较严重的响应偏差,直接导致其日净收益最低。场景 2 在场景 1 的基础上考虑动态惩罚规则,合理偏差范围的设定及超限部分惩罚力度的动态增长促使 GESA 提前购入狭义储能,确定性资源的引入虽使日投资建设及运维成本增加了 328.18 \$,但相较于场景 1,平均欠响应偏差占比降低了 4.80%,欠响应惩罚成本减少了 352.34 \$,净收益增加了 891.44 \$,响应积极性得以提升。

场景3对需求侧实施改进机制,差异化奖励价格驱使GESA在场景2的基础上进一步增大对狭义储能资源的投资力度,提高响应精度至最优等级以获取更高的收益,优化结果显示,场景3平均欠响应偏差占比仅有1.72%,欠响应惩罚成本最低,过响应情况也较场景2有所减少,合同执行效果最好,同时,GESA净收益较场景1、2分别增加了 4 541.57 \$ 和 3 650.13 \$,经济效益最高,响应积极性最高。

综上所述,改进机制可有效解决需求侧资源服务质量较差的问题,较好地约束需求侧向系统提供足额、可靠的响应服务,降低系统运行风险。

9.4.4 敏感性分析

通过对比改进机制中相关参数的变化与GESA净收益之间的关联可知,不同价格参数对GESA净收益的影响有所差异,进而对其运营策略产生影响。本书从响应率－价格相关度、基础补偿系数及动态补偿系数间隔3个方面来进行敏感性分析。

1.响应率－价格相关度

响应率－价格相关度 ξ 反映了DR项目中聚合商聚合资源的实际响应电量占合约电量的比值与其获得的单位奖励价格之间的关联程度,ξ 越大则关联程度越高。图9.14 显示了不同响应率－价格相关度下 GESA 的净收益,可以看出,随着 ξ 的升高,不同资源等级之间的奖励差异不断增大,从而促使聚合商在高度差异化奖励机制下更倾向于通过提高聚合资源的响应率来获取更高的经济效益。

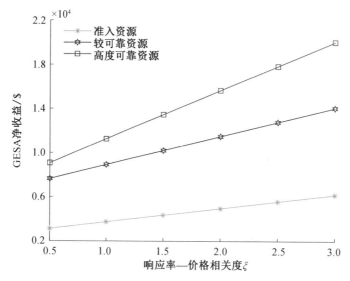

图 9.14　不同响应率－价格相关度下的 GESA 净收益

2.基础补偿系数

基础补偿系数 μ_{base} 直接关系到 GESA 的服务效益,选取不同数值进行多次仿真,得到表9.8。可见,GESA净收益与 μ_{base} 成正相关,当 $\mu_{base}=1.2$ 时,准入资源的净收益甚至为负,此时 GESA 将不再参与 DR 市场。

表 9.8　基础补偿系数对 GESA 净收益的影响

基础补偿系数	GESA 净收益 / $		
	准入资源	较可靠资源	高度可靠资源
1.0	−1 176.80	3 699.98	5 850.83
1.2	−193.23	4 746.69	6 934.41
1.4	790.34	5 793.40	8 017.99
1.6	1 773.91	6 840.12	9 101.57
1.8	2 757.48	7 886.83	10 185.15
2.0	3 741.04	8 933.54	11 268.73
2.2	4 724.61	9 980.25	12 352.32

3.动态补偿系数间隔

图 9.15 展示了不同动态补偿系数间隔及不同等级资源下的 GESA 净收益。

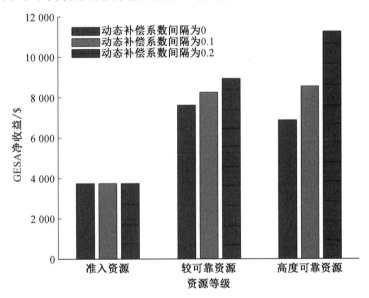

图 9.15　不同动态补偿系数间隔及不同等级资源下的 GESA 净收益

　　动态补偿系数间隔为 0 时,所有运营方案的单位奖励价格均一致,GESA 基于收益最大化原则将选择改善资源质量至较可靠资源,但该响应效果对电网的安全稳定运行并非最优。为鼓励需求侧提供高质量响应服务,分别增大动态补偿系数间隔至 0.1 和 0.2。动态补偿系数间隔为 0.1 时,高度可靠资源获益大于较可靠资源,但两者收益差距微小,不足以为 GESA 提供经济驱动;动态补偿系数间隔为 0.2 时,高度可靠资源获益远大于其他等级资源,GESA 优化运营策略与 ISO 目标一致,有利于实现共赢。

　　通过对响应率－价格相关度、基础补偿系数及动态补偿系数间隔进行敏感性分析,发现 3 个价格参数均对 GESA 收益构成较大影响。单纯从优化运营的角度来看,并不能确定改进机制参数的最优值,在实际运行过程中,需 ISO 与 GESA 之间进行博弈与协商,根据电网对 DR 服务质量的需求,以实现共赢为前提,确定双方都可以接受的参数值。

9.5　本 章 小 结

本章针对需求侧提供响应服务的质量问题,设计了一种考虑响应率差异的 DR 交易机制。在此基础上,为确保需求侧获得可观的经济收益,构建了基于改进机制的 GESA 运营决策模型。最后,求解多方案下 GESA 的最优运营策略,并进行仿真分析。研究得到以下结论:

(1)考虑用户响应的不确定性,利用盲数理论表示多影响因素的可信度,并结合单一影响因素作用下用户响应偏差系数的随机分布,定量分析各时段用户实际响应情况,相较于传统的 DR 不确定性建模,能反映出用户响应不确定性的成因。

(2)针对需求侧服务水平提出响应资源质量评估指标,制定差异化调度奖励机制及偏差电量的动态惩罚机制,相较于未考虑响应率差异的交易机制,能客观反映需求侧资源的响应精度及其给系统带来的价值,营造按质结算的公平交易环境。

(3)广义储能是需求侧各类可控电力资源的统称,利用高响应精度、高成本的狭义储能和低响应精度、低成本的虚拟储能协同参与市场,既缓解了 DR 的不确定性,又降低了响应成本。

(4)在改进机制作用下,随着广义储能资源可靠性的提高,GESA 净收益存在明显的上升空间,在经济驱动下,GESA 将对其资源配置比例进行调整,主动提高资源响应率,为电网提供更加优质的响应服务,实现各参与主体的利益最大化。

参 考 文 献

[1] HUANG Wujing,ZHANG Ning,KANG Chongqing,et al. From demand response to integrated demand response:review and prospect of research and application[J]. Protection and Control of Modern Power Systems,2019,4(2):148－158.

[2] MEDIWATHTHE C P,STEPHENS E R,SMITH D B. Competitive energy trading framework for demand－side management in neighborhood area networks[J]. IEEE Transactions on Smart Grid,2017,5(9):4313－4322.

[3] MING Hao,XIA Bainan,LEE K Y,et al. Prediction and assessment of demand response potential with coupon incentives in highly renewable power systems[J]. Protection and Control of Modern Power Systems,2020,5(2):124－137.

[4] 杨秋霞,高辰,刘同心,等. 考虑柔性负荷的含光伏电力系统模糊随机优调度风险研究[J]. 太阳能学报,2020,41(7):142－151.

[5] 王蓓蓓. 面向智能电网的用户需求响应特性和能力研究综述[J]. 中国电机工程学报，2014,34(22):3654－3663.

[6] 罗纯坚,李姚旺,许汉平,等. 需求响应不确定性对日前优化调度的影响分析[J]. 电力系统自动化,2017,41(5):22－29.

[7] ZHAO Chaoyue,WANG Jianhui,WATSON J P,et al. Multi-stage robust unit commitment considering wind and demand response uncertainties[J]. IEEE Transactions on Power Systems,2013,28(3):2708－2717.

[8] YI Wenfei,ZHANG Yiwei,ZHAO Zhibin,et al. Multiobjective robust scheduling for smart distribution grids:considering renewable energy and demand response uncertainty[J]. IEEE Access,2018,6:45715－45724.

[9] 孙伟卿,向威,裴亮,等. 电力辅助服务市场下的用户侧广义储能控制策略[J]. 电力系统自动化,2020,44(2):68－76.

[10] 王蓓蓓,孙宇军,李扬. 不确定性需求响应建模在电力积分激励决策中的应用[J]. 电力系统自动化,2015,39(10):93－99,150.

[11] 张晶晶,张鹏,吴红斌,等. 负荷聚合商参与需求响应的可靠性及风险分析[J]. 太阳能学报,2019,40(12):3526－3533.

[12] 张嘉堃,韦钢,朱兰,等. 基于盲数模型的含分布式电源配电网供电能力评估[J]. 电力系统自动化,2016,40(8):64－70.

[13] 郭亦宗,冯斌,岳铂雄,等. 负荷聚合商模式下考虑需求响应的超短期负荷预测[J]. 电力系统自动化,2021,45(1):79－94.

[14] 孙伟卿,刘晓楠,向威,等. 基于主从博弈的负荷聚合商日前市场最优定价策略[J]. 电力系统自动化,2021,45(1):159－169.

[15] 蔡亮,向铁元,黄辉. 发电系统可靠性评估的盲数模型和指标[J]. 电网技术,2003,27(8):29－32.

[16] ZHENG Shunlin,SUN Yi,LI Bin,et al. Incentive-based integrated demand response for multiple energy carriers under complex uncertainties and double coupling effects[J]. Applied Energy,2021,283:116254－116257.

[17] 程林,齐宁,田立亭. 考虑运行控制策略的广义储能资源与分布式电源联合规划[J]. 电力系统自动化,2019,43(10):27－35,43.

[18] MING Hao,XIE Le,CAMPI M C,et al. Scenario-based economic dispatch with uncertain demand response[J]. IEEE Transactions on Smart Grid,2019,10(2):1858－1868.

[19] 赵洪山,刘然. 奖惩机制下虚拟电厂优化调度效益分析[J]. 电网技术,2017,41(9):2840－2847.

[20] 国家电力监管委员会. 美国电力市场[M]. 北京:中国电力出版社,2005:103－327.

[21] 茆美琴,刘云晖,张榴晨,等. 含高渗透率可再生能源的配电网广义储能优化配置[J]. 电力系统自动化,2019,43(8):77－85.

[22] 王承民,孙伟卿,衣涛,等. 智能电网中储能技术应用规划及其效益评估方法综述[J].

中国电机工程学报,2013,33(07):33－41,21.

[23] 李宏仲,张仪,孙伟卿.小波包分解下考虑广义储能的风电功率波动平抑策略[J].电网技术,2020,44(12):4495－4504.

[24] 胡荣,张宓璐,李振坤,等.计及可平移负荷的分布式冷热电联供系统优化运行[J].电网技术,2018,42(3):715－721.

[25] 于娜,李伟蒙,黄大为,等.计及可转移负荷的含风电场日前调度模型[J].电力系统保护与控制,2018,46(17):61－67.

[26] 艾欣,周树鹏,赵阅群.基于场景分析的含可中断负荷的优化调度模型研究[J].中国电机工程学报,2014,34(S1):25－31.

[27] 孙毅,刘昌利,刘迪,等.面向居民用户群的多时间尺度需求响应协同策略[J].电网技术,2019,43(11):4170－4177.

[28] 李亦言.城市电网源－荷调控能力提升关键技术研究[D].上海:上海交通大学,2019.

[29] 张鹏,李春燕,张谦.基于需求响应调度容量上报策略博弈的电网多代理系统调度模式[J].电工技术学报,2017,32(19):170－179.

第10章 考虑需求响应收益的售电商储能配置与日前定价策略

未来,需求响应将逐步发展为受众更广、精度更高、响应更快的动态需求响应(dynamic demand response,DDR)策略。随着电力物联网的持续建设,互联网将与智能电网深度融合,逐步形成能源互联网。传感器将电网中数以亿计的设备连接起来,数据实时接入云端,实现更短时间尺度内对需求侧和供应侧的灵活动态调整,对提高 DR 精度、创新 DR 方法具有重要意义。

实时电价(real-time price,RTP)能够更好地促进资源优化配置,被认为是激励用户参与 DR 的理想市场化机制。RTP 能够为用户提供价格导向,帮助优化用电模式,并且能在紧急状态下为电力系统快速分配资源。Hassan 等提出,DDR 即通过 RTP 等手段实现电网动态供需平衡。未来,通过 RTP 实现规模化、常态化 DR 将成为可能。但在实际应用中,用户侧资源类型变化多样,使得仅仅基于 RTP 的 DR 存在较大的不确定性,进而导致 DR 项目经济效益难以达到预期。

储能系统(energy storage system,ESS)不仅具有将电能的生产和消费从时间和空间上分隔开来的能力,同时具有较高的可控性与响应精度,因此成为未来新型电力系统的关键支撑技术之一。ESS 已被逐步应用于 DR 项目中。然而,目前 ESS 成本仍然居于高位,因此利用 ESS 参与 DR 尚不具备经济性。

综合上述分析,利用 RTP 作为 DR 手段,其优点在于常态化、低成本,缺点在于响应精度低;ESS 优点在于响应精度高,缺点在于投资成本高。因此,考虑 RTP 定价与 ESS 运行策略结合,两者同时作为 DR 手段,利用 ESS 的确定性弥补 DR 的不确定性,提高 DR 精度的同时减少 ESS 投资与运维成本。

传统售电商以售电和提供用电服务为主要业务,代表的是一种公共和基础的底层服务。随着智能电网技术的突破,以先进的双向通信网络为支撑,利用负荷聚合技术、智能调控技术,售电商可以购买 ESS 设备,以租赁 ESS 设备、云 ESS、共享 ESS 等形式,利用其 RTP 定价权及 ESS 充放电灵活的优势,代理大量分布式用户参与 DR 项目。这对于售电商而言,既丰富了服务内涵又提高了市场收益。

本章将立足于售电商角度,考虑通过合理制定 RTP、配置 ESS 方式,聚合用户并且充分挖掘需求侧潜力以参与 DR 项目,不仅能够帮助售电商提高市场收益,同时能够促进电力供需平衡。

10.1 需求响应项目实施架构与交易流程

传统售电商以售电和提供用电服务为主要业务。随着智能电网与电力市场的不断完善,售电商类型及服务内涵获得了扩充,可以采用激励手段聚合用户参与 DR 服务。售电商需要根据外部环境数据和用户用电数据来分析并预测用户调节行为,进而选择合适的 DR 激励机制,包括价格型 DR 和激励型 DR,然后根据用户响应行为制定最优的 DR 策略。

本章基于以下假设:在配网侧的一定区域内,存在一个售电商与 N 个自主选择使用 RTP 的用户。售电商由于积累了大量历史用电量与 RTP 数据,可以借助深度学习对用户响应行为建立动态特性模型,进而优化 RTP 机制及配置 ESS 系统来提高 DR 响应精度,因此以负荷聚合商的身份参与 DR 项目,意图增加额外市场收益。

市场参与主体关系如图 10.1 所示,机制采用适应中国初期电力现货市场需求侧的报量不报价模式,即在日前市场中售电商仅申报负荷需求而不申报价格,RTP 仅作为引导 DR 的价格信号;在实时市场中售电商无须报价,根据超短期负荷预测重新进行出清,并依据最新 RTP 进行结算。

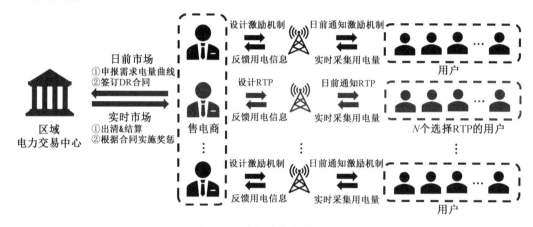

图 10.1　市场参与主体关系

10.1.1　需求响应项目相关利益主体

在 DR 项目中,主要涉及以下三种主体。

1.电力交易中心

电力交易中心为非营利机构,是独立于发输配用各利益方的独立个体,负责电力市场的运作。在 DR 项目进行过程中,电力交易中心根据售电商日前申报情况进行汇总、预出清,根据供给情况制定、分解 DR 计划,与愿意参与 DR 的售电商签订合同。最终,电力交易中心根据售电商实际响应情况与承诺响应量实施奖惩。

2.售电商

售电商与电力交易中心不同,是营利性质的主体。因此,除了传统的购售电业务外,售电商具有充分的理由与动力去聚合所服务的合同用户,通过挖掘需求侧潜力参与 DR 项目,以提高自身市场收益。在 DR 项目进行过程中,售电商与电力交易中心签订 DR 合同后,需要制定合适的 DR 策略来引导用户改变自身用电行为。而用户响应情况将直接影响到 DR 项目收入,因此售电商需要充分掌握用户调节响应能力,即不同策略下的响应量,才能制定使得自身经济性最大的 DR 策略。

3.用户

一般中小型用户难以直接与发电企业进行购电交易,必须通过售电商间接地参与电力市场。中小型用户数量较多,售电商无法直接对这些用户负荷进行管理。但是,中小型用户具有巨大的 DR 潜力。因此,科学、合理地制定激励机制引导该类用户参与 DR 是未来一大趋势。单个中小型用户用电量小、负荷特性差异较大,但是聚合后总用电量大、负荷特性呈周期性规律。激励中小型用户的难点在于不同时段下,受到外界因素影响,用户响应行为均不同。若利用传统弹性系数方法表征负荷调节能力将导致响应偏差,进而影响 DR 项目经济性。因此,掌握每一时段用户总需求曲线至关重要。

10.1.2　交易流程

日前市场与实时市场交易流程如图 10.2 所示。

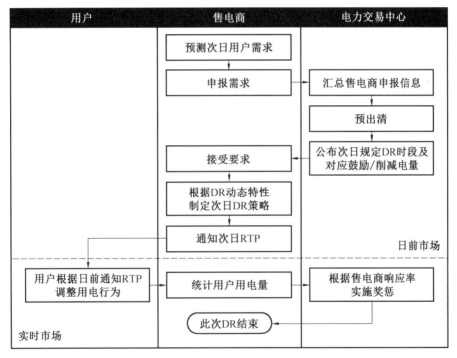

图 10.2　日前市场与实时市场交易流程

1.日前市场

电力交易中心与售电商签订 DR 服务合同。售电商需要掌握该区域内的 DR 动态特性,合理制定 RTP 引导用户参与 DR,并将第二天各时段的 RTP 提前通知用户。当 DR 合同要求削减用电时,售电商可以通过上调 RTP 及令 ESS 放电进行响应;反之,当 DR 合同要求鼓励用电时,售电商可以通过下调 RTP 及令 ESS 充电进行响应。

此外,售电商日前公布 RTP 并非实时市场出清价格,而是一种面向电力用户的 DR 信号。由于实时运行中的用电量与日前预期存在差异,因此实时市场最新 RTP 与日前公布 RTP 略有不同,但整体趋势一致。由于越临近实时用户弹性越小,换而言之,实时市场中用户难以及时对最新 RTP 进行响应,因此作为 DR 信号,日前 RTP 的制定尤为关键。

本章后续运行模型依据的是日前市场,而实时市场履行的是对日前市场中 DR 合同的核对与结算。本章后续对实时市场中 RTP 及 ESS 充放电曲线的更新方法不做详细的展开。

2.实时市场

在实时运行中,电力交易中心将根据售电商日前申报电量、实际购电量、DR 服务合同中规定的鼓励/削减电量进行核对,并实施奖惩。RTP 定价和 ESS 运行策略不合理将导致用户过响应或欠响应。以表 10.1 所示需求响应项目每小时奖励资金核算原则为例,过响应或欠响应非但得不到奖励,还有可能遭受惩罚。

表 10.1　需求响应项目每小时奖励资金核算原则

响应率 Ω	奖惩制度
$\Omega > 150\%$	违约响应,超出部分不奖励
$70\% \leqslant \Omega \leqslant 150\%$	实际响应量×奖励标准
$60\% \leqslant \Omega \leqslant 70\%$	50%×实际响应量×奖励标准
$\Omega < 60\%$	违约响应,不足部分惩罚

注:响应率 Ω 为实际响应量与承诺响应量的比值。

由此可见,售电商需要充分掌握用户用电特性,通过调整 RTP 及 ESS 充放电曲线来最大程度提高自身收益。需要指出的是,表 10.1 中响应率达到 150% 时,并不一定代表售电商可以获取最大市场效益,因为 RTP 变化会同时影响电量电费收入及 ESS 充放电收入。因此,售电商亟须准确获取不同时段内 RTP 与用电量之间的关系来进行 DR 项目收益测算。

10.2　基于数据驱动的需求响应动态特性模型

日前签订的 DR 服务合同中规定了次日的响应时段与对应鼓励或削减电量,售电商势必需要通过调整 RTP 引导用户进行响应,因此其对 DR 动态特性的掌握程度对制定规定响应时段内最优 RTP 具有决定性作用。

针对 RTP 机制的研究通常分为两步:第一步,对 RTP 机制下用户用电响应行为建模;第二步,提出以社会效益最大化或者售电商收益最大化为目标的 RTP 定价方案。但是,目前研究中用户用电响应行为建模方法均为模型驱动,较为依赖假设条件,精度较低以至于难以准确地捕捉用户对 RTP 的动态响应行为。

因此,本章利用原有 RTP 背景下积累的历史数据,提出改进 CNN－LSTM 模型建立以用电量为输入、RTP 为输出的 DR 动态特性函数。卷积神经网络(convolutional neural networks,CNN)和长短期记忆网络(long short-term memory,LSTM)的非线性导致两者在捕捉输入尺度变化方面的性能较差,降低了预测精度。因此,本章对 CNN－LSTM 模型进行改进,旨在提高模型精度和鲁棒性。

10.2.1　需求响应动态特性

DR 动态特性指用户用电量与外界因素之间的变化关系。由于天气、温度等外界因素非人为可控,RTP 是本章中售电商针对用户唯一的直接激励措施,因此 DR 动态特性特指用户用电量与 RTP 之间关系。

若将 RTP 作为模型输入,用电量作为输出,即为传统意义上考虑 RTP 的用电量预测;反之,若将用电量作为输入,RTP 作为输出,训练得到逆需求函数,可以绘制每一时段内的需求曲线,进而帮助售电商合理制定 RTP,通过 DR 项目获取更多市场收益。以削减用电为例,RTP 定价过高,引起用户过响应,可能影响电费收入;反之,若定价过低,则会导致响应不足,影响 DR 合同收入。

由于逆需求函数更方便售电商用于收益测算,本章将 DR 动态特性输入设为用户用电量,输出为对应时段的 RTP:

$$\lambda_t = F_t(E_t) \tag{10.1}$$

式中,E_t 为第 t 时段用户总用电量;λ_t 为第 t 时段对应的 RTP;$F_t(\cdot)$ 为第 t 时段 DR 动态特性函数,即逆需求函数。

售电商对 DR 动态特性的掌握程度对制定规定响应时段内最优运行策略具有决定性作用。换言之,以式(10.1)表征的 DR 动态特性的准确性是售电商能否获取更多收益的关键。

10.2.2　改进 CNN－LSTM 模型

近年来,LSTM、门控循环单元(gated recurrent unit,GRU)等循环神经网络(recurrent neural network,RNN)系列模型在电力系统非线性时序拟合问题中表现出高精度,但是为了保证数据能够被长时间地记忆,难以像 CNN 一样大规模并行处理数据,即牺牲效率换来精度。于是有学者提出 CNN－LSTM 模型,利用 CNN 提取输入数据的潜在特征来作为 LSTM 的输入。但是,Lai 等发现 CNN 和 LSTM 的非线性结构导致两者在捕捉数据输入尺度变化方面的性能较差,进而降低了预测精度。

因此,本章对传统 CNN－LSTM 模型进行改进,将模型分为线性与非线性两部分,旨在提高模型精度和鲁棒性。

1.CNN 模型

CNN 是一种包含输入层、卷积层、池化层、全连接层和输出层的前馈神经网络。其中,卷积运算可以实现稀疏相乘和参数共享,实现压缩输入维度。CNN 可以被理解为一种输入公共特征的提取过程。CNN 优点在于共享卷积核,减少模型参数量;网络越深,抽象信息越丰富。

首先,利用 m 层 CNN 提取数据特征:

$$\begin{cases} \boldsymbol{C}_{t,1} = \varphi_1(\boldsymbol{X}_t^{\mathrm{T}}) \\ \boldsymbol{C}_{t,2} = \varphi_2(\boldsymbol{C}_{t,1}) \\ \quad\cdots \\ \boldsymbol{C}_{t,m} = \varphi_m(\boldsymbol{C}_{t,m-1}) \end{cases} \tag{10.2}$$

$$\varphi_i : \begin{cases} \boldsymbol{R}^{\tau \times n} \rightarrow \boldsymbol{R}^{\tau \times \theta}, & i=1 \\ \boldsymbol{R}^{\tau \times \theta} \rightarrow \boldsymbol{R}^{\tau \times \theta}, & i=2, \cdots, m \end{cases} \tag{10.3}$$

式中，$\boldsymbol{X}_t^{\mathrm{T}} = [X_{t-\tau+1}; X_{t-\tau+2}; \cdots; X_t] \in \boldsymbol{R}^{\tau \times n}$ 为第 t 时段模型的输入数据；t 为滑动时间窗长度；n 为特征个数；φ_i 为含 q 个卷积核的二维卷积（Conv2d）。其中，每个卷积核均采用 LeakyReLu 作为激活函数；$\boldsymbol{C}_{t,m} \in \boldsymbol{R}^{t \times q}$ 为 m 层 CNN 提取的特征结果。此外，为防止过拟合，每层特征结果后加入 Dropout 层。

2. LSTM 模型

LSTM 是一种基于 RNN 改进的神经网络，解决了 RNN 因"梯度弥散"而导致无法长距离传输的依赖问题。LSTM 模型第 t 时段内的输入为 m 层 CNN 所提取的特征结果 $\boldsymbol{C}_{t,m}$，计算公式为

$$\begin{cases} \boldsymbol{f}_t = \sigma(\boldsymbol{W}_{if}\boldsymbol{C}_{t,m} + \boldsymbol{b}_{if} + \boldsymbol{W}_{hf}\boldsymbol{h}_{t-1} + \boldsymbol{b}_{hf}) \\ \boldsymbol{i}_t = \sigma(\boldsymbol{W}_{ii}\boldsymbol{C}_{t,m} + \boldsymbol{b}_{ii} + \boldsymbol{W}_{hi}\boldsymbol{h}_{t-1} + \boldsymbol{b}_{hi}) \\ \boldsymbol{g}_t = \tanh(\boldsymbol{W}_{ig}\boldsymbol{C}_{t,m} + \boldsymbol{b}_{ig} + \boldsymbol{W}_{hg}\boldsymbol{h}_{t-1} + \boldsymbol{b}_{hg}) \\ \boldsymbol{o}_t = \sigma(\boldsymbol{W}_{io}\boldsymbol{C}_{t,m} + \boldsymbol{b}_{io} + \boldsymbol{W}_{ho}\boldsymbol{h}_{t-1} + \boldsymbol{b}_{ho}) \\ \boldsymbol{s}_t = \boldsymbol{s}_{t-1} \odot \boldsymbol{f}_t + \boldsymbol{g}_t \odot \boldsymbol{i}_t \\ \boldsymbol{h}_t = \boldsymbol{o}_t \odot \tanh(\boldsymbol{s}_t) \end{cases} \tag{10.4}$$

式中，$\boldsymbol{f}_t, \boldsymbol{i}_t, \boldsymbol{g}_t, \boldsymbol{o}_t, \boldsymbol{s}_t$ 和 $\boldsymbol{h}_t$ 分别为第 t 时段的遗忘门、输入门、输入节点、输出门、状态单元和中间输出的状态矩阵；$\boldsymbol{W}_{if}, \boldsymbol{W}_{hf}, \boldsymbol{W}_{ii}, \boldsymbol{W}_{hi}, \boldsymbol{W}_{ig}, \boldsymbol{W}_{hg}, \boldsymbol{W}_{io}, \boldsymbol{W}_{ho}$ 和 $\boldsymbol{b}_{if}, \boldsymbol{b}_{hf}, \boldsymbol{b}_{ii}, \boldsymbol{b}_{hi}, \boldsymbol{b}_{ig}, \boldsymbol{b}_{hg}, \boldsymbol{b}_{io}$ 和 $\boldsymbol{b}_{ho}$ 分别为相应门与输入 $\boldsymbol{C}_{t,m}$ 和中间输出 $\boldsymbol{h}_{t-1}$ 相乘的权重矩阵与偏置矩阵；$\odot$ 为向量中的元素按位相乘；$\sigma(\cdot)$ 为 sigmoid 激活函数；$\tanh(\cdot)$ 为双曲正切激活函数。

3. 改进 CNN－LSTM 模型

本章提出的改进 CNN－LSTM 模型结构如图 10.3 所示。改进 CNN－LSTM 模型由三部分组成。

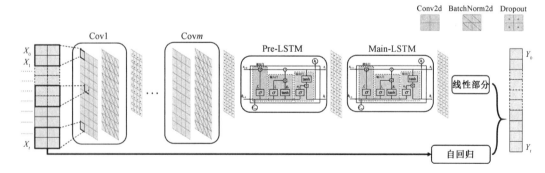

图 10.3　改进 CNN－LSTM 模型结构

第一部分是 m 层 CNN，用于提取数据特征。每一层 CNN 后连接一层 BatchNorm2d 层与 Dropout 层。BatchNorm2d 层对数据进行归一化，防止因数据过大而导致网络性能的不稳定。Dropout 层在每次训练中根据一定概率随机使一部分的隐层节点失效，防止过拟合，以提升模型泛化能力。

第二部分为 2 层 LSTM，将 CNN 提取特征作为输入进行时序预测。其中，第一层

Pre-LSTM 作为预训练层,所得输出 $\boldsymbol{h}_t$ 与状态 $\boldsymbol{s}_t$ 将作为第二层 LSTM 的初始值。第二层 Main-LSTM 是提高时序预测精度的关键,其输出结果通过一层全连接层调整为输出指定的向量格式。

第三部分为自回归层(auto-regressive,AR),与 CNN－LSTM 部分为并行关系。由于 CNN 模型和 LSTM 模型为非线性深度学习模型,因此两者在捕捉数据输入尺度变化方面的性能较差,进而导致了预测精度的降低。通过将模型分为线性部分与非线性部分可以改善这一问题,并提高模型精度。本章利用 AR 作为线性部分,以提高模型的精度、效率与鲁棒性。

AR 的优点在于可提高模型对输入数据变化方面的学习能力,但其无法像 CNN 一样处理大规模数据,也无法如 LSTM 一般保留长时间尺度数据特征。AR 只能考虑时间尺度较近的数据,并且输入尺度必然小于传统 CNN－LSTM 层的数据尺度,因此,定义 AR 步长为 $L_{str}^{ar} \in \mathbf{N}$,且 $L_{str}^{ar} < \tau$。$\boldsymbol{X}_t^{ar} = [X_{t-L_{str}^{ar}+1}; X_{t-L_{str}^{ar}+2}; \cdots; X_t] \in \mathbf{R}^{L_{str}^{ar} \times n}$ 为第 t 时段内 AR 模型的输入。如式(10.5)进行计算:

$$y_{t,i}^L = \sum_{j=0}^{L_{str}^{ar}} \boldsymbol{W}_{t,j}^L \boldsymbol{X}_{j,i}^{ar} + \boldsymbol{b}_t^L \tag{10.5}$$

式中,$\boldsymbol{X}_{j,i}^{ar}$ 与 $y_{t,i}^L$ 分别为 AR 输入 $\boldsymbol{X}_j^{ar}$ 与输出 y_t^L 中的第 i 个元素,$1 \leqslant i \leqslant n$;$\boldsymbol{W}_t^L$ 与 $\boldsymbol{b}_t^L$ 分别为 AR 的权重矩阵与偏置矩阵。

最终,改进 CNN－LSTM 模型的输出 $\hat{Y}_t$ 为非线性部分与线性部分结果的累加,如式(10.6)所示:

$$\hat{Y}_t = y_t^{NL} + y_t^L \tag{10.6}$$

式中,$\hat{Y}_t$ 为预测值;y_t^{NL} 为由 CNN－LSTM 部分得到的非线性输出;y_t^L 为 AR 部分得到的线性输出。

通过对传统 CNN－LSTM 模型并联 AR 的方式,在很大程度上提高了模型的精度、效率与鲁棒性。参数及损失函数的变动对于模型结果无明显影响,改善了以往神经网络模型调参困难的问题。

10.2.3　算例分析

本章将美国 PJM 市场 American Electric Power(AEP)2015—2019 年的 RTP 与购电量数据,视作区域售电商中 N 个用户的用电行为数据,数据采样间隔为 1 h。验证所提出的基于改进 CNN－LSTM 模型的 DR 动态特性函数的准确性,即验证给定负荷需求量输入式(10.1)中 $F_t(\cdot)$ 映射函数输出 RTP 的准确性。试验结果将与传统 CNN－LSTM、LSTM、GRU 与时间卷积神经网络(temporal convolutional networks,TCN)模型进行比较。

数据集、验证集及测试集的划分为 90%、5% 与 5%。首先,采用 Z－Score 处理每类连续型数据:

$$X^* = \frac{X - \mu}{\sigma} \tag{10.7}$$

式中,X^* 为标准化后数据;X 为原始数据;μ 为连续数据均值;σ 为连续数据方差。

本章采用的硬件设备为小型 GPU 工作站,包含 Intel Xeon GOLD 6135M 处理器,64 GB 内存和 NVIDIA GeForce GTX 1080TI 11 GB 显卡;Pytorch 作为神经网络框架。

1.模型输入与输出

通过改进 CNN－LSTM 模型构建 DR 动态特性函数,即式(10.1)。利用历史用电量与 RTP 数据,设 $n=2$。训练集的输入采用滑动窗口形式,设 $t=24$。基于以下考虑:在实时市场中,下一时段的总用电量需超短期预测,用于提前更新 RTP;直接将用电量与 RTP 数据作为模型的输入－输出特征,或是经过差分后将用电变化量与 RTP 变化量作为输入－输出特征;同时将 RTP 与下一时段总用电量作为输出或是分为两个模型分别进行预测。

本章提出 4 种输入－输出方案,模型在线运行封装如图 10.4 所示。

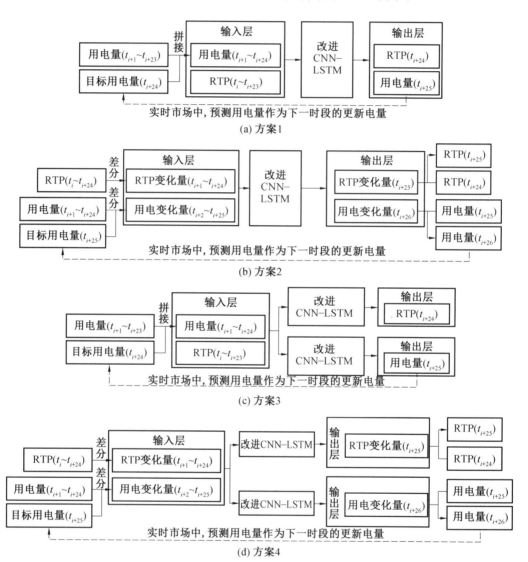

图 10.4　改进 CNN－LSTM 模型输入－输出方案在线运行封装

方案 1:输入为第 $t_{i+1} \sim t_{i+24}$ 时段用电量和第 $t_i \sim t_{i+23}$ 时段 RTP,输出为第 t_{i+24} 时段 RTP 和第 t_{i+25} 时段用电量。如图 10.4(a)所示。通过不断变换第 t_{i+24} 时段用电量,输出对

应 RTP,以此绘制需求曲线。在实时市场中,第 t_{i+25} 时段用电量可以作为下一时段的更新用电量。

方案 2:为研究变化量之间的关系,已知第 $t_{i+1} \sim t_{i+25}$ 时段用电量和第 $t_i \sim t_{i+24}$ 时段RTP,分别进行差分。将第 $t_{i+2} \sim t_{i+25}$ 时段用电变化量与第 $t_{i+1} \sim t_{i+24}$ 时段 RTP 变化量作为输入。输出第 t_{i+25} 时段的 RTP 变化量与第 t_{i+26} 时段的用电变化量,分别叠加已知的第 t_{i+24} 时段 RTP 与第 t_{i+25} 时段用电量,得到第 t_{i+25} 时段 RTP 与第 t_{i+26} 时段用电量。如图 10.4(b) 所示。通过不断变化第 t_{i+25} 时段用电量绘制需求曲线。在实时市场中,第 t_{i+26} 时段用电量同样可以作为下一时段的更新用电量。

考虑到同时预测用电量和 RTP 可能对模型精度、效率产生影响,因此,方案 3、4 分别在方案 1、2 的基础上,对 RTP 和用电量或其变化量分别进行预测,如图 10.4 (c) 和(d) 所示。

2.损失函数与评价指标

改进 CNN−LSTM 模型采用 L_1 与 L_2 两种损失函数。L_2 损失函数存在一个稳定解,但对异常点敏感;L_1 损失函数存在多组解,但稳健性高。考虑到数据集存在较多不合理的异常值,分别利用 L_1 与 L_2 损失函数进行结果对比,采用 Adam 优化器对损失函数进行优化,如式(10.8) 所示:

$$\begin{cases} L_2(Y,\hat{Y}) = \sum_{\Omega_{\text{train}}} \sum_{k=1}^{l} \sum_{j=1}^{n} (Y_{k,j} - \hat{Y}_{k,j})^2 \\ L_1(Y,\hat{Y}) = \sum_{\Omega_{\text{train}}} \sum_{k=1}^{l} \sum_{j=1}^{n} |Y_{k,j} - \hat{Y}_{k,j}| \end{cases} \tag{10.8}$$

式中,Y 为目标值;$\hat{Y}$ 为估计值;下标 k,j 代表第 k 组数据第 j 个元素;l 为任务数;Ω_{train} 为训练集。

改进 CNN−LSTM 模型准确度通过校正决定系数 $I_{R^2}^{\text{adjust}}$ 评估,式(10.9)所示:

$$\begin{cases} I_{R^2} = 1 - \dfrac{\sum_{i=1}^{p}(Y_i - \hat{Y}_i)^2}{\sum_{i=1}^{p}(\overline{Y}_i - Y_i)^2} \\ I_{R^2}^{\text{adjust}} = 1 - \dfrac{(1 - I_{R^2}^2)(p-1)}{p - n - 1} \end{cases} \tag{10.9}$$

式中,p 为样本个数。

I_{R^2} 指标结果介于 0 与 1 之间,能较为直观地表示模型的准确度,I_{R^2} 越大,效果越好。但是随着样本数量的增加,I_{R^2} 必然增大,无法准确说明模型的准确度。因此,使用 $I_{R^2}^{\text{adjust}}$ 抵消样本数量对于结果的影响。

3.训练结果

本次试验首先不断调整 CNN 层数,发现当 m 为 5 时,效果最好。其次,列出每个参数可供选择的值,经过排列组合后进行训练,参数说明与可供选择数值见表 10.2。

表 10.2　参数说明与可供选择数值

参数序号	参数名称	可供选择数值	参数说明（对应符号）
1	输入窗口	24	τ
2	卷积核大小	{3,5}	二维卷积核的长与宽
3	卷积核个数	{60,80,100}	θ
4	LSTM 节点数	{60,80,100}	每层 LSTM 的隐藏节点数
5	Dropout	{0.2,0.3}	随机失活概率
6	batch size	128	1 次训练所选取的样本数
7	学习率	{0.001,0.0005}	损失函数下降梯度
8	highway	{6,8,12}	L_{str}^{ar}

上述参数共 216 种组合，且选取 2 种损失函数。因此，在 4 种输入 — 输出方案中，方案 1 与方案 2 各需训练 416 次，方案 3 与方案 4 各需训练 832 次。最终，在每个方案中挑选出使 RTP 精度最高的参数与损失函数进行对比，见表 10.3。

表 10.3　各方案结果对比

	方案 1		方案 2		方案 3		方案 4	
	用电量	RTP	用电变化量	RTP变化量	用电量	RTP	用电变化量	RTP变化量
参数 2	3		3		3	5	3	5
参数 3	80		80		60	80	60	60
参数 4	100		100		80	100	100	80
参数 5	0.3		0.2		0.2	0.2	0.2	0.3
参数 7	0.001		0.001		0.001	0.001	0.001	0.001
参数 8	6		12		12	6	12	6
损失函数	L_1		L_2		L_2	L_1	L_2	L_2
训练时间 /s	334.97		335.37		386.18	337.76	395.28	340.48
I_{R2}^{adjust}	0.958	0.971	0.948	0.972	0.975	0.985	0.963	0.978

从结果来看，方案 3 分别预测用电量与 RTP 精度最高。方案 1 精度比方案 2 高、方案 3 精度比方案 4 高，说明研究用电量与 RTP 变化量的关系没有直接研究用电量与 RTP 关系效果好。方案 1、2 训练时间总体小于方案 3、4，说明本模型对于同时预测用电量与 RTP 比分开预测效率更高。

从参数来看，在方案 1、3 中，由于 RTP 数据中异常点较多，因此 L_1 损失函数表现更好；而方案 2、4 中，由于对数据进行差分，输入更为平滑，因此 L_2 损失函数表现好。对于本模型和数据集而言，当学习率为 0.001 时和当 LSTM 节点数均大于卷积核个数时，效果最好。此外，模型的鲁棒性较好，参数的变动对于准确率与效率的影响微乎其微，均在较高的精度范围内。

由于本章更关注售电商参与 DR 项目的收益，将 RTP 精度作为选择方案的标准。因此，后续研究选用方案 3 及其最优参数训练模型，作为 DR 动态特性函数。

4.模型对比

此外,为证明所提出的改进 CNN－LSTM 模型的优越性,将其与传统 CNN－LSTM、LSTM、GRU、TCN 模型(不加线性部分)针对 RTP 部分进行比较,结果如图 10.5 所示。

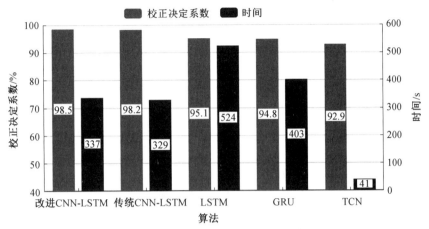

图 10.5　各校正决定系数与时间对比

传统 CNN－LSTM 模型即不加线性部分,因此参数部分采用方案 3 的参数序号为 1～7 的参数;LSTM 模型与 GRU 模型隐藏节点数为 50;TCN 模型的卷积核个数为 128,卷积大小为 2、膨胀因子为[1,2,4,8,16]。

从图 10.5 可见,传统 CNN－LSTM 模型增加线性部分可以提高模型精度,但降低了计算效率。然而,模型精度对于售电商收益影响更大。相对于采用 LSTM,GRU 模型而言,采用 CNN 层提取输入特征可以提高精度、计算效率。GRU 模型为 LSTM 模型结构上的简化,因此精度较 LSTM 模型低,但速率较 LSTM 模型快。TCN 模型在速率上有较大优势,但是精度难以与传统 RNN 系列模型媲美。

测试集选取典型日,不同算法下 RTP 预测值百分比误差如图 10.6 所示。可见,改进 CNN－LSTM 算法具有显著优势。

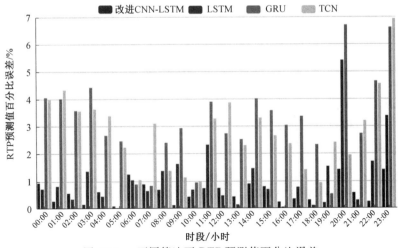

图 10.6　不同算法下 RTP 预测值百分比误差

10.3 基于数据－模型混合驱动的储能配置与日前定价双层优化模型

用户具有选择售电商作为代理购电的自主权,售电商服务的用户会不断发生改变。这一问题导致了售电商所掌握的 DR 动态特性不具备实时性,仅依靠调整 RTP 难以达到理想精度。与此同时,ESS 由于充放电灵活,具有较高的可控性与响应精度,因此逐渐被应用于 DR。因此,本章将 ESS 和 RTP 同时作为 DR 手段,其难点在于如何在原有 RTP 机制基础上考虑 DR 对 RTP 定价机制进行调整,以及 RTP 定价策略与 ESS 运行策略如何协调优化。

首先,利用 DR 动态特性函数绘制每一时段的需求曲线,帮助售电商进行 DR 策略中 RTP 部分的收益测算。其次,建立以 DR 项目日净收益最大为目标的双层优化模型。上层 RTP 定价模型考虑了电量与 RTP 变化导致的售电亏损,以及 ESS 运行对净收益的影响,优化得到 RTP 以及用户响应量;下层 ESS 配置与运行联合优化模型以 ESS 日净收益最大为目标,考虑用户响应量对 ESS 充放电功率的影响,优化得到 ESS 配置功率、容量和日内充放电策略。最终,求得 RTP 背景下售电商配置 ESS 并协调优化 RTP 参与 DR 项目所能获得的净收益。

售电商势必需要通过调整 RTP 及 ESS 充放电曲线来最大程度提高自身收益。然而,并非正好达到承诺量时净收益最大,因为 RTP 变化将影响售电收入,并且 RTP 与 ESS 充放电曲线之间相互影响。

10.3.1 上层 RTP 定价模型

上层模型固定 ESS 运行情况,以 DR 项目净收益最大化为目标,求解次日用电量与 RTP 曲线。例如,某一时段日前申报电量为 100 kW · h,电力交易中心要求削减 5 kW · h,若由 ESS 放电 3 kW · h,售电商即按照削减 2 kW · h 制定相应的 RTP。

1.RTP 日前定价流程

首先,售电商日前预测次日用户用电量为 $\boldsymbol{E}^{\mathrm{dec}}=[E_0^{\mathrm{dec}},E_1^{\mathrm{dec}},\cdots,E_{23}^{\mathrm{dec}}]$,并申报电力交易中心,称作优化前购电量。根据每个时段的 DR 动态特性函数,滚动求得 $\boldsymbol{\lambda}^{\mathrm{bef}}=[\lambda_0^{\mathrm{bef}},\lambda_1^{\mathrm{bef}},\cdots,\lambda_{23}^{\mathrm{bef}}]$,称作优化前 RTP。

电力交易中心根据所有售电商申报需求进行预出清,分别对每个售电商发布次日第 $t\in\boldsymbol{T}_{\mathrm{DR}}$ 时段($\boldsymbol{T}_{\mathrm{DR}}$ 为电网具有需求响应需求的时段)为日前 DR 服务合同规定的鼓励／削减时段,其中每个时段对应的承诺鼓励／削减响应量为 $E_t^{\mathrm{DR}}\in\boldsymbol{E}^{\mathrm{DR}}$。鼓励用电时,$E_t^{\mathrm{DR}}>0$;削减用电时,$E_t^{\mathrm{DR}}<0$。

由于每日中不同时段的用电量与 RTP 前后存在时序关联性,对 DR 合同规定的响应时段内的 E_t^{dec} 与 λ_t^{bef} 进行优化后,将对后续时段产生影响。具体表现为对于后续时段 DR 动态特性模型的历史 24 个时段输入数据之中并非完全是 E_t^{dec} 与 λ_t^{bef},部分可能被替换为优化后使售电商参与 DR 项目收益最大的目标购电量 $E_t^{\mathrm{max,buy}}$ 与 RTPλ_t^{max}。因此,在日前市场中售电商需要对次日每个时段滚动式地进行 RTP 定价更新,如图 10.7 所示。

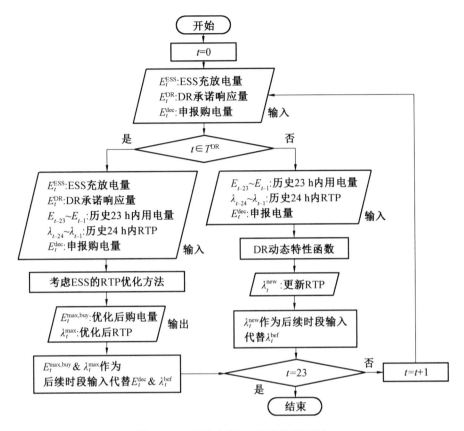

图 10.7　　日前市场 RTP 定价流程图

当 $t \notin \boldsymbol{T}_{\mathrm{DR}}$ 时,输出为对应时段内 RTPλ_t^{new};当 $t \in \boldsymbol{T}_{\mathrm{DR}}$ 时,输出为使售电商参与 DR 项目净收益最大的目标购电量 $E_t^{\mathrm{max,buy}}$ 及用电量所对应 RTPλ_t^{max}。每个时段的输出均替代该时段 E_t^{dec} 和 λ_t^{bef},作为后续时段输入,主要考虑了在时间尺度上先前优化结果对于后续优化的影响,提高了定价精度。

最终,得到该日使售电商参与 DR 项目净收益最大的购电量 $E^{\mathrm{bes,buy}}$ 与 RTPλ^{bes},如式(10.10)与(10.11)所示:

$$E^{\mathrm{bes,buy}} = \begin{cases} E_t^{\mathrm{max,buy}}, & t \in \boldsymbol{T}_{\mathrm{DR}} \\ E_t^{\mathrm{dec}}, & t \notin \boldsymbol{T}_{\mathrm{DR}} \end{cases} \tag{10.10}$$

$$\lambda^{\mathrm{bes}} = \begin{cases} \lambda_t^{\mathrm{max}}, & t \in \boldsymbol{T}_{\mathrm{DR}} \\ \lambda_t^{\mathrm{new}}, & t \notin \boldsymbol{T}_{\mathrm{DR}} \end{cases} \tag{10.11}$$

2.考虑 ESS 的 RTP 优化定价方法

售电商实际响应量 ΔE_t^{DR} 为

$$\Delta E_t^{\mathrm{DR}} = E_t^{\mathrm{DR}} \rho_t^{\mathrm{DR}} = E_t^{\mathrm{buy}} - E_t^{\mathrm{dec}} \tag{10.12}$$

式中,$E_t^{\mathrm{buy}} \in \boldsymbol{E}_t^{\mathrm{buy}}$ 为第 t 时段内售电商购电量;ρ_t^{DR} 为售电商实际响应率,是 DR 合同奖励核算的依据。

用户实际用电量 E_t 为

$$E_t = E_t^{\text{buy}} - E_t^{\text{ESS}} \tag{10.13}$$

式中，$E_t^{\text{ESS}} \in \boldsymbol{E}^{\text{ESS}}$ 为 ESS 充放电能量。充电时，$E_t^{\text{ESS}} > 0$；放电时，$E_t^{\text{ESS}} < 0$。

当 $t \in \boldsymbol{T}_{\text{DR}}$ 时，首先对 DR 合同中最高奖励标准所对应的响应率设置向上的裕度，设置步长 $\varepsilon_t = \gamma E_t^{\text{DR}}$，例如根据表 11.1 响应率上限 $\gamma > 1.5$。当 $\rho_t^{\text{DR}} \in [0, \gamma]$ 时，售电商有可能盈利，因此根据式（10.12）对 E_t^{dec} 进行变换。

当 $E_t^{\text{DR}} > 0$ 时，用户实际用电量区间 $E_t = [E_t^{\text{dec}} - E_t^{\text{ESS}}, E_t^{\text{dec}} - E_t^{\text{ESS}} + \gamma E_t^{\text{DR}}] \in \boldsymbol{R}^{\gamma E_t^{\text{DR}}+1}$；当 $E_t^{\text{DR}} < 0$ 时，$E_t = [E_t^{\text{dec}} - E_t^{\text{ESS}} + \gamma E_t^{\text{DR}}, E_t^{\text{dec}} - E_t^{\text{ESS}}] \in \boldsymbol{R}^{\gamma E_t^{\text{DR}}+1}$，用户实际用电量将作为优化模型约束之一。根据式（10.1）能够得到对应区间 $\lambda_t \in \boldsymbol{R}^{\gamma E_t^{\text{DR}}+1}$ 的 RTP，进而一一对应绘制离散型的需求曲线。图 10.8 为 ΔE_t^{DR} 与售电商净收益关系示意图。

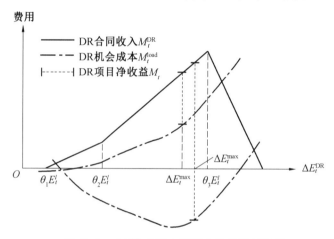

图 10.8　ΔE_t^{DR} 与售电商净收益关系示意图

曲线 M_t^{DR} 为实际响应量与对应 DR 合同收入关系曲线，用式（10.14）所示分段线性函数表示：

$$M_t^{\text{DR}} = \begin{cases} \alpha_1 \mid \Delta E_t^{\text{DR}} \mid + \beta_1, & \rho_t^{\text{DR}} \in [\theta_1, \theta_2) \\ \alpha_2 \mid \Delta E_t^{\text{DR}} \mid + \beta_2, & \rho_t^{\text{DR}} \in [\theta_2, \theta_3) \\ \alpha_3 \mid \Delta E_t^{\text{DR}} \mid + \beta_3, & \rho_t^{\text{DR}} \in [\theta_3, \infty) \end{cases} \tag{10.14}$$

式中，θ_1、θ_2 和 θ_3 为 DR 合同中的响应率标准，满足 $0 < \theta_1 < \theta_2 < 1 < \theta_3 < \gamma$。当 $\rho_t^{\text{DR}} \in [\theta_1, \theta_2)$ 即响应量低于承诺响应量浮动区间时，奖励标准 α_1 较低；当 $\rho_t^{\text{DR}} \in [\theta_2, \theta_3)$，即响应量达到承诺响应量浮动区间时，根据奖励标准 α_2 发放奖励，$\alpha_2 > \alpha_1 > 0$；为了防止恶意盈利，当 $\rho_t^{\text{DR}} \in [\theta_3, \infty)$，即响应量高于承诺响应量浮动区间时，对超出部分根据惩罚标准 α_3 实施惩罚，$\alpha_3 < 0$；$\beta_1, \beta_2, \beta_3$ 为对应截距。

曲线 M_t^{load} 为售电商负荷调节成本与实际响应量关系曲线，M_t^{load} 也是参与 DR 项目机会成本的一部分，即售电商改变 RTP 及购电策略所造成的损失。M_t^{load} 的正负取决于该时段用电量与 RTP 之间的弹性大小，通过式（10.1）与式（10.15）绘制。

$$M_t^{\text{load}} = E_t^{\text{dec}}(\lambda_t^{\text{bef}} - \lambda_t^{\text{buy}}) - \min\{E_t, E_t^{\text{buy}}\}(\lambda_t - \lambda_t^{\text{buy}}) \tag{10.15}$$

式中，λ_t^{buy} 为第 t 时段内售电商购电电价；$\lambda_t \in \boldsymbol{\lambda}$ 为 E_t 所对应的 RTP。

因为 ESS 运行策略受购电价格影响。式(10.15)中 $\min\{E_t,E_t^{\text{buy}}\}$ 代表第 t 时段内购买电量用于提供给用户的部分。当充电时，$E_t^{\text{buy}} > E_t$，如图 10.9(a) 所示；当放电时，$E_t^{\text{buy}} < E_t$，如图 10.9(b) 所示。这避免了与下层模型计算重复。

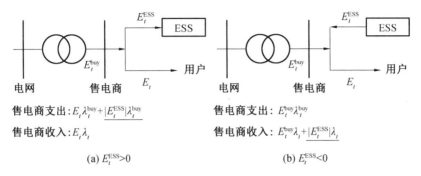

图 10.9　售电商支出与收入示意图

上层模型以售电商参与 DR 项目的市场净收益最大化为目标，对 $t \in \mathbf{T}_{\text{DR}}$ 的决策变量 E_t 与 λ_t 进行求解，表示为

$$\max\{M_t = M_t^{\text{DR}} - M_t^{\text{load}}\} \tag{10.16}$$

当 M_t^{DR} 与 M_t^{load} 差值最大，对应求得第 t 时段内使售电商参与 DR 项目净收益最大的目标购电量 $E_t^{\text{max,buy}}$、最佳用户用电量 $E_t^{\text{max}} = E_t^{\text{max,buy}} - E_t^{\text{ESS}}$ 及其对应 RTPλ_t^{max}。并且，该时段内用户用电变化量为 $\Delta E_t^{\text{max,cus}} = E_t^{\text{max}} - E_t^{\text{dec}}$。在对后续时段 RTP 进行定价时，$E_t^{\text{max,buy}}$ 与 λ_t^{max} 将代替 E_t^{dec} 和 λ_t^{bef} 作为后续时段输入，以提高精度。

此外，RTP 滚动优化过程中势必会对 $t \notin \mathbf{T}_{\text{DR}}$ 时段内的 RTPλ_t^{new} 造成影响，但影响较小可忽略不计。因此，将 $t \in \mathbf{T}_{\text{DR}}$ 时段内 $\max M_t$ 之和近似作为参与 DR 项目的日净收益。

10.3.2　下层 ESS 配置与运行联合优化模型

下层模型已知此日 RTPλ_t^{bes} 及 $t \in \mathbf{T}_{\text{DR}}$ 时用户用电变化量 $\Delta E_t^{\text{max,cus}}$。本章仅考虑 ESS 在 $t \in \mathbf{T}_{\text{DR}}$ 时进行 DR 带来的收益，以 ESS 运行日净收益最大为目标。

1.目标函数

下层模型以 ESS 运行日净收益最大为目标，即 ESS 充放电收入与 ESS 投资成本之差最大。此外，还考虑了 ESS 回收利用价值。

$$\max\left\{N = R^{\text{ESS}} - \frac{1}{T}(C^E + C^P - C^R)\right\} \tag{10.17}$$

式中，R^{ESS} 为 ESS 运行每日收益；T 为一年内运行天数，取 330；C^E 为 ESS 容量年折算年成本；C^P 为 ESS 功率年折算年成本；C^R 为 ESS 年回收利用价值。

$$R^{\text{ESS}} = \sum_{t=0}^{23}(P_t^{\text{dis}}\lambda_t^{\text{bes}}s_t^{\text{dis}} - P_t^{\text{ch}}\lambda_t^{\text{buy}}s_t^{\text{ch}})\Delta t \tag{10.18}$$

式中，P_t^{ch}、P_t^{dis} 分别为第 t 时段 ESS 充、放电功率，均为正数；s_t^{ch}、s_t^{dis} 分别为第 t 时段 ESS 充、放电状态，充电时 $s_t^{\text{ch}}=1$ 且 $s_t^{\text{dis}}=0$，放电时 $s_t^{\text{ch}}=0$ 且 $s_t^{\text{dis}}=1$，不运行时两者为 0；Δt 为时段，$\Delta t = 1$。

ESS 全生命周期成本通常由初始投资成本和运行维护成本组成，将成本转换成全生命周期内每年的现值。

$$C^{E} = (1 + a\%) m^{e} E^{\text{ESS,max}} \rho^{\text{PA}} \tag{10.19}$$

$$C^{P} = (1 + b\%) m^{p} P^{\text{ESS,max}} \rho^{\text{PA}} \tag{10.20}$$

$$C^{R} = \zeta(m^{e} E^{\text{ESS,max}} + m^{p} P^{\text{ESS,max}}) \rho^{\text{FA}} \tag{10.21}$$

$$\rho^{\text{PA}} = \frac{r(1+r)^{Y}}{(1+r)^{Y} - 1} \tag{10.22}$$

$$\rho^{\text{FA}} = \frac{r}{(1+r)^{Y} - 1} \tag{10.23}$$

式中，$a\%$、$b\%$ 为 ESS 容量、功率运行维护成本与初始投资的估算比；m^{e}、m^{p} 分别为 ESS 单位容量、功率成本；$E^{\text{ESS,max}}$、$P^{\text{ESS,max}}$ 分别为 ESS 额定容量与最大充放电功率的绝对值；ζ 为回收系数；ρ^{PA} 为资金回收系数；ρ^{FA} 为偿债基金系数；r 为贴现率；Y 为 ESS 全生命周期。

最终求解得到配置参数 $E^{\text{ESS,max}}$、$P^{\text{ESS,max}}$ 和充放电曲线 E_{t}^{ESS}。

$$E_{t}^{\text{ESS}} = \begin{cases} P_{t}^{\text{ch}} \Delta t, & s_{t}^{\text{ch}} = 1 \\ -P_{t}^{\text{dis}} \Delta t, & s_{t}^{\text{dis}} = 1 \\ 0, & s_{t}^{\text{ch}} s_{t}^{\text{dis}} = 0 \end{cases} \tag{10.24}$$

2.约束条件

上述优化模型所对应的约束条件如下。

（1）ESS 充放电功率约束：

$$P_{t}^{\text{ch}} \leqslant \min\left\{\frac{|\gamma E_{t}^{\text{DR}} - \Delta E_{t}^{\text{max,cus}}|}{\Delta t}, P^{\text{ESS,max}}\right\} \tag{10.25}$$

$$P_{t}^{\text{dis}} \leqslant \min\left\{\frac{|\gamma E_{t}^{\text{DR}} - \Delta E_{t}^{\text{max,cus}}|}{\Delta t}, P^{\text{ESS,max}}\right\} \tag{10.26}$$

由式（10.12）可得，ESS 充放电功率应小于 $P^{\text{ESS,max}}$ 或留有裕度的 E_{t}^{DR} 与 $\Delta E_{t}^{\text{max,cus}}$ 之差，以缩小功率约束范围。当 $t \notin \boldsymbol{T}_{\text{DR}}$ 时，第一项为 0，ESS 不响应。

（2）ESS 充放电状态约束：

$$s_{t}^{\text{dis}} + s_{t}^{\text{ch}} \leqslant 1 \tag{10.27}$$

（3）ESS 的 SOC 约束：

$$\text{SOC}_{t} = \text{SOC}_{t-1} + \frac{(P_{t}^{\text{ch}} s_{t}^{\text{ch}} \eta^{\text{ch}} - P_{t}^{\text{dis}} s_{t}^{\text{dis}} / \eta^{\text{dis}}) \Delta t}{E^{\text{ESS,max}}} \tag{10.28}$$

$$\text{SOC}^{\text{min}} \leqslant \text{SOC}_{t} \leqslant \text{SOC}^{\text{max}} \tag{10.29}$$

式中，SOC_{t} 为第 t 时段起始时刻的 SOC；SOC^{max}、SOC^{min} 分别为 ESS 的 SOC 允许上、下限；η^{ch}、η^{dis} 分别为 ESS 充、放电效率。

（4）ESS 始末状态约束：

$$\sum_{t=0}^{23} P_{t}^{\text{ch}} s_{t}^{\text{ch}} \eta^{\text{ch}} \Delta t = \sum_{t=0}^{23} \frac{P_{t}^{\text{dis}} s_{t}^{\text{dis}}}{\eta^{\text{dis}}} \Delta t \tag{10.30}$$

10.3.3　双层模型求解算法

首先，利用训练集 Ω_{train} 中用电量与 RTP 数据建立 DR 动态特性模型。其次，利用测试

集 Ω_{test} 中数据优化 RTP 并配置 ESS。由于 ESS 运行与 RTP 相互影响,因此建立基于数据－模型混合驱动的 RTP 与 ESS 协调运行双层模型,如图 10.10 所示。

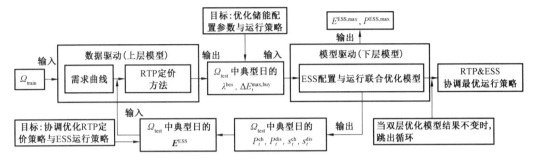

图 10.10　RTP 与 ESS 协调运行双层模型

由于上层模型 RTP 定价需在日前市场完成,此双层模型时间尺度为日,需要在 Ω_{test} 中选取典型日来求解 ESS 配置规模。

上层模型固定 ESS 运行曲线,电力交易中心将根据实际响应率对售电商进行奖惩。由于售电商需要调节 RTP 来激励用户改变用电行为,但是用电量与 RTP 变化将引起售电收益的变化,因此,首先通过改进 CNN－LSTM 模型学习不同情况下用电量与 RTP 之间的变化关系,其次建立售电商参与 DR 的机会成本函数。此外,响应时段内用电量与 RTP 的变化将对非响应时段内用电量与 RTP 产生影响,因此通过式(10.1)进行更新。最终,以参与 DR 项目的日收益最大为目标优化得到 RTP 曲线及响应时段内的实际变化的购电量。

下层模型通过固定 RTP 曲线进行 ESS 配置与运行优化。最终,优化得到 ESS 的额定容量、最大充放电功率和充放电曲线。

双层模型进行迭代优化,当上下层目标函数之和不变时,循环终止并得到 RTP 背景下售电商联合 ESS 参与 DR 项目能够获得的日净收益估算。

10.4　算　例　仿　真

本算例将进一步验证考虑 RTP 定价与 ESS 配置的双层优化模型的合理性。抽取典型日,对 DR 服务时段绘制需求曲线,并量化评估 RTP 背景下联合 ESS 参与 DR 项目对于售电商市场净收益的影响。

假设次日真实用电量为日前预测结果,售电商在日前将次日真实用电量作为申报电量,即 $E^{\text{dec}} = [E_0^{\text{dec}}, E_1^{\text{dec}}, \cdots, E_{23}^{\text{dec}}]$。根据每个时段的 DR 动态特性函数,滚动求得 $\lambda^{\text{bef}} = [\lambda_0^{\text{bef}}, \lambda_1^{\text{bef}}, \cdots, \lambda_{23}^{\text{bef}}]$。售电商购电电价 λ^{buy}、优化前 RTP λ^{bef}、申报电量 E^{dec} 如图 10.11 所示。

假设电力交易中心对 DR 项目的参与方,奖励标准为 0.6 \$/(kW·h),惩罚标准为 1.5 \$/(kW·h)($a_1 = 0.3$;$a_2 = 0.6$;$a_3 = -1.5$);响应率标准 $\theta_1 = 50\%$;$\theta_2 = 80\%$;$\theta_3 = 150\%$。DR 合同规定响应时段和响应量见表 10.4,其中削减率约为 3%。

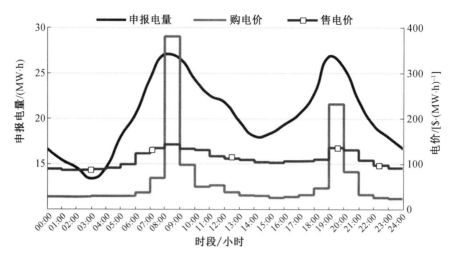

图 10.11　申报电量与购 / 售电价

表 10.4　规定响应时段和响应量

鼓励时段	响应量 /(kW·h)	削减时段	响应量 /(kW·h)
01:00—02:00	400	07:00—08:00	−700
02:00—03:00	380	08:00—09:00	−800
03:00—04:00	360	09:00—10:00	−800
04:00—05:00	400	10:00—11:00	−700
14:00—15:00	300	19:00—20:00	−750
15:00—16:00	300	20:00—21:00	−750
16:00—17:00	300	—	—

本章将考虑以下两种场景进行对比。

场景 1:不配置 ESS,售电商仅依靠调整 RTP 实现 DR。此时,只需考虑 DR 服务合同收益(DR 收入)与电费收入降低风险之间的矛盾。

场景 2:配置 ESS 并调节 RTP,即本章所提策略。此时,售电商需要在 DR 服务合同收益、售电损失、ESS 收益与配置成本之间权衡。

ESS 相关参数见表 10.5。

表 10.5　ESS 相关参数

参数名称	数值	参数名称	数值
SOC 上、下限	[0.1,0.9]	单位容量成本 /[\$·(kW·h)$^{-1}$]	200
贴现率 /%	8	单位功率成本 /[\$·kW^{-1}]	65
回收系数 /%	10	充放电效率 /%	90
容量 / 功率维护与投资的成本估算比 /%	1.5	全生命周期 /a	10

两种场景下典型日优化前后购电量与 RTP,以及 ESS 运行曲线如图 10.12 所示。

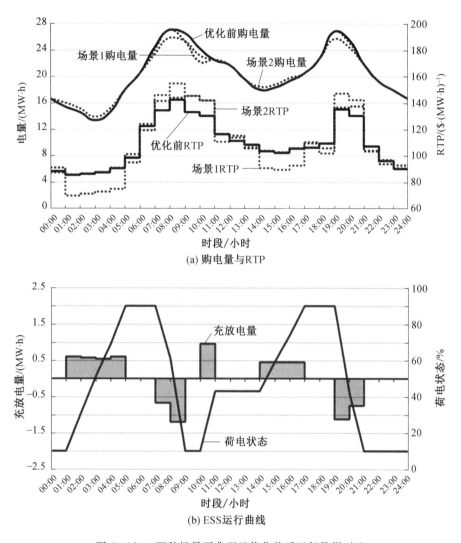

图 10.12　两种场景下典型日优化前后运行数据对比

由图 10.12(a) 整体可见,未配置 ESS 时,用电高峰时段为削减用电,对应时段 RTP 上调;同样地,在低谷时段为鼓励用户,RTP 相应下调。而配置 ESS 后,ESS 在低谷时段及少部分高峰时段进行充电,并在大部分高峰时段进行放电,使场景 2 购电量与 RTP 的变化幅度小于场景 1。尤其在充电时段,场景 2 购电量几乎不发生变化,均由 ESS 响应。此外,由于前序时段的购电量与 RTP 改变,在非 DR 合同要求时段内 RTP 会发生变化。

两种场景下售电商参与 DR 项目的运行收益见表 10.6。其中,场景 2 中最优 ESS 装机为 1.2 MW/2.4 MW·h,折算至日成本为 244.1 \$,静态投资回收期为 6.5 年,静态投资回报率为 53.8%。售电商通过配置 ESS 并调节 RTP 的方式参与 DR 项目能够每日获得净收益 5 435.55 \$,比起不配置 ESS 可多盈利 7.19%。

表 10.6 两种场景下售电商参与 DR 项目的运行收益

鼓励用电时段	场景 1(不配置 ESS)				场景 2(配置 ESS)				
	响应率	DR 收入 /$	售电损失 /$	收益 /$	响应率	DR 收入 /$	售电损失 /$	ESS 收益 /$	收益 /$
01:00—02:00	150%	263	215.06	47.94	149%	261	−5.00	−16.08	249.92
02:00—03:00	150%	250	194.45	55.55	149%	249	−3.55	−15.61	236.94
03:00—04:00	150%	237	170.06	66.94	149%	235	−3.79	−15.38	223.41
04:00—05:00	150%	263	199.34	63.66	149%	261	−4.72	−17.16	248.56
14:00—15:00	150%	197	202.88	−5.88	148%	195	−5.83	−13.23	187.6
15:00—16:00	150%	197	204.83	−7.83	148%	195	−5.93	−11.36	189.57
16:00—17:00	150%	197	217.51	−20.51	148%	195	−6.23	−12.28	188.95

削减用电时段	响应率	DR 收入 /$	售电损失 /$	收益 /$	响应率	DR 收入 /$	售电损失 /$	ESS 收益 /$	收益 /$
07:00—08:00	150%	461	−199.96	660.96	150%	462	−144.89	94.86	701.75
08:00—09:00	150%	527	−603.52	1 130.52	152%	504	−45.84	172.64	722.48
09:00—10:00	150%	528	−268.56	796.56	150%	528	−268.56	0	796.56
10:00—11:00	150%	461	−182.51	643.51	150%	462	−93.66	−47.23	508.43
19:00—20:00	150%	494	−414.46	908.46	152%	477	−37.36	153.73	668.09
20:00—21:00	150%	494	−237.03	731.03	150%	495	−159.84	102.56	757.4
总计	—	4 569	−501.91	5 070.91	—	4 519	−785.20	375.46	5 679.66

场景 1、2 中削减时段收益普遍大于鼓励用电时段。因为削减用电时 RTP 增大,售电收益提升,而随着鼓励用电时段用电量增加,RTP 大幅度下调造成售电损失增加。

场景 1 响应率均为 150%,而场景 2 在鼓励用电时段响应率均小于 150%,削减用电时段响应率均大于等于 150%。因此场景 1 的 DR 收入多于场景 2。但是,场景 2 售电损失少于场景 1,因为 ESS 通过在鼓励用电时段放电,规避了售电损失的风险。虽然场景 2 中削减用电时段中部分时段收益减小,但鼓励用电时段收益大幅度提升。因此,适当地鼓励用电有助于 ESS 提升整体盈利。

此外,9:00—10:00 时段 ESS 未响应是此时 ESS 已经放电至 SOC 下限,如图 10.12(b)所示。而 10:00—11:00 时段 ESS 充电是因为即便 14:00—17:00 时段完全由 ESS 充电进行响应,也难以达到 SOC 上限,但 19:00—21:00 时段 ESS 放电能够带来相对较高的收益。同时,因为 10:00—11:00 时段 ESS 充电成本小于 9:00—10:00 时段,所以 10:00—11:00 时段 ESS 充电,通过提高 RTP 激励用户进行响应。

两种场景抽取鼓励用电时段 2:00—3:00 与削减用电时段 7:00—8:00,用户响应量与售电商净收益关系如图 10.13 所示。

如图 10.13(b) 与(d) 所示,在用户响应量为 0 kW·h 时,售电损失出现转折点。图 10.13(a) 与(b) 说明配置 ESS 能够减少鼓励用电时段的售电损失。图 10.13(c) 与(d) 中虽然配置 ESS 会增大削减用电时段的售电亏损,但影响较小。从整体来看,配置 ESS 能够帮助售电商获得更多市场收益。

需要指出的是,并非响应率为 150% 时市场净收益一定最大,最优响应率取决于奖励标准及不同时段内的 DR 响应特性。

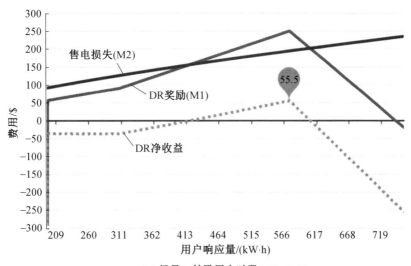

(a) 场景1:鼓励用电时段2:00—3:00

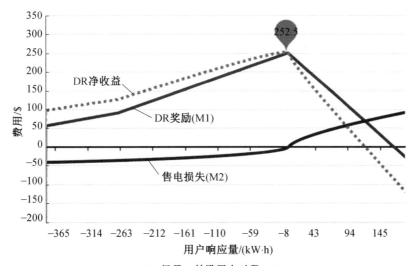

(b) 场景2:鼓励用电时段2:00—3:00

图 10.13　用户响应量与售电商净收益关系

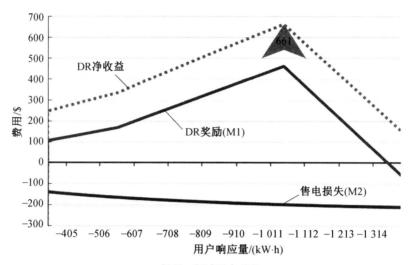

(c) 场景1:削减用电时段7:00—8:00

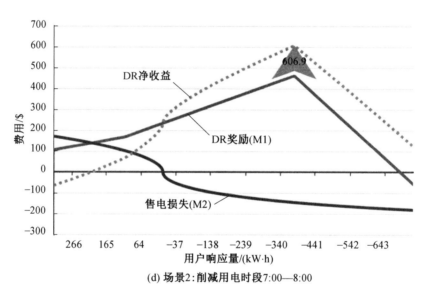

(d) 场景2:削减用电时段7:00—8:00

续图 10.13

10.5　本 章 小 结

　　本章利用 DR 动态特性函数绘制用户在不同时段内的需求曲线,进而提出在售电商参与 DR 项目背景下,一种通过配置 ESS 及调整 RTP 实现协调运行的方法。算例证明比起不配置 ESS,配置 ESS 每日可多盈利 7.19%。研究得到以下结论:售电商通过调节 RTP 参与DR 项目增加收益的同时也会带来电费收入降低的风险。现有市场机制下,高峰时段削减用电量更有利于售电商盈利。而配置 ESS 则可以帮助售电商在鼓励用电时段内规避售电亏损风险,提升整体盈利。

已有学者证明需求侧能量共享不仅能够为参与者增加收益、减少成本,还能够增加社会福利。但是,目前研究中交易商品仍然是能量本身,而缺少通过共享能量参与 DR 项目相关研究。不同售电商具有不同的调节成本,如果允许单位调节成本较低的售电商出售自身的需求响应调节能力,即共享服务的销售方替购买方响应更多,同时将购买的冗余电量传输给购买方,或者不足电量由购买方提供,以保证每个售电商自身供需平衡,通过共享需求响应调节能力,对于购买方而言降低了 DR 项目调节成本,对于销售方而言增加了额外的共享服务费。第 12 章将对此展开研究。

参 考 文 献

[1] 姚建国,张凯锋,丁哲通,等. 动态需求响应概念扩展及研究重点[J]. 电力系统自动化,2019,43(14):207 — 215.

[2] 董朝阳,赵俊华,文福拴,等. 从智能电网到能源互联网:基本概念与研究框架[J]. 电力系统自动化,2014,38(15):1 — 11.

[3] 沈运帷,李扬,高赐威,等. 需求响应在电力辅助服务市场中的应用[J]. 电力系统自动化,2017(22):157 — 167.

[4] WANG Qi,ZHANG Chunyu,DING Yi,et al. Review of real-time electricity markets for integrating distributed energy resources and demand response[J]. Applied Energy,2015,(138):695 — 706.

[5] 周玲芳. 智能电网条件下的用户侧实时电价机制研究[D]. 北京:华北电力大学,2015.

[6] DE JONGHE C,HOBBS B F,BELMANS R,et al. Optimal generation mix with short — term demand response and wind penetration[J]. IEEE Transactions on Power Systems,2012,27(2):830 — 839.

[7] HASSAN M A S,CHEN Minyou,LIN Houfei,et al. Optimization modeling for dynamic price based demand response in microgrids[J]. Journal of Cleaner Production,2019,(222):231 — 241.

[8] ARUN S L,SELVAN M P. Intelligent residential energy management system for dynamic demand response in smart buildings[J]. IEEE Systems Journal,2018,12(2):1329 — 1340.

[9] SUBRAMANIAN V,DAS T K,KWON C,et al. A data-driven methodology for dynamic pricing and demand response in electric power networks[J]. Electric Power Systems Research,2019,(174),105869.

[10] LIN Jie,YU Wei,YANG Xinyu. Towards multistep electricity prices in smart grid electricity markets[J]. IEEE Transactions on Parallel and Distributed Systems,2015,27(1):286 — 302.

[11] 孙伟卿,刘唯,张婕. 高比例可再生能源背景下配电网动态重构与移动储能协同优化

[J].电力系统自动化,2021,45(19):80－90.

[12] 孙伟卿,刘唯,裴亮,等.高比例可再生能源背景下考虑储能系统价值的储－输多阶段联合规划[J].高电压技术,2021,47(3):983－993.

[13] 孙伟卿,向威,裴亮,等.电力辅助服务市场下的用户侧广义储能控制策略[J].电力系统自动化,2020,44(2):68－76.

[14] ROSHANI K,ATHULA D R. Demand response integrated day-ahead energy management strategy for remote off-grid hybrid renewable energy systems[J]. International Journal of Electrical Power & Energy Systems,2021,(129):106731.

[15] 吴善进,崔承刚,杨宁,等.融资租赁模式下储能电站项目的经济效益与风险分析[J].储能科学与技术,2018,7(6):1217－1225.

[16] 康重庆,刘静琨,张宁.未来电力系统储能的新形态:云储能[J].电力系统自动化,2017,41(21):2－8,16.

[17] 刘继春,陈雪,向月.考虑共享模式的市场机制下售电公司储能优化配置及投资效益分析[J].电网技术,2020,44(5):1740－1750.

[18] 刘娟,邹丹平,陈毓春,等."互联网＋"的客户侧分布式储能P2P共享模式运营机制及效益探讨[J].电网与清洁能源,2020,36(4):97－105.

[19] 涂京,周明,李庚银,等.面向居民需求响应的售电公司势博弈分布式优化策略[J].中国电机工程学报,2020,40(2):400－411.

[20] 孙毅,刘迪,崔晓昱,等.面向居民用户精细化需求响应的等梯度迭代学习激励策略[J].电网技术,2019,43(10):3597－3605.

[21] WANG Jun,DOU Xun,GUO Yanmin,et al. Purchase strategies for power retailer based on the non-cooperative game[J]. Energy Procedia,2019(158):6652－6657.

[22] 孔祥玉,张禹森,杨世海,等.市场机制下考虑风险的售电公司日前电价决策方法[J].电网技术,2019,43(3):935－943.

[23] 刘迪.电网需求侧分布式用户响应模型及差异化需求响应策略研究[D].北京:华北电力大学,2020.

[24] 陈雨果,张轩,罗钢,等.用户报量不报价模式下电力现货市场需求响应机制与方法[J].电力系统自动化,2019,43(9):179－186.

[25] 孙伟卿,郑钰琦,薛贵挺.考虑响应率差异的需求响应交易机制设计与效果分析[J].电力系统自动化,2021,45(22):83－94.

[26] 蔡文斌,程晓磊,王鹏,等.基于DBSCAN二次聚类的配电网负荷缺失数据修补[J].电气技术,2021,22(12):27－33.

[27] 张素芳,黄韧,陈文君.新形势对电力需求侧管理的影响及政策创新探讨[J].华北电力大学学报(社会科学版),2019,(3):25－31.

[28] MARK G L. The real-time price elasticity of electricity[J]. Energy Economics,2007, 29(2):249－258.

[29] YU Rongshan,YANG Wenxian,SUSANTO R. A statistical demand-price model with its application in optimal real-time price[J]. IEEE Transactions on Smart Grid,

2012,3(4):1734－1741.

[30]　LAI Guokun,CHANG Weicheng,YANG Yiming,et al. Modeling long-and short-term temporal patterns with deep neural networks[J]. arXiv e-prints,2017: 1703.07015.

[31]吉伟卓. 寡头垄断电力市场产量博弈模型及其混沌复杂性研究[D]. 天津:天津大学, 2008.

[32]陆继翔,张琪培,杨志宏. 基于 CNN－LSTM 混合神经网络模型的短期负荷预测方法 [J]. 电力系统自动化,2019,43(8):191－197.

[33]　LECUN Y,BOTTOU L,BENGIO Y,et al. Gradient-based learning applied to document recognition[J].Proceedings of the IEEE,1998,86(11):2278－2324.

[34]张力超,马蓉,张垚鑫. 改进的 LeNet－5 模型在苹果图像识别中的应用[J]. 计算机工 程与设计,2018,39(11):3570－3575.

[35]　KONG Weicong,DONG Zhaoyang,JIA Youwei,et al. Short-term residential load forecasting based on LSTM recurrent neural network[J]. IEEE Transactions on Smart Grid,2019,10(1):841－851.

[36]马佳乐. 电力市场环境下售电公司偏差电量考核优化模型研究[D]. 北京:华北电力大 学,2020.

第 11 章　基于合作博弈的需求侧调节响应能力共享模型

第 11 章研究了单个售电商如何通过配置 ESS 及调整 RTP 实现协调运行,以提高 DR 精度,进而提高 DR 项目经济性,研究结果表明负荷调节成本对 DR 项目收益影响较大。不同售电商具有不同的 DR 动态特性、不同的 ESS 配置方案,因此需求侧调节响应能力也各不相同。

每个售电商可以选择适合自身的 DR 激励措施,包括价格型 DR 和激励型 DR。由于上一章研究对象均为通过调整 RTP 激励用户及配置 ESS 进行 DR 的售电商,为简化问题,本章研究对象同样为多个基于 RTP 的售电商,但是仅部分售电商配置 ESS。因此,本章中需求侧调节响应能力包括负荷调节能力及 ESS 响应能力。

如果允许售电商之间共享需求侧调节响应能力,由单位调节成本较高的售电商向单位调节成本较低的售电商购买调节服务并且支付服务费用。对于单位调节成本较低的一方而言,调节更多能量能够获得额外的共享服务费用;对于单位调节成本较高的一方而言,这样做能以相对自身调节而言更低成的本换来同样的 DR 收入。

此外,为了保证购售双方自身供需平衡,销售方调节过后的冗余电能需要传输给购买方或者不足电能由购买方补足。通过参与共享市场,销售方能够增加共享服务收入,购买方能够减少 DR 项目的调节成本,从而实现双赢。

本章将提出一种基于合作博弈的需求侧调节响应能力共享模式,并将该模式定义为:一种拥有闲置需求侧调节响应能力的一方有偿出售调节响应能力给另一方,利用闲置的调节响应能力创造价值的运营模式。由于共享市场出清后必须保证每个参与者自身的供需平衡,因此电能最终需通过物理网络完成交割,仍然属于需求侧能量共享范畴。

本章首先评估需求侧调节成本,包括负荷调节成本和 ESS 调节成本,然后建立非合作状态下的售电商 DR 优化模型,预估每个售电商的 DR 收入及响应情况。由于共享需求侧调节响应能力是一种利用闲置调节响应能力创造价值的模式,售电商参与共享将不影响 DR 收入,其本质是 DR 调节成本的优化与再分配。因此,评估每个售电商的闲置调节响应能力后,建立基于合作博弈的需求侧调节成本优化模型,求解参与共享后每个售电商的 DR 调节成本及响应情况,利用传统 Shapley 值方法计算共享服务费用。最终,售电商通过物理网络对不平衡电量进行交割。算例证明相较于不共享需求侧调节响应能力的情况,三个售电商通过合作参与共享市场后 DR 总收益分别提升了 4.05%、5.57%、7.63%。

11.1　共享市场基本框架、服务类型与交易流程

传统需求侧能量共享研究中,参与主体通过预测能够预判自身是电能缺额或是冗余,从

而参与共享市场进行能量交易,参与者在交易前能够明确自身的市场定位 —— 销售方或是购买方,因此市场机制可以基于非合作博弈。

但是,本章所述需求侧能量共享市场的交易商品是需求侧调节响应能力,包括负荷调节能力及 ESS 响应能力。负荷调节成本与 DR 动态特性有关,是非线性函数,即每个售电商多调节单位电量所增加的成本是不同的。换而言之,只有在交易时段内,充分、准确地掌握了所有参与者的相关信息,才能通过比较成本相对大小来决定市场定位。因此,本章将基于合作博弈展开研究。

本节将介绍需求侧能量共享市场基本框架、服务类型与交易流程。

11.1.1　共享市场基本框架

电力交易中心将对区域内每个售电商分配 DR 任务,售电商之间通过共享需求侧调节响应能力来达成合作联盟,但是电力交易中心仍然是对每个售电商实施考核,而非对区域合作联盟实施考核。因此,每个售电商参与共享后为了保证自身供需平衡,需要通过物理网络交割不平衡电量,11.1.2 节将对此举例展开。

需求侧能量共享市场框架如图 11.1 所示。该市场框架的顶层是交易层,参与主体是售电商;中间为调度层,对交易申请进行安全校核;底层是物理层,由于共享市场出清后,电能需要通过电力网络进行交割,因此具有网架约束。不过,区域性交易同样可以不考虑物理约束。此外,由于本章是基于合作博弈的,交易模型中将会考虑物理约束,因此研究重点在于交易层。

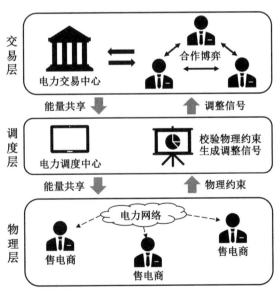

图 11.1　需求侧能量共享市场基本框架

合作博弈中各参与者之间存在具有约束力的协议,以合作的方式进行博弈。当参与者做出非合作行为,存在一个外部机构惩罚非合作者。合作博弈强调的是团体理性,参与者的利益都有所增加,或者至少一方利益增加,而另一方利益不受损害,使得整个社会整体利益有所增加。

11.1.2 共享市场服务类型

电力交易中心根据预出清结果分解 DR 任务,并与不同售电商签订合同。需求侧能量共享市场服务类型为需求侧调节响应能力,相应地分为削减用电服务及鼓励用电服务。需求侧调节响应能力包括负荷调节能力和 ESS 响应能力。

为便于理解共享需求侧调节响应能力内涵,图 11.2 提供了简单示例。示例中做出如下三个简化:未考虑 ESS 响应能力,仅考虑负荷调节能力;未考虑网损、输电成本等因素;假设负荷调节成本是线性函数。

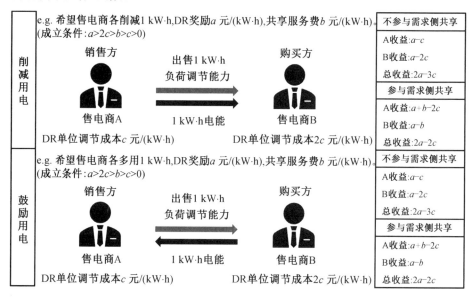

图 11.2　共享需求侧调节响应能力简单示例

当要求售电商 A 与 B 同时调节电量时,售电商 A 的单位调节成本小于售电商 B 的单位调节成本,则售电商 A 作为销售方、售电商 B 作为购买方,由售电商 A 代替售电商 B 进行调节。

若不参与需求侧共享,售电商 A 与 B 的收益分别为 DR 收入与自身调节成本之差。若参与需求侧共享,售电商 A 的额外收益是共享服务收入与调节成本之差,售电商 B 能够以相对自身调节成本而言较低的共享服务支出换来同样的 DR 收入。

上述共享市场交易成立的条件是:DR 单位奖励 > 购买方的单位调节成本 > 共享服务价格 > 销售方的单位调节成本。

然而在削减用电过程中,售电商 A 代替售电商 B 调节更多负荷后,将造成售电商 A 自身供给过剩、售电商 B 电能缺额。为了保证每个售电商自身的供需平衡,由售电商 A 将冗余电能传输给售电商 B。鼓励用电时段内则反之,售电商 A 将接受售电商 B 的冗余电能。值得一提的是,由于本章规则为电力交易中心对每个售电商而非对联盟实施考核,因此需要通过物理网络交割不平衡电量。

虽然交易商品是需求侧调节响应能力,但是最终电能仍然通过物理网络交割。售电商 A 与售电商 B 的电能供需情况见表 11.1。

表 11.1　电能供需情况　　　　　　　　　　单位：kW·h

	售电商	用电需求	DR 承诺响应量	实际购电量	实际用电量	送出电量	接受电量
削减用电	A	X	1	$X-1$	$X-2$	1	0
	B	Y	1	$Y-1$	Y	0	1
鼓励用电	A	X	1	$X+1$	$X+2$	0	1
	B	Y	1	$Y+1$	Y	1	0

上述示例简单地讨论了两个售电商之间共享需求侧调节响应能力的过程。然而实际交易中将存在多个售电商，导致销售方与购买方难以确定。并且，部分售电商配置 ESS，如何协调共享负荷调节能力及 ESS 响应能力同样亟待思考。

11.1.3　共享市场交易流程

本章研究利用 RTP 激励用户参与 DR 的售电商，因此将售电商分为两类：配置 ESS 的售电商与未配置 ESS 的售电商。配置 ESS 的售电商需要申报交易时段内的 DR 承诺响应量、需求曲线、ESS 状态信息与 ESS 度电成本，未配置 ESS 的售电商需要申报 DR 承诺响应量和需求曲线。

需求侧能量共享运营平台（以下简称"平台"）汇总各个售电商申报信息后，首先评估每个售电商在交易时段内的需求侧调节成本，并且计算非合作状态下各个售电商参与 DR 项目所能获得的奖励及对应的成本，详见 11.2 节。

根据定义，本章中共享需求侧能量是利用闲置的调节响应能力创造价值的运营模式。因此，参与共享市场将不影响售电商所能获得的 DR 收入，仅仅是销售方利用闲置的调节响应能力换取共享服务费，购买方支出比自身调节成本低的共享服务费用换取同样的 DR 收入，本质是售电商调节成本的再分配。

换言之，当平台计算完非合作状态下各个售电商的 DR 情况时，每个售电商所能获得的 DR 收入及由自身完成的响应量已经是固定的，后续参与共享改变的是调节成本。

平台需要评估每个售电商在达到最优响应量后的闲置需求侧调节响应能力及成本，详见 11.3 节。

然后，平台对售电商进行智能匹配，并将匹配结果上报给电力交易中心，通过安全校核后，平台将分别向每个售电商推送调整指令、ESS 充放电计划、传输或者接受电能。平台需监督指令执行过程，对于不配合联盟合作的售电商实施惩罚。最终，向每个售电商推送交易账单与分析报告。共享市场交易流程如图 11.3 所示。

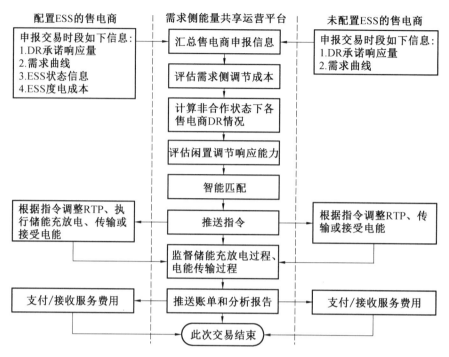

图 11.3　基于合作博弈的共享市场交易流程

11.2　需求侧调节成本评估

需求侧调节调节成本评估在交易过程中至关重要,将直接影响合作公平性与产生的总收益。每个售电商可以选择适合自身的 DR 激励措施,包括价格型 DR 和激励型 DR。本章为简化问题,研究对象为多个采用 RTP 激励用户参与 DR 的售电商,且部分售电商配置 ESS。

因此,本章中需求侧调节响应能力包括负荷调节能力和 ESS 响应能力,需求侧调节成本包括负荷调节成本和 ESS 调节成本。

当第 i 个售电商未配置 ESS 时,售电商购电量与用户用电量相等;当第 i 个售电商配置 ESS 后,需考虑 ESS 充放电量,如式(11.1)所示。

$$E_{i,t}^{\mathrm{buy}}=\begin{cases}E_{i,t}, & \text{售电商 } i \text{ 未配置 ESS}\\ E_{i,t}+E_{i,t}^{\mathrm{ESS}}, & \text{售电商 } i \text{ 配置 ESS}\end{cases} \tag{11.1}$$

式中,$E_{i,t}^{\mathrm{buy}}$ 为第 i 个售电商第 t 时段内的实际购电量;$E_{i,t}$ 为第 i 个售电商代理的用户用电量;E_{t}^{ESS} 为第 i 个售电商的 ESS 响应量,充电时 $E_{t}^{\mathrm{ESS}}>0$,放电时 $E_{t}^{\mathrm{ESS}}<0$。

对于电力交易中心而言,考核的是各个售电商的实际响应率 ρ_{t}^{DR}。

$$\Delta E_{i,t}^{\mathrm{DR}}=\rho_{i,t}^{\mathrm{DR}}E_{i,t}^{\mathrm{DR}}=E_{i,t}^{\mathrm{buy}}-E_{i,t}^{\mathrm{dec}}=E_{i,t}-E_{i,t}^{\mathrm{dec}}+E_{i,t}^{\mathrm{ESS}}=\Delta E_{i,t}^{\mathrm{cus}}+E_{i,t}^{\mathrm{ESS}} \tag{11.2}$$

式中,$\Delta E_{i,t}^{\mathrm{DR}}$ 为第 i 个售电商第 t 时段内的实际响应量;$E_{i,t}^{\mathrm{DR}}$ 为电力交易中心对第 i 个售电商的响应要求;$E_{i,t}^{\mathrm{dec}}$ 为第 i 个售电商的申报用电量;$\Delta E_{i,t}^{\mathrm{cus}}=E_{i,t}-E_{i,t}^{\mathrm{dec}}$ 为第 i 个售电商的用户响

应量。

从式 (11.2) 来看,售电商的实际响应量由两部分构成:一部分是用户响应量 $\Delta E_{i,t}^{\text{cus}}$,对应负荷调节成本,如式 (11.3) 所示;一部分是 ESS 响应量 $E_{i,t}^{\text{ESS}}$,对应 ESS 调节成本,如式 (11.9) 所示。若第 i 个售电商未配置 ESS,则 $E_{i,t}^{\text{ESS}}$ 始终为 0。

11.2.1　负荷调节成本

售电商负荷调节成本与用户响应量的关系函数 $M_{i,t}^{\text{load}}(\Delta E_{i,t}^{\text{cus}})$ 为

$$
\begin{aligned}
& M_{i,t}^{\text{load}}(\Delta E_{i,t}^{\text{cus}}) \\
& = E_{i,t}^{\text{dec}}(\lambda_{i,t}^{\text{bef}} - \lambda_{i,t}^{\text{buy}}) - \min\{E_{i,t}, E_{i,t}^{\text{buy}}\}(\lambda_{i,t} - \lambda_{i,t}^{\text{buy}}) \\
& = E_{i,t}^{\text{dec}}(\lambda_{i,t}^{\text{bef}} - \lambda_{i,t}^{\text{buy}}) - \min\{(\Delta E_{i,t}^{\text{cus}} + E_{i,t}^{\text{dec}}), (\Delta E_{i,t}^{\text{cus}} + E_{i,t}^{\text{dec}} + E_{i,t}^{\text{ESS}})\}[F_{i,t}(\Delta E_{i,t}^{\text{cus}} + E_{i,t}^{\text{dec}}) - \lambda_{i,t}^{\text{buy}}]
\end{aligned}
$$

$$(11.3)$$

式中,$\lambda_{i,t}^{\text{bef}} = F_{i,t}(E_{i,t}^{\text{dec}})$ 为第 i 个售电商第 t 时段内优化前 RTP;$\lambda_{i,t}^{\text{buy}}$ 为第 i 个售电商购电电价;$\lambda_{i,t} = F_{i,t}(E_{i,t})$ 为第 i 个售电商面向用户的 RTP。

RTP 与用户用电量的关系是由式 (10.1) 借助改进 CNN−LSTM 模型训练、封装后所得的 $F_{i,t}(\bullet)$。然而,由于尚未积累大量不同售电商相关用电数据,因此后续不同售电商的 DR 动态特性将用不同函数代替。DR 动态特性即逆需求函数,常用线性函数表示,便于优化求解,如式 (11.3) 所示。但实际情况中其一般是非线性函数,如式 (11.4) 与式 (11.5) 所示。

1.线性函数

考虑到曲线的不可微性所引起的优化模型可解性问题,线性函数是最常用的。

$$\lambda_{i,t} = F_{i,t}(E_{i,t}) = \alpha_{i,t} - \beta_{i,t}E_{i,t} \tag{11.4}$$

式中,$\beta_{i,t}$ 为斜率;$\alpha_{i,t}$ 为截距。其中 $\alpha_{i,t} > 0$ 且 $\beta_{i,t} > 0$,使得 $\lambda_{i,t} > 0$ 且单调递减。

2.指数函数

假设电价更低时变化更缓慢。指数函数使得电价变化率与电价成正比。

$$\lambda_{i,t} = F_{i,t}(E_{i,t}) = \alpha_{i,t} + \beta_{i,t}\mathrm{e}^{-\gamma_{i,t}E_{i,t}} \tag{11.5}$$

式中,$\alpha_{i,t}$、$\beta_{i,t}$、$\gamma_{i,t}$ 为相关参数。其中 $\beta_{i,t} > 0$ 且 $\gamma_{i,t} > 0$,使得 $\lambda_{i,t}$ 是凸函数且单调递减。

3.多项式函数

根据经验发现多项式函数同样可以表示逆需求函数。为了避免过拟合,选择了三次多项式。

$$\lambda_{i,t} = F_{i,t}(E_{i,t}) = a_{i,t,0} + a_{i,t,1}E_{i,t} + a_{i,t,2}E_{i,t}^2 + a_{i,t,3}E_{i,t}^3 \tag{11.6}$$

式中,$a_{i,t,0}$、$a_{i,t,1}$、$a_{i,t,2}$ 和 $a_{i,t,3}$ 是相关参数。其中 $a_{i,t,3} < 0$,使得 $\lambda_{i,t}$ 单调递减。

此外,实际中负荷调节成本是非线性函数,因此并非图 11.2 所示简单示例中的单位调节成本,而应该是负荷调节边际成本,近似如图 11.4 所示。

当逆需求函数利用式 (11.4) ~ (11.6) 表示时,负荷调节成本函数连续且可导。负荷调节边际成本 $c_{i,t}^{\text{load}}$,是指第 i 个售电商在第 t 时段内多调节单位电量 ΔE 将额外增加的成本,如式 (11.7) 所示。

$$c_{i,t}^{\text{load}} = \frac{\partial M_{i,t}^{\text{cost}}}{\partial E_{i,t}} = \lambda_{i,t}^{\text{buy}} - F_{i,t}(E_{i,t}) - \min\{E_{i,t}, E_{i,t}^{\text{buy}}\}\frac{\partial F_{i,t}(E_{i,t})}{\partial E_{i,t}} \tag{11.7}$$

式中，$M_{i,t}^{\mathrm{cost}}$ 为需求响应成本函数。

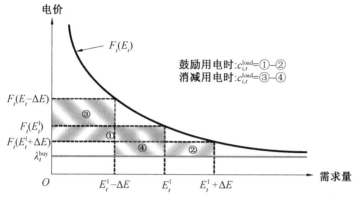

图 11.4   负荷调节边际成本

注：E_t^1 为负荷需求量。

11.2.2   ESS 调节成本

本章利用 ESS 全生命周期的度电成本及电价，近似地作为 ESS 单位调节成本。度电成本主要用于能量型场景的 ESS 经济性评估。度电成本，即平准化成本（levelized cost of electricity，LCOE），是对 ESS 全生命周期内的成本和放电量进行平准化后计算得到的 ESS 成本。

ESS 全生命周期度电成本 c_i^{ESS}，等于 ESS 全生命周期内的总成本 $C_i^{\mathrm{ESS,sum}}$ 与总上网电量 $E_i^{\mathrm{ESS,sum}}$ 的比值，即

$$c_i^{\mathrm{ESS}} = \frac{C_i^{\mathrm{ESS,sum}}}{E_i^{\mathrm{ESS,sum}}} = \frac{C_i^{\mathrm{inv}} + C_i^{\mathrm{ope}} + C_i^{\mathrm{rep}} + C_i^{\mathrm{rec}}}{E_i^{\mathrm{ESS,sum}}} \tag{11.8}$$

式中，ESS 全生命周期内的总成本包括项目初期的投资建设成本 C_i^{inv}、运营维护成本 C_i^{ope}、周期性的组件替换成本 C_i^{rep}，以及项目末期的回收成本 C_i^{rec}，如图 11.5 所示。

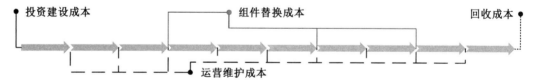

图 11.5   ESS 全生命周期成本

ESS 调节成本函数 $M_{i,t}^{\mathrm{ESS}}(E_{i,t}^{\mathrm{ESS}})$ 为

$$M_{i,t}^{\mathrm{ESS}}(E_{i,t}^{\mathrm{ESS}}) = \begin{cases} \left(\lambda_{i,t}^{\mathrm{buy}} + \dfrac{c_i^{\mathrm{ESS}}\eta_i^{\mathrm{ch}}}{2}\right)E_{i,t}^{\mathrm{ESS}}, & E_{i,t}^{\mathrm{ESS}} > 0 \\ \left(\lambda_{i,t} - \dfrac{c_i^{\mathrm{ESS}}}{2\eta_i^{\mathrm{dis}}}\right)E_{i,t}^{\mathrm{ESS}}, & E_{i,t}^{\mathrm{ESS}} < 0 \end{cases} \tag{11.9}$$

式中，η_i^{ch}、η_i^{dis} 分别为第 i 个售电商的 ESS 充、放电效率。将度电成本平分是因为度电成本意味着充放 1 kW·h 电能所需的 ESS 设备一次循环成本。此处假设充电与放电对于 ESS 设备而言的成本近似相等。

下面针对式(11.8)中的各项构成开展讨论。

1.ESS 投资建设成本

ESS 成本中电池占 $60\% \sim 70\%$、储能变流器(power conversion system, PCS)占 $10\% \sim 20\%$、电池管理系统(battery management system, BMS)与能源管理系统(energy management system, EMS)占 $5\% \sim 10\%$,剩余为其他成本。因此, C_i^{inv} 主要考虑容量成本 C_i^E 和功率成本 C_i^P。

$$C_i^{\mathrm{inv}} = C_i^E + C_i^P = m_i^e E_i^{\mathrm{ESS,max}} + m_i^p P_i^{\mathrm{ESS,max}} \tag{11.10}$$

式中, m_i^e、m_i^p 分别为第 i 个售电商的 ESS 单位电池容量、PCS 功率成本; $E_i^{\mathrm{ESS,max}}$、$P_i^{\mathrm{ESS,max}}$ 分别为第 i 个售电商的 ESS 电池容量与最大充放电功率。

2.ESS 运营维护成本

ESS 运营维护成本 C_i^{ope} 主要考虑容量维护成本 $C_i^{E,\mathrm{ope}}$ 及功率维护成本 $C_i^{P,\mathrm{ope}}$。

$$C_i^{\mathrm{ope}} = \sum_{y=1}^{Y_i-1} \frac{C_i^{E,\mathrm{ope}} + C_i^{P,\mathrm{ope}}}{(1+r)^y} = \sum_{y=1}^{Y_i-1} \frac{m_i^{e,\mathrm{ope}} E_i^{\mathrm{ESS,max}} + m_i^{p,\mathrm{ope}} P_i^{\mathrm{ESS,max}}}{(1+r)^y} \tag{11.11}$$

式中, $m_i^{e,\mathrm{ope}}$、$m_i^{p,\mathrm{ope}}$ 分别为第 i 个售电商的 ESS 单位电池容量、PCS 功率维护成本; r 为贴现率; Y_i 为第 i 个 ESS 全生命周期。

3.ESS 组件替换成本

ESS 中由于电池性能将在使用过程中不断衰减,将影响 ESS 整体寿命,需要通过周期性地更换组件来保证 ESS 项目能够延续至生命周期。ESS 组件替换成本 C_i^{rep} 主要考虑电池更换成本。

$$C_i^{\mathrm{rep}} = \sum_{y \in Y_i^{\mathrm{rep}}} \frac{m_i^{e,\mathrm{rep}} E_i^{\mathrm{ESS,max}}}{(1+r)^y} \tag{11.12}$$

式中, $m_i^{e,\mathrm{rep}}$ 为第 i 个售电商的 ESS 单位电池更换成本; Y_i^{rep} 第 i 个售电商的 ESS 电池更换年份集合。

4.ESS 回收成本

ESS 回收成本为当 ESS 到达生命周期后项目拆除将产生的支出费用与组件回收收入之差。当支出费用大于组件回收收入时其为正数,反之则为负数,其值大小与投资建设成本 C_i^{inv} 有关。

$$C_i^{\mathrm{rec}} = \frac{\zeta_i C_i^{\mathrm{inv}}}{(1+r)^{Y_i}} \tag{11.13}$$

式中, ζ_i 为第 i 个售电商的 ESS 回收系数。

5.ESS 总上网电量

ESS 的总上网电量 $E_i^{\mathrm{ESS,sum}}$ 估算方法为

$$E_i^{\mathrm{ESS,sum}} = \sum_{y=1}^{Y_i} \sum_{n=0}^{N_i^Y} \frac{E_i^{\mathrm{ESS,max}} \theta_i^{\mathrm{DOD}} (1-\eta_i^{\mathrm{self}})(1-n\eta_i^{\mathrm{fail}})}{(1+r)^y} \tag{11.14}$$

式中, θ_i^{DOD} 为第 i 个售电商的 ESS 放电深度; N_i^Y 为第 i 个售电商的 ESS 年充电次数; η_i^{self} 为第 i 个售电商的 ESS 自放电率; η_i^{fail} 为第 i 个售电商的 ESS 每次循环电池容量衰退率。

11.3　需求侧闲置调节响应能力评估

根据定义,本章中共享需求侧能量是利用闲置的调节能力创造价值的运营模式。销售方利用闲置的调节能力换取共享服务收入,购买方支出相对自身调节成本较低的共享服务费用换取同样的 DR 奖励。因此,参与共享市场将不影响售电商所能获得的 DR 奖励。

此外,本章中电力交易中心对每个售电商分别进行 DR 考核,而非对合作联盟进行 DR 考核。因此,售电商共享调节能力以后产生的不平衡电量通过电网进行交割,每个售电商向电网购买的电量不会因为参与共享市场而改变。通过图 11.2 的简单示例,同样可以加深对于上述观点的理解。

本节首先计算在非合作状态下售电商的负荷响应量、ESS 响应量,以及对应的 DR 奖励。然后,每个售电商所能获得的 DR 奖励固定,后续参与共享市场需要优化的变量是调节成本,因此需要评估闲置的需求侧调节响应能力。

11.3.1　非合作状态下售电商响应情况计算

根据 11.2.1 与 11.2.2 节分别计算得到了售电商 i 在第 t 个时段的需求侧调节成本与响应量之间的函数关系。根据前文所述,需求侧能量共享运营平台需要计算在非合作状态下各个售电商参与 DR 项目所能获得的 DR 奖励,以及由用户和 ESS 完成的响应量。

首先,DR 奖励 $M_{i,t}^{\mathrm{DR}}(\Delta E_{i,t}^{\mathrm{DR}})$ 如式(11.15)所示,并且式中 α_1、α_2、α_3、β_1、β_2、β_3、θ_1、θ_2、θ_3 与式(10.14)中意义相同。

$$M_{i,t}^{\mathrm{DR}} = \begin{cases} \alpha_1 \mid \Delta E_{i,t}^{\mathrm{DR}} \mid + \beta_1, & \rho_{i,t}^{\mathrm{DR}} \in [\theta_1, \theta_2) \\ \alpha_2 \mid \Delta E_{i,t}^{\mathrm{DR}} \mid + \beta_2, & \rho_{i,t}^{\mathrm{DR}} \in [\theta_2, \theta_3) \\ \alpha_3 \mid \Delta E_{i,t}^{\mathrm{DR}} \mid + \beta_3, & \rho_{i,t}^{\mathrm{DR}} \in [\theta_3, \infty) \end{cases} \tag{11.15}$$

以每个售电商参与 DR 项目的市场净收益最大化为目标,结合式(11.3)与式(11.9),对决策变量 $\Delta E_{i,t}^{\mathrm{cus}}$ 与 $E_{i,t}^{\mathrm{ESS}}$ 进行求解,若未配置 ESS,则 $M^{\mathrm{ESS}}(E^{\mathrm{ESS}})$ 为 0。

$$\max \sum_{t \in T_{\mathrm{DR}}} \left[M_{i,t}^{\mathrm{DR}}(\Delta E_{i,t}^{\mathrm{DR}}) - M_{i,t}^{\mathrm{load}}(\Delta E_{i,t}^{\mathrm{cus}}) - M_{i,t}^{\mathrm{ESS}}(E_{i,t}^{\mathrm{ESS}}) \right] \tag{11.16}$$

而本章中对 DR 动态特性进行简化,仅考虑当前时段,因此可以直接对一天内的 DR 情况进行优化。

约束条件如下。

(1)响应量平衡约束:

$$\Delta E_{i,t}^{\mathrm{DR}} = \Delta E_{i,t}^{\mathrm{cus}} + E_{i,t}^{\mathrm{ESS}} \tag{11.17}$$

(2)响应量上限约束:

$$\Delta E_{i,t}^{\mathrm{DR}} \in \begin{cases} [0, \gamma E_{i,t}^{\mathrm{DR}}] \in \mathbf{R}^{\gamma E_{i,t}^{\mathrm{DR}}+1}, & E_{i,t}^{\mathrm{DR}} > 0 \\ [\gamma E_{i,t}^{\mathrm{DR}}, 0] \in \mathbf{R}^{\gamma E_{i,t}^{\mathrm{DR}}+1}, & E_{i,t}^{\mathrm{DR}} < 0 \end{cases} \tag{11.18}$$

(3)ESS 充放电功率约束:

$$P_{i,t}^{\mathrm{ch}}, P_{i,t}^{\mathrm{dis}} \leqslant P_i^{\mathrm{ESS,max}} \tag{11.19}$$

（4）ESS 充放电状态约束：

$$s_{i,t}^{\text{dis}} + s_{i,t}^{\text{ch}} \leqslant 1 \tag{11.20}$$

（5）ESS 的 SOC 约束：

$$\text{SOC}_{i,t} = \text{SOC}_{i,t-1} + \frac{(P_{i,t}^{\text{ch}} s_{i,t}^{\text{ch}} \eta_i^{\text{ch}} - P_{i,t}^{\text{dis}} s_{i,t}^{\text{dis}} / \eta_i^{\text{dis}}) \Delta t}{E_i^{\text{ESS,max}}} \tag{11.21}$$

$$\text{SOC}_{i,t}^{\text{min}} \leqslant \text{SOC}_{i,t} \leqslant \text{SOC}_{i,t}^{\text{max}} \tag{11.22}$$

（6）ESS 始末状态约束：

$$\sum_{t=0}^{23} P_{i,t}^{\text{ch}} s_{i,t}^{\text{ch}} \eta^{\text{ch}} \Delta t = \sum_{t=0}^{23} \frac{P_t^{\text{dis}} s_t^{\text{dis}}}{\eta^{\text{dis}}} \Delta t \tag{11.23}$$

（7）ESS 电量与功率约束：

$$E_{i,t}^{\text{ESS}} = \begin{cases} P_{i,t}^{\text{ch}} \Delta t, & s_{i,t}^{\text{ch}} = 1 \\ -P_{i,t}^{\text{dis}} \Delta t, & s_{i,t}^{\text{dis}} = 1 \\ 0, & s_{i,t}^{\text{ch}} s_{i,t}^{\text{dis}} = 0 \end{cases} \tag{11.24}$$

最终，求解得到最优情况下每个售电商的用户响应量 $\Delta E_{i,t}^{\text{b,cus}}$ 与 ESS 响应量 $E_{i,t}^{\text{b,ESS}}$、最优响应量 $\Delta E_{i,t}^{\text{b,DR}} = \Delta E_{i,t}^{\text{b,cus}} + E_{i,t}^{\text{b,ESS}}$，对应获得的 DR 奖励 $M_{i,t}^{\text{DR}}(\Delta E_{i,t}^{\text{b,DR}})$，以及所需调节总成本 $M_{i,t}^{b,\text{cost}} = M_{i,t}^{\text{load}}(\Delta E_{i,t}^{\text{b,cus}}) + M_{i,t}^{\text{ESS}}(E_{i,t}^{\text{b,ESS}})$。从该步骤开始，每个售电商所能获得的 DR 奖励是固定常数，后续参与共享市场需要优化的变量是调节成本。

11.3.2　需求侧闲置调节响应能力评估

目前，每个售电商的 DR 奖励 $M_{i,t}^{\text{DR}}$ 已知。在不合作的情况下，售电商 i 的最优用户响应量 $\Delta E_{i,t}^{\text{b,cus}}$、最优 ESS 响应量 $E_{i,t}^{\text{b,ESS}}$、最优响应量 $\Delta E_{i,t}^{\text{b,DR}}$ 也是已知量。

在评估需求侧闲置调节响应能力前，先以图 11.6 举例说明，更加直观地了解闲置调节响应能力的本质。

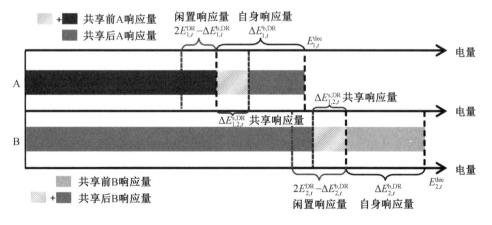

图 11.6　需求侧闲置调节响应能力评估示例

图 11.6 所示为售电商 A 与 B 在削减用电时段内的 DR 情况，首先两者的申报电量分别为 $E_{1,t}^{\text{dec}}$ 与 $E_{2,t}^{\text{dec}}$，在不合作状态下各自的最优响应量为 $\Delta E_{1,t}^{\text{b,DR}}$ 与 $\Delta E_{2,t}^{\text{b,DR}}$。削减电量是具有上限的，响应量上限是 $\varepsilon_t = \gamma E_t^{\text{DR}}$，根据表 11.1 设置 $\gamma = 2$。

因此，售电商 A 与 B 在自身响应基础上，仍有闲置响应量 $2E_{1,t}^{\mathrm{DR}}-\Delta E_{1,t}^{\mathrm{b,DR}}$ 与 $2E_{2,t}^{\mathrm{DR}}-$ $\Delta E_{2,t}^{\mathrm{b,DR}}$，两者此时需要对比调节成本，定性示意图如图 11.7 所示。从图中容易发现，售电商 A 响应量大于 $\Delta E_{1,t}^{\mathrm{b,DR}}$ 时的成本函数 $M_{1,t}^{\mathrm{cost}}(\bullet)$ 斜率明显大于售电商 B 响应量大于 $\Delta E_{2,t}^{\mathrm{b,DR}}$ 时的成本函数 $M_{2,t}^{\mathrm{cost}}(\bullet)$。因此，售电商 B 作为共享服务销售方，售电商 A 则是购买方。售电商 B 多削减 $\Delta E_{1,2,t}^{\mathrm{s,DR}}$，售电商 A 少削减 $\Delta E_{1,2,t}^{\mathrm{s,DR}}$。

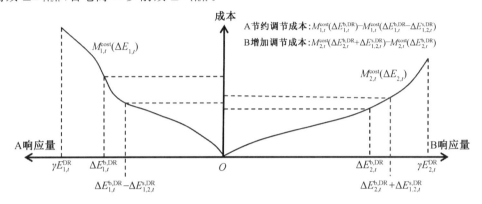

图 11.7　调节成本对比定性示意图

对于售电商 A 而言，能够节约调节成本 $M_{1,t}^{\mathrm{cost}}(\Delta E_{1,t}^{\mathrm{b,DR}})-M_{1,t}^{\mathrm{cost}}(\Delta E_{1,t}^{\mathrm{b,DR}}-\Delta E_{1,2,t}^{\mathrm{s,DR}})$；对于售电商 B 而言，增加调节成本 $M_{2,t}^{\mathrm{cost}}(\Delta E_{2,t}^{\mathrm{b,DR}}+\Delta E_{1,2,t}^{\mathrm{s,DR}})-M_{2,t}^{\mathrm{cost}}(\Delta E_{2,t}^{\mathrm{b,DR}})$。两者差值则是参与共享带来的额外收益，售电商 A 与 B 对差值部分进行收益分配。

从上述示例来看，每个售电商的 DR 奖励是固定的，因此参与需求侧能量共享市场的本质是对售电商 DR 调节成本的一种再分配。

每个售电商在完成自身响应后，仍有闲置响应能力 $\Delta E_{i,t}^{\mathrm{f,DR}}$，如式（11.25）所示。闲置响应能力来源于售电商响应量上限与实际最优响应量之差，即售电商多响应 $\Delta E_{i,t}^{\mathrm{f,DR}}$ 以下均有盈利可能。

$$\Delta E_{i,t}^{\mathrm{f,DR}}=\gamma E_{i,t}^{\mathrm{DR}}-\Delta E_{i,t}^{\mathrm{b,DR}} \tag{11.25}$$

需求侧能量共享运营平台通过掌握每个售电商的闲置响应能力 $\Delta E_{i,t}^{\mathrm{f,DR}}$、负荷调节成本函数 $M_{i,t}^{\mathrm{load}}(\bullet)$、ESS 调节成本函数 $M_{i,t}^{\mathrm{ESS}}(\bullet)$，来决策市场地位、共享电量及共享服务费。

11.4　需求侧调节响应能力共享模型

上述分析均说明：售电商参与共享需求侧调节响应能力，本质是售电商调节成本的再分配机制，属于效用可转移的合作博弈，将不影响每个售电商的 DR 奖励。因此，共享将使得联盟内所有售电商的 DR 调节成本之和最小。

11.4.1　基于合作博弈的需求侧调节成本优化模型

目前，通过 11.2 节得到每个售电商的负荷调节成本函数 $M_{i,t}^{\mathrm{load}}(\bullet)$、ESS 调节成本函数

$M_{i,t}^{\text{ESS}}(\bullet)$。通过 11.3 节得到在不合作的情况下的最优用户响应量 $\Delta E_{i,t}^{\text{b,cus}}$、最优 ESS 响应量 $E_{i,t}^{\text{b,ESS}}$、闲置响应能力 $\Delta E_{i,t}^{\text{f,DR}}$。

售电商形成联盟 $N = \{\text{seller}_1, \text{seller}_2, \cdots, \text{seller}_n \mid i \in A \bigcup B\}$，通过共享需求侧调节响应能力，售电商响应策略集合为 $S = \{\Delta E_{i,t}^{\text{cus}} \mid i \in A\} \bigcup \{(\Delta E_{j,t}^{\text{cus}}, E_{j,t}^{\text{ESS}}) \mid j \in B\}$，使得一天之内联盟内部的 DR 调节成本之和 M^s 最小，如式(11.26)所示：

$$\min\{c(N)\} = \sum_{t \in T_{\text{DR}}} \{ \sum_{i \in A} M_{i,t}^{\text{load}}(\Delta E_{i,t}^{\text{cus}}) + \sum_{j \in B} [M_{j,t}^{\text{load}}(\Delta E_{j,t}^{\text{cus}}) + M_{j,t}^{\text{ESS}}(E_{j,t}^{\text{ESS}})] \} \tag{11.26}$$

式中，$c(N)$ 为售电商集合的合作联盟成本；集合 A 为未配置 ESS 的售电商；集合 B 为配置 ESS 的售电商。

ESS 相关约束条件可参考式(11.19) $\sim$ (11.24)，响应量相关约束条件如下。

1.响应量平衡约束

所有售电商在共享前后的 DR 奖励及对应最优响应量之和是不变的。

$$\sum_{i \in A} \Delta E_{i,t}^{\text{cus}} + \sum_{j \in B} (\Delta E_{j,t}^{\text{cus}} + E_{j,t}^{\text{ESS}}) = \sum_{i \in A} \Delta E_{i,t}^{\text{b,cus}} + \sum_{j \in B} (\Delta E_{j,t}^{\text{b,cus}} + E_{j,t}^{\text{b,ESS}}) \tag{11.27}$$

2.响应量上限约束

每个时段对于每个售电商而言，总响应量不能超过上限。

$$\mid \Delta E_{i,t}^{\text{DR}} \mid \leqslant \gamma \mid E_{i,t}^{\text{DR}} \mid \tag{11.28}$$

最终，求解得到参与共享后，最优情况下每个售电商的用户响应量 $\Delta E_{i,t}^{\text{s,cus}}$、ESS 响应量 $E_{i,t}^{\text{s,ESS}}$ 及总响应量 $\Delta E_{i,t}^{\text{s,DR}} = \Delta E_{i,t}^{\text{s,cus}} + E_{i,t}^{\text{s,ESS}}$。

若第 t 时段内满足 $(\Delta E_{i,t}^{\text{s,DR}} - \Delta E_{i,t}^{\text{b,DR}}) E_{i,t}^{\text{DR}} > 0$ 则售电商 i 是销售方，若第 t 时段内 $(\Delta E_{i,t}^{\text{s,DR}} - \Delta E_{i,t}^{\text{b,DR}}) E_{i,t}^{\text{DR}} < 0$ 则售电商 i 是购买方。销售方集合为 $i \in C_t$，购买方集合为 $j \in D_t$。销售方 i 出售的商品是调节能力 $\Delta E_{i,t}^{\text{s,DR}} - \Delta E_{i,t}^{\text{b,DR}}$。

当 $E_{i,t}^{\text{DR}} < 0$ 时，销售方需要多削减能量，并且额外向购买方传输能量。当 $E_{i,t}^{\text{DR}} > 0$ 时，销售方需要多用能量，并且接受由购买方传输来的能量。参考 11.1.2 节。

11.4.2　共享服务费用结算机制

对于出售方 $i \in C_t$ 而言，第 t 时段调节成本增加了 $\Delta M_{i,t}^{\text{cost,+}}$，如式(11.29)所示。

$$\Delta M_{i,t}^{\text{cost,+}} = M_{i,t}^{\text{load}}(\Delta E_{i,t}^{\text{s,cus}}) + M_{i,t}^{\text{ESS}}(E_{i,t}^{\text{s,ESS}}) - M_{i,t}^{\text{load}}(\Delta E_{i,t}^{\text{b,cus}}) - M_{i,t}^{\text{ESS}}(E_{i,t}^{\text{b,ESS}}) \tag{11.29}$$

对于购买方 $j \in D_t$ 而言，第 t 时段调节成本节约了 $\Delta M_{j,t}^{\text{cost,-}}$，如式(11.30)所示。

$$\Delta M_{j,t}^{\text{cost,-}} = M_{j,t}^{\text{load}}(\Delta E_{j,t}^{\text{b,cus}}) + M_{j,t}^{\text{ESS}}(E_{j,t}^{\text{b,ESS}}) - M_{j,t}^{\text{load}}(\Delta E_{j,t}^{\text{s,cus}}) - M_{j,t}^{\text{ESS}}(E_{j,t}^{\text{s,ESS}}) \tag{11.30}$$

售电商联盟 N 第 t 时段内节约总成本 ΔM_t^{cost}，如式(11.31)所示。

$$\Delta M_t^{\text{cost}} = \sum_{i \in C_t, j \in D_t} \Delta M_{j,t}^{\text{cost,-}} - \Delta M_{i,t}^{\text{cost,+}} \tag{11.31}$$

然后，根据传统 Shapley 值方法对成本进行公平分配。售电商 i 的 Shapley 值如式(11.32)所示。

$$M_i^{\text{m}}(c) = \sum_{s \subseteq N, i \in s} \frac{(n - \mid s \mid)! \, (\mid s \mid - 1)!}{n!} [c(s) - c(s - \{i\})] \tag{11.32}$$

式中，$|s|$ 是集合 s 中售电商的个数；第 i 个售电商对联盟的边际贡献表示为 $c(s) - c(s - \{i\})$。

第 t 时段内，对于销售方 $i \in C_t$ 而言能够获得的收益为 $M_{i,t}^{\text{pay}+}$，对于购买方 $j \in D_t$ 而言需要支出的服务费用为 $M_{j,t}^{\text{pay}-}$。

$$\begin{cases} M_{i,t}^{\text{pay}+} = M_{i,t}^{\text{load}}(\Delta E_{i,t}^{\text{s,cus}}) + M_i^{\text{ESS}}(E_{i,t}^{\text{s,ESS}}) - M_i^{\text{m}}(c) \\ M_{j,t}^{\text{pay}-} = M_j^{\text{m}}(c) - M_{j,t}^{\text{load}}(\Delta E_{j,t}^{\text{s,cus}}) - M_{j,t}^{\text{ESS}}(E_{j,t}^{\text{s,ESS}}) \end{cases} \tag{11.33}$$

最终，第 t 时段内通过参与共享市场，能够获得的 DR 总收益为 $M_{i,t}^{\text{s}}$。

$$M_{i,t}^{\text{s}} = M_{i,t}^{\text{DR}} - M_i^{\text{m}}(c) \tag{11.34}$$

上述联盟合作成立的条件如式(11.35)，满足个体与群体理性。

$$\begin{cases} \min\{c(N)\} \leqslant \min\{c(\text{seller}_1)\} + \min\{c(\text{seller}_2)\} + \cdots + \min\{c(\text{seller}_n)\} \\ M_{i,t}^{\text{DR}}(\Delta E_{i,t}^{\text{b,DR}}) - M_{i,t}^{\text{load}}(\Delta E_{i,t}^{\text{b,cus}}) - M_{i,t}^{\text{ESS}}(E_{i,t}^{\text{b,ESS}}) < M_{i,t}^{\text{s}} \end{cases} \tag{11.35}$$

11.5 算 例 仿 真

假设某一区域内 3 个售电商达成合作，仅售电商 A 配置 ESS。三者各自的申报电量与优化前 RTP 如图 11.8 所示。本节将评估售电商 A 的 ESS 调节成本，以及三个售电商的负荷调节成本，并分析比较三者在不合作与合作状态下的 DR 响应情况。

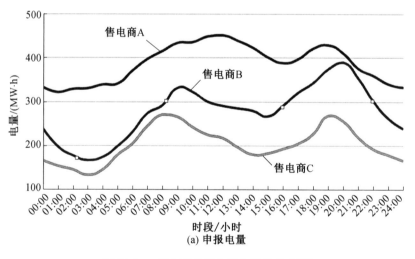

(a) 申报电量

图 11.8　售电商申报电量与优化前 RTP

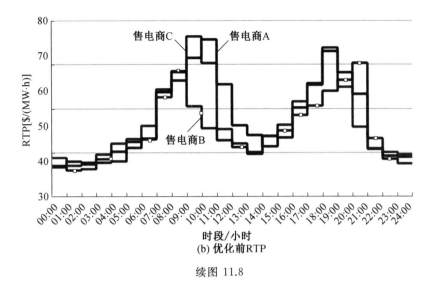

(b) 优化前 RTP

续图 11.8

11.5.1　需求侧调节成本评估

需求侧调节成本包括 ESS 调节成本和负荷调节成本。

1.ESS 调节成本

售电商 A 配置 10 MW/20 MW·h 的磷酸铁锂离子电池 ESS,成本计算参数见表11.2。ESS 项目寿命按 20 年计。电池循环寿命按 5 000 次计,当电池使用次数达到 5 000 次后更换全部电池。ESS 年循环次数按 500 次计或半年时间里储能每天两充两放、半年时间里储能每天一充一放。

表 11.2　磷酸铁锂离子电池全生命周期成本计算参数

参数名称	数值	参数名称	数值
单位功率投资成本 /[\$ · kW^{-1}]	70	单位功率维护成本 /[\$ · kW^{-1}]	3
单位容量投资成本 /[\$ · (kW · h)$^{-1}$]	200	单位容量维护成本 /[\$ · (kW · h)$^{-1}$]	3
回收系数 /%	0	单位容量替换成本 /[\$ · (kW · h)$^{-1}$]	150
充放电效率 /%	88	自放电率 /%	0
放电深度 /%	90	折现率 /%	8
使用寿命 /a	20	循环寿命 / 次	5 000
循环衰退率 /(% · 次$^{-1}$)	0.004	年循环次数 /(次 · a^{-1})	500

根据 11.2.2 节,能够求解得到磷酸铁锂离子电池 ESS 度电成本为 0.086 \$/(kW·h)。下面进一步分析度电成本对 ESS 充电时长及年循环次数的敏感性。如图 11.9(a) 所示,从每天一充一放逐渐过渡到两充两放, 度电成本从 0.15 \$/(kW · h) 下降到 0.082 \$/(kW · h),说明提高 ESS 系统利用率可以明显降低度电成本。如图 11.9(b) 所示,ESS 功率不变的情况下,随着 ESS 电池容量的不断增大,度电成本将不断减小。

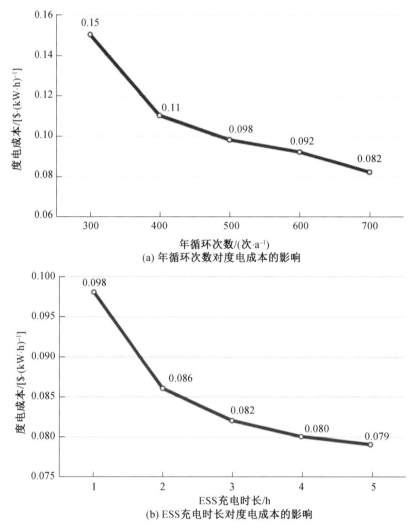

图 11.9　磷酸铁锂离子电池 ESS 度电成本影响因素分析

根据式(11.9),可得到售电商 A 的 ESS 调节成本。每个时段内 ESS 调节成本均与充放电量成正比,ESS 单位调节成本即比例系数与购售电价格、ESS 调节成本及 ESS 充放电效率有关。图 11.10 为售电商 A 典型日 ESS 单位调节成本。当 ESS 放电时,ESS 单位调节成本为负数,说明 ESS 放电能够为售电商带来盈利。

2.负荷调节成本

11.3 节中 RTP 与用户用电量的关系均借助改进 CNN－LSTM 模型训练,然而,由于尚无不同售电商相关用电数据积累,因此后续 3 个售电商的 DR 动态特性将用不同函数代替,如式(11.3) ~ (11.5) 所示。

假设电力交易中心对 DR 项目的参与方,奖励标准取统一价格为 250 \$ /(MW · h),惩罚标准为 1 250 \$ /(MW · h)($\alpha_1 = 250$;$\alpha_2 = 500$;$\alpha_3 = -1\ 250$);响应率标准为 $\theta_1 = 50\%$,

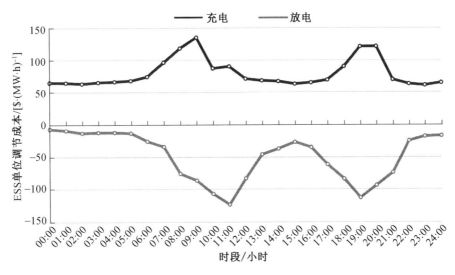

图 11.10   售电商 A 典型日 ESS 单位调节成本

$\theta_2 = 80\%, \theta_3 = 150\%$。

电力交易中心对 3 个售电商分配 DR 任务。此外,为了便于计算,利用线性公式拟合需求曲线,其斜率见表 11.3。

表 11.3   用电时段、承诺响应量及需求曲线斜率

用电时段	承诺响应量 /(MW·h)			需求曲线斜率 /[$ · (MW·h)⁻¹]		
	售电商 A	售电商 B	售电商 C	售电商 A	售电商 B	售电商 C
鼓励用电 02:00—03:00	8	5	4	−1.04	−1.57	−2.55
03:00—04:00	10	5	4	−0.53	−0.80	−1.32
13:00—14:00	—	8	6	—	−0.75	−1.72
14:00—15:00	—	5	3	—	−0.98	−0.83
15:00—16:00	8	8	4	−0.69	−1.12	−2.07
16:00—17:00	10	8	4	−0.86	−0.63	−1.55
削减用电 08:00—09:00	−10	−5	−5	−0.72	−2.19	−1.14
09:00—10:00	−10	−5	−5	−0.67	−1.23	−1.02
17:00—18:00	−8	−5	—	−1.41	−1.60	—
18:00—19:00	−8	−5	—	−1.63	−2.52	—
19:00—20:00	−10	−8	−5	−1.80	−0.90	−2.18
20:00—21:00	−5	−10	−5	−1.44	−1.01	−1.14

11.5.2   非合作状态下售电商响应情况仿真

首先,根据上述参数计算在非合作状态下售电商的负荷响应量、ESS 响应量,以及对应的 DR 奖励。需要固定每个售电商所能获得的 DR 奖励,便于优化后续共享市场的调节成

本。

非合作状态下,售电商 A 因为配置 ESS 所以需要协调优化 DR 奖励、ESS 调节成本和负荷调节成本,售电商 B 与 C 未配置 ESS,因此仅需权衡 DR 奖励与负荷调节成本。优化前后用电量与 RTP 如图 11.11 所示。

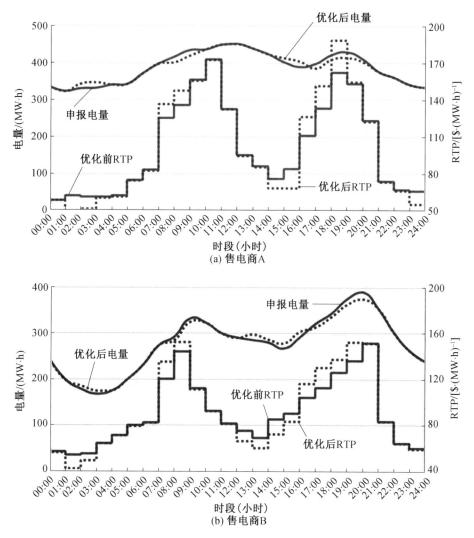

图 11.11　优化前后用电量与 RTP

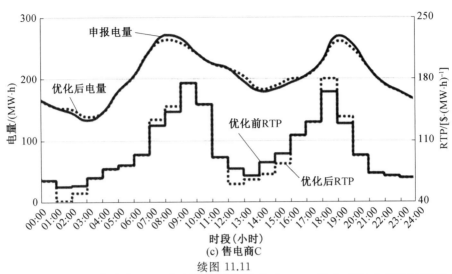

(c) 售电商 C

续图 11.11

非合作状态下售电商参与 DR 项目的运行收益见表 11.4，售电商每个 DR 时段的响应率均为 150%，最优响应量 $\Delta E_{i,t}^{DR}=1.5E_{i,t}^{DR}$。售电商 A、售电商 B 与售电商 C 在该日的 DR 收益分别为 69 436 \$、55 401 \$、23 982 \$。表 11.4 中售电损失对应负荷调节成本、ESS 成本对应 ESS 调节成本。

表 11.4　非合作状态下售电商参与 DR 项目的运行收益

鼓励时段	售电商 A/\$				售电商 B/\$			售电商 C/\$		
	DR 收入	售电损失	ESS 成本	收益	DR 收入	售电损失	收益	DR 收入	售电损失	收益
02:00—03:00	4 400	617	641	3 142	2 750	1967	783	2 200	2 128	72
03:00—04:00	5 500	2 264	0	3 235	2 750	843	1907	2 200	912	1 287
13:00—14:00	0	0	0	0	4 400	2 138	2 262	3 300	2 759	541
14:00—15:00	0	0	0	0	2 750	1 820	930	1 650	508	1 142
15:00—16:00	4 400	2 802	0	1 598	4 400	3 032	1 380	2 200	1 987	213
16:00—17:00	5 500	4 045	73	1 382	4 400	1 524	2 876	2 200	1 449	750
削减时段	DR 收入	售电损失	ESS 成本	收益	DR 收入	售电损失	收益	DR 收入	售电损失	收益
08:00—09:00	5 500	$-3\ 635$	0	9 135	2 750	$-4\ 379$	7 128	2 750	$-1\ 905$	4 654
09:00—10:00	5 500	$-1\ 079$	-840	7 419	2 750	$-2\ 643$	5 392	2 750	$-1\ 638$	4 386
17:00—18:00	4 400	$-5\ 576$	0	9 976	2 750	$-3\ 209$	5 958	0	0	0
18:00—19:00	4 400	$-7\ 032$	0	11 432	2 750	$-5\ 888$	8 637	0	0	0
19:00—20:00	5 500	$-9\ 976$	0	15 476	4 400	$-3\ 382$	7 781	2 750	$-3\ 656$	6 405
20:00—21:00	2 750	$-3\ 891$	0	6 641	5 500	$-4\ 868$	10 367	2 750	$-1\ 780$	4 528
总计	47 850	$-21\ 460$	-126	69 436	42 350	$-13\ 057$	55 401	24 750	764	23 982

售电商 A 的 ESS 充放电策略及使用 ESS 前后需求侧调节成本如图 11.12 所示。

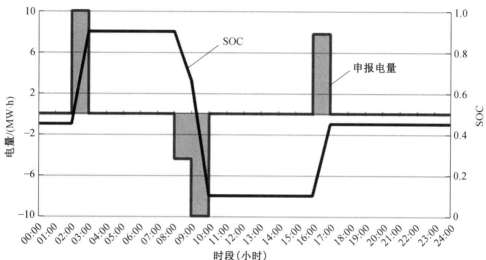

(a) 售电商A的ESS充放电策略

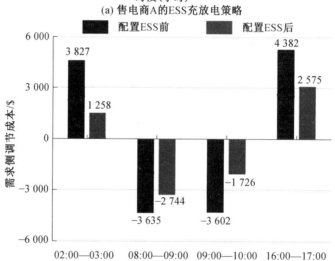

(b) 售电商A使用ESS前后需求侧调节成本

图 11.12　售电商 A 的 ESS 充放电策略及使用 ESS 前后需求侧调节成本

ESS 充放电策略与负荷调节成本有关,若负荷调节成本小于 ESS 调节成本,则通过优化制定 RTP 的方式调节负荷。配置 ESS 后,需求侧调节成本总共降低了 1 609 \$ 。

通过上述步骤计算了非合作状态下每个售电商 DR 情况。每个售电商所能获得的 DR 奖励是固定常数,参与共享市场需要优化的变量是调节成本。

11.5.3　合作状态下售电商共享需求侧调节响应能力仿真

首先根据 11.4.1 节建立共享优化模型,三个售电商通过共享需求侧调节响应能力降低需求侧调节成本。参与共享市场前后需求侧调节成本对比见表 11.5,并且通过传统 Shapley 计算方法对售电商进行公平再分配,相关数据见表 11.6。售电商通过合作共享能够获得 DR 项目总收益 72 246 \$ 、58 485 \$ 、25 811 \$,相较于不合作情况分别提升了 4.05%、5.57%、

7.63%。

表 11.5　参与共享市场前后需求侧调节成本对比

鼓励时段	售电商 A/$			售电商 B/$			售电商 C/$		
	共享前	共享后	再分配	共享前	共享后	再分配	共享前	共享后	再分配
02:00—03:00	1 258	2 358	1 196	1 967	2 662	1 888	2 128	0	1 936
03:00—04:00	2 265	2 028	2 248	843	1 144	781	913	753	897
13:00—14:00	—	—	—	2 138	2 898	1 888	2 759	1 498	2 509
14:00—15:00	—	—	—	1 820	1 448	1 722	508	685	410
15:00—16:00	2 802	3 780	2 660	3 020	3 555	2 929	1 987	0	1 746
16:00—17:00	2 575	856	2 367	1 524	2 073	1 137	1 449	1 957	1 383
削减时段	共享前	共享后	再分配	共享前	共享后	再分配	共享前	共享后	再分配
08:00—09:00	−2 744	−1 887	−2 888	−4 379	−5 784	−4 911	−1 905	−2 166	−2 038
09:00—10:00	−1 726	−2 926	−2 818	−2 643	−3 494	−2 833	−1 638	0	−1 770
17:00—18:00	−5 576	−7 344	−5 615	−3 209	−1 520	−3 248	—	—	—
18:00—19:00	−7 032	−5 605	−7 268	−5 888	−7 788	−6 125			
19:00—20:00	−9 976	−13 121	−10 974	−3 382	−1 298	−4 254	−3 656	−4 821	−4 012
20:00—21:00	−3 891	−5 152	−4 303	−4 868	−6 390	−5 114	−1 780	0	−2 126
总计	−22 044	−27 013	−24 396	−13 057	−12 495	−16 141	764	−2 093	−1 065

同样,相较于图 11.13(a) 所示不参与共享市场而言,图 11.13(b) 所示参与共享市场后总需求侧调节成本降低,尤其售电商 A 与售电商 C 参与共享后市场收益显著提升。但是,售电商 B 调节更多负荷导致了总成本上升。若没有再分配机制,售电商 B 将亏损 562 $。

因此,需要通过计算 Shapley 值公平分摊,维护联盟所有参与者的利益,结果如图 11.13(c) 所示。

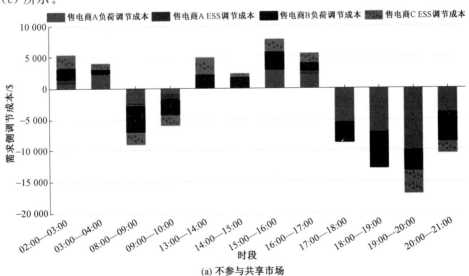

(a) 不参与共享市场

图 11.13　共享前后需求侧调节成本

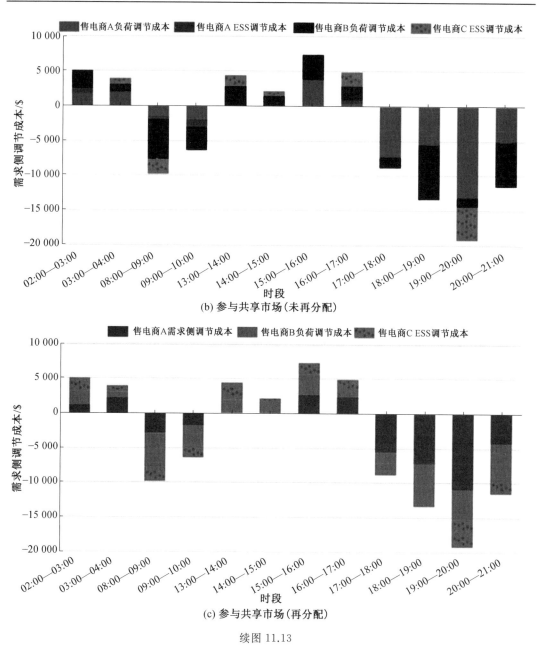

(b) 参与共享市场(未再分配)

(c) 参与共享市场(再分配)

续图 11.13

首先,计算不同联盟组合下的需求侧调节成本数据,见表 11.6。

表 11.6　　不同联盟组合下的需求侧调节成本数据　　　　　　　单位：$

鼓励时段	不合作			两者合作			三者合作
	c({A})	c({B})	c({C})	c({A,B})	c({A,C})	c({B,C})	c({A,B,C})
02:00—03:00	1 258	1 967	2 128	3 270	3 206	3 880	5 019
03:00—04:00	2 265	843	913	3 015	3 177	1 665	3 925
13:00—14:00	—	2 138	2 759	2 138	2 759	4 397	4 397
14:00—15:00	—	1 820	508	1 820	508	2 132	2 132
15:00—16:00	2 802	3 020	1 987	5 758	4 426	4 744	7 335
16:00—17:00	2 575	1 524	1 449	3 386	3 952	2 544	4 886
削减时段	c({A})	c({B})	c({C})	c({A,B})	c({A,C})	c({B,C})	c({A,B,C})
08:00—09:00	− 2 744	− 4 379	− 1 905	− 7 929	− 4 657	− 7 068	− 9 836
09:00—10:00	− 1 726	− 2 643	− 1 638	− 4 607	− 3 485	− 4 599	− 6 420
17:00—18:00	− 5 576	− 3 209	—	− 8 864	− 5 576	− 3 209	− 8 864
18:00—19:00	− 7 032	− 5 888	—	− 13 393	− 7 032	− 5 888	− 13 393
19:00—20:00	− 9 976	− 3 382	− 3 656	− 15 125	− 14 367	− 7 519	− 19 240
20:00—21:00	− 3 891	− 4 868	− 1 780	− 9 241	− 6 353	− 6 998	− 11 543
总计	− 22 044	− 13 057	764	− 39 772	− 23 441	− 15 919	− 41 601

　　然后，根据 11.4.2 节计算不同时段下的 Shapley 值，对应表 11.5 中的再分配。售电商通过合作共享需求侧调节响应能力，总收益分别增加了 2 351 $、3 084 $、1 829 $，总计 7 264 $。每个售电商在 DR 规定时段内再分配后的需求侧调节成本始终低于不参与共享场景下的成本，既满足群体理性又满足个体理性。

　　上述时段内，每个售电商的市场地位（身份）、需要向联盟支付的共享服务费用（支出）或是能够收到的共享服务费用（收入），见表 11.7 ～ 11.9。

表 11.7　　售电商 A 市场地位及共享服务费用结算　　　　　　　单位：$

鼓励时段	A 身份	A 支出	A 收入	削减时段	A 身份	A 支出	A 收入
02:00—03:00	销售方	0	1 162	08:00—09:00	购买方	1 001	0
03:00—04:00	购买方	220	0	09:00—10:00	销售方	0	1 109
13:00—14:00	—	—	—	17:00—18:00	销售方	0	1 729
14:00—15:00	—	—	—	18:00—19:00	购买方	1 663	0
15:00—16:00	销售方	0	1 120	19:00—20:00	销售方	0	2 146
16:00—17:00	购买方	1 511	0	20:00—21:00	销售方	0	849
总计		1 730	2 282	总计		2 664	5 833

　　售电商 A 支出总计 4 394 $，收入总计 8 115 $。在削减用电时段，其主要以销售方身份参与共享市场，并且主要以负荷调节为主，ESS 响应没有明显变化。

表 11.8　售电商 B 市场地位及共享服务费用结算　　　　　　　　单位：$

鼓励时段	B 身份	B 支出	B 收入	削减时段	B 身份	B 支出	B 收入
02：00—03：00	销售方	0	774	08：00—09：00	销售方	0	873
03：00—04：00	销售方	0	363	09：00—10：00	销售方	0	661
13：00—14：00	销售方	0	1 011	17：00—18：00	购买方	1 729	0
14：00—15：00	购买方	275	0	18：00—19：00	销售方	0	1 663
15：00—16：00	销售方	0	626	19：00—20：00	购买方	2 955	0
16：00—17：00	销售方	0	936	20：00—21：00	销售方	0	1 276
总计		275	3 710	总计		4 959	4 473

售电商 B 支出总计 6 470 $，收入总计 8 183 $。在鼓励用电时段，主要以销售方身份参与共享市场。

表 11.9　售电商 C 市场地位及共享服务费用结算　　　　　　　　单位：$

鼓励时段	C 身份	C 支出	C 收入	削减时段	C 身份	C 支出	C 收入
02：00—03：00	购买方	1 936	0	08：00—09：00	销售方	0	128
03：00—04：00	购买方	144	0	09：00—10：00	购买方	1 770	0
13：00—14：00	购买方	1 011	0	17：00—18：00	—	—	—
14：00—15：00	销售方	0	275	18：00—19：00	—	—	—
15：00—16：00	购买方	1 746	0	19：00—20：00	销售方	0	809
16：00—17：00	销售方	0	575	20：00—21：00	购买方	2 126	0
总计		4 837	850	总计		3 896	937

售电商 C 支出总计 8 733 $，收入总计 1 787 $，主要以购买方身份参与共享市场。

一个时段内可能存在一个购买方向不同销售方购买服务的现象。为了方便起见，由联盟运营平台计算每个时段或者每天的支出与收入，并发送账单。购买方将账款转给平台，由平台再转交给销售方。

由于本章中电力交易中心对每个售电商进行考核，因此销售方与购买方需要日内根据实时情况对多余电能通过网络进行交割，以保证自身供需平衡，见表 11.10。联盟运营平台需要对电能传输过程进行监督，保证交易在所有售电商均配合的情况下完成。

表 11.10　售电商响应量变化　　　　　　　　　　　单位：MW·h

鼓励时段	售电商 A		售电商 B		售电商 C	
	响应量变化	身份	响应量变化	身份	响应量变化	身份
02:00—03:00	3.5	销售方	2.5	销售方	−6.0	购买方
03:00—04:00	−1.5	购买方	2.5	销售方	−1.0	购买方
13:00—14:00	—	—	4.0	销售方	−4.0	购买方
14:00—15:00	—	—	−1.5	购买方	1.5	销售方
15:00—16:00	4.0	销售方	2.0	销售方	−6.0	购买方
16:00—17:00	−6.0	购买方	4.0	销售方	2.0	销售方
削减时段	响应量变化	身份	响应量变化	身份	响应量变化	身份
08:00—09:00	5.0	购买方	−2.5	销售方	−2.5	销售方
09:00—10:00	−5.0	销售方	−2.5	销售方	7.5	购买方
17:00—18:00	−4.0	销售方	4.0	购买方	—	—
18:00—19:00	2.5	购买方	−2.5	销售方	—	—
19:00—20:00	−5.0	销售方	7.5	购买方	−2.5	销售方
20:00—21:00	−2.5	销售方	−5.0	销售方	7.5	购买方

　　鼓励用电时,由购买方向销售方传输电能。例如,02:00—03:00,售电商 A 与售电商 B 分别向售电商 C 销售 3.5 MW·h、2.5 MW·h 的调节能力。售电商 C 为了减少调节成本, 减少鼓励用电 6 MW·h。但是由于电力交易中心对每个售电商分别考核,因此售电商 A 与售电商 B 用电超额 3.5 MW·h、2.5 MW·h,售电商 C 需要将购买的 6 MW·h 分别传输给售电商 A 与售电商 B 以填补供给不足。

　　削减用电时,由销售方向购买方传输电能。例如,08:00—09:00,售电商 A 向售电商 B 与售电商 C 购买了 5 MW·h 的调节服务,需要将冗余的电能传输给售电商 B 与售电商 C。

　　由于本章设定联盟内部成员之间的电气距离较近,因此未考虑传输损耗和输电成本。 上述情况仅限于电力交易中心对每个售电商分别考核条件下,若电力交易中心对联盟进行考核,则无须通过物理网络交割。

11.6　本 章 小 结

　　本章基于合作博弈提出一种售电商通过共享需求侧调节响应能力来提升 DR 项目收益的运营模式。首先,评估负荷调节成本和 ESS 调节成本,并且建立在非合作状态下的售电商 DR 模型,得到每个售电商的 DR 奖励收入及响应情况。由于共享需求侧调节响应能力是一种利用闲置调节能力创造价值的模式,售电商参与共享本质是 DR 调节成本的再分配,将不影响 DR 奖励收入。

　　基于上述思想,建立基于合作博弈的需求侧调节成本优化模型,求得参与共享后每个售电商的 DR 调节成本及响应情况,并利用传统 Shapley 值方法计算共享服务费用。由于共享市场出清后必须保证每个参与者自身的供需平衡,因此电能最终需通过物理网络完成交割,仍然属于需求侧能量共享范畴。最终,算例证明相较于不共享需求侧调节响应能力的情况,三个售电商通过合作参与共享市场后 DR 总收益分别提升 4.05%、5.57%、7.63%。

参 考 文 献

[1] 陈玥,刘锋,魏韡,等. 需求侧能量共享:概念、机制与展望[J]. 电力系统自动化,2021,45(2):1 — 11.

[2] 卢强,陈来军,梅生伟. 博弈论在电力系统中典型应用及若干展望[J]. 中国电机工程学报,2014,34(29):5009 — 5017.

[3] WAN Y,KOBER T,DENSING M. Nonlinear inverse demand curves in electricity market modeling[J]. Energy Economics,2022(107):105809.

[4] 文军,刘楠,裴杰,等. 储能技术全生命周期度电成本分析[J]. 热力发电,2021,50(8):24 — 29.

[5] 何颖源,陈永翀,刘勇,等. 储能的度电成本和里程成本分析[J]. 电工电能新技术,2019,38(9):1 — 10.

[6] 薛金花,叶季蕾,陶琼,等. 采用全生命周期成本模型的用户侧电池储能经济可行性研究[J]. 电网技术,2016,40(8):2471 — 2476.

[7] SAAD W,HAN Z,DEBBAH M,et al. Coalitional game theory for communication networks[J]. IEEE Signal Processing Magazine,2009,26(5):77 — 97.

[8] 王怡,王小君,孙庆凯,等. 基于能量共享的综合能源系统群多主体实时协同优化策略[J].电力系统自动化,2022,46(4):56 — 65.

第 5 篇　储能的系统价值评估专题

第 12 章　电力系统中储能的系统价值评估理论

本章分为两个部分。第一部分全面分析储能在电力系统中的价值构成,定义储能的系统价值,对其直接价值和间接价值进行定义和分类,并分析二者同时实现的可能性,同时根据储能在各应用之间的协同关系,给出储能多重应用的协同效应矩阵,并强调潜在的附加效益也是储能系统价值的重要组成部分,最后分析储能系统的价值特征。第二部分借鉴价值论领域的"系统价值"概念,提出并定义系统价值评估理论,分析使用系统价值评估方法评估设备系统价值的两种可行性评估路径,即累加逼近法和差值法。

12.1　电力系统中储能的系统价值

12.1.1　储能的系统价值构成

综合《能源发展"十三五"规划》《电力发展"十三五"规划》等一系列能源政策,储能在提高电力系统调峰能力、促进可再生能源就地消纳、提升负荷响应水平、发展分布式能源、构建能源互联网等方面的应用价值已经得到认可。由于现有市场容量较小,以及交易机制不健全,储能的价值尚未充分体现,在未来高比例可再生能源场景下,储能在发一输一变一配一用的各环节的系统价值将日益显现。

储能的系统价值是指储能在电力系统各环节中实现的价值之和,即在现行电价和电力辅助服务相关政策下,安装的储能所能实现的可量化计算的直接价值和间接价值。其中,储能的直接价值是指储能参与特定应用所实现的价值,间接价值是指其在实现直接价值的基础上额外产生的价值。

美国桑迪亚国家实验室将储能的价值收益划分为五大领域十七种类型,未来呈扩大趋势。依据美国桑迪亚国家实验室划分的储能价值收益的十七种类型,对储能的直接价值和间接价值进行划分,并分析实现直接价值的同时实现间接价值的可能性,见表 12.1。

表 12.1 储能的直接价值和间接价值

直接价值	间接价值			
	缓解线路阻塞	提高供电可靠性	延缓输配电网升级	风力发电并网
削峰填谷	√	×	√	×
发电容量	×	√	×	×
负荷跟踪	√	√	√	×
区域调频	×	×	×	√
备用容量	×	√	×	√
电压支持	×	√	×	√
变电站电源	×	√	√	×
能源消费管理	√	×	√	×
充电需求管理	√	×	√	×
可再生能源移峰	√	√	√	×
可再生能源稳定输出	×	√	×	√
电能质量	×	√	×	√
输电支持	×	√	√	×

注:√ 表示在实现直接价值时能够产生间接价值,× 表示在实现直接价值时不能产生间接价值。

在电力系统的规划与运行中,不同类型的应用对储能的要求不同,如频率调节需要有足够大功率的储能,对储能的充放电倍率性能及充放电功率要求较高,表 12.2 所示为不同工况下储能选型的分类。

表 12.2 不同工况下储能选型的分类

时间尺度	典型应用场景	运行特点	储能技术要求	代表储能	储能类型
分钟级以下	调频、负荷跟踪等	动作周期随机,毫秒、秒级响应速度,大功率充放电	高功率,高响应速度,循环寿命高	超级电容器	功率型
分钟至小时级	削峰填谷、调峰等	充放电切换频繁,分钟级响应速度	高安全性、兆瓦级储能、高循环寿命	电化学储能	功率型能量型
小时级以上	缓解阻塞、备用等	大规模能量存储	高安全性、100 MW 级储能、深充深放、低成本	抽水蓄能	能量型

有些情况下,同一储能可以在电力系统中担任两种或两种以上的角色,不同角色可以同时、分时或交叉担任,但是不同的应用之间必须兼容而不能发生冲突,如对储能额定功率和持续放电时间等要求不能冲突。表 12.3 列出的应用协同效应矩阵表征了各种应用之间的协同关系,即各种应用之间可能的组合。其中,输电支持和变电站电源与其他应用不具有

协同应用的相关性,故未在表中列出。

表 12.3　应用协同效应矩阵

应用	削峰填谷	发电容量	负荷跟踪	区域调频	备用容量	电压支持	能源消费管理	充电需求管理	电能质量	可再生能源移峰	可再生能源稳定输出
削峰填谷	☆	☆	☆	△	☆	☆	×	×	×	☆	☆
发电容量	☆	☆	☆	△	☆	☆	×	×	×	△	△
负荷跟踪	☆	☆	☆	△	☆	☆	△	△	△	△	×
区域调频	△	△	△	☆	△	×	×	×	△	△	△
备用容量	☆	☆	☆	△	☆	☆	☆	☆	×	△	△
电压支持	☆	☆	☆	×	☆	☆	☆	☆	☆	☆	☆
能源消费管理	×	×	△	△	☆	☆	☆	☆	☆	☆	☆
充电需求管理	×	×	△	△	☆	☆	☆	☆	☆	☆	☆
电能质量	×	×	△	×	☆	☆	☆	☆	☆	☆	×
可再生能源移峰	☆	△	△	△	☆	☆	☆	☆	×	☆	☆
可再生能源稳定输出	☆	△	×	△	△	☆	☆	☆	×	☆	☆

注:表中符号表示储能参与对应应用的协同关系,☆ 表示强相关,△ 表示弱相关,× 表示不相关。

同一储能,通过合理的功率和容量配置,可发挥多种用途,实现储能的多重价值,缩短储能投资回收期。储能参与多种应用实现多重价值时,并不能简单地认为其系统价值是储能所参与应用效益的线性叠加,还应考虑其产生的附加效益,如减少电网损耗、减少尖峰电价的出现、改善现有电网设施在峰荷时段的利用效率、提高资金利用率避免高额投资、减少弃风弃光及提高环境效益等。如图 12.1 所示,储能在参与多种应用时,通过将其所能实现的效益进行叠加并考虑其附加效益,能合理公平地体现储能的系统价值。

12.1.2　储能的系统价值特征

前文提到,储能的系统价值虽在许多应用当中已经得到认可,但是由于诸多因素制约尚未充分体现。随着储能技术成熟度不断提高,成本不断下降,电力市场化改革不断深入,与储能配套的相关政策发布并逐步落实,以及未来储能配置容量的不断扩大,储能系统将深度参与电力系统各个环节,其系统价值将充分体现。概括地讲,储能的系统价值特征包括以下三点。

(1)具有累积效应。

储能的系统价值随配置容量的增加逐渐增加,但并不是储能配置的容量越大越好,在某一特定场景下存在一个使得系统价值达到最大的最优容量,即储能系统达到饱和状态。但伴随储能容量的进一步增加,可能激发新的价值效益,如储能从单一应用过渡到多重应用。

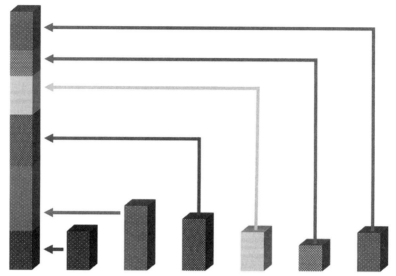

效益叠加　应用效益一　应用效益二　应用效益三　应用效益四　应用效益五　附加效益

图 12.1　多重价值示意图（彩图见附录）

（2）具有跃变特性。

随着储能配置容量的增加，储能的价值领域得到激发，而只有在新的价值领域得到有效激发时，其对应的价值效益方能体现，如储能在用户领域的容量不断增加，最终影响到输配电领域电网规划方案的制定。因此，储能的系统价值存在跃变。

（3）具有多样性。

不同的场景对储能应用的侧重性不同，这就导致了不同应用场景下储能多重应用组合的多样性，如表 12.3 所示的应用协同效应矩阵列出的多种组合，最终导致其系统价值的多样性。

储能的系统价值随储能配置容量变化如图 12.2 所示。该图可视为一种储能多重应用场景下，其系统价值随储能配置容量增加而变化的案例。

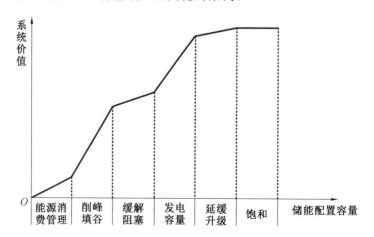

图 12.2　储能的系统价值随储能配置容量变化

12.2　系统价值评估理论与方法

12.2.1　系统价值评估理论

"系统价值"这一概念源于价值论领域。在价值论领域,不同类型的价值主体在不同的价值领域会产生不同的价值形式,包括内在价值、工具价值和系统价值。内在价值是指价值主体在选择和创生自身价值过程中所生成的自利性价值;工具价值是指彼此相关的不同价值主体之间的利他性价值,产生的价值不属于价值主体本身;系统价值则是站在更高的角度,从整个系统的角度出发,包含了所有存在物的内在价值、工具价值及不同存在物之间相互作用而实现的价值。与内在价值和工具价值相比,系统价值具有更高的价值尺度,它重视所有的价值形式,把一切的价值形式都作为自己的有机内容。

本书根据价值论领域中系统价值的概念,提出系统价值评估理论。系统价值评估研究的是由于某种设备的应用,所导致的整个系统的净收益,既考虑其对系统的正面作用,也考虑其对系统的负面作用。系统价值评估将评估的对象由单位产出转变为整个系统,从而避免了"因小失大"现象的产生,避免了因过于注重单位产出的成本评估而忽视对系统整体的影响。图 12.3 用一种更直观的形式描述了系统价值评估原理。

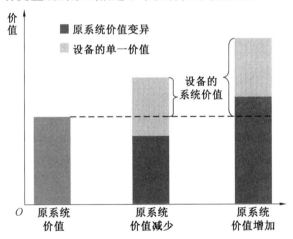

图 12.3　系统价值评估原理

现有的设备价值评估方法只考虑设备的各种成本及其所能够产生的各种收益,两者之差即为该设备的(单一)价值,而不考虑其对原系统价值的影响,或简单地认为该设备所导致的新系统的价值为该设备(单一)价值与原系统价值的线性叠加。系统价值评估理论认为,新设备的加入除了其本身的(单一)价值以外,还会引起原系统价值的变异,既可能增加也可能减少,两者综合影响新系统的价值,而新系统价值与原系统价值之差,方为新设备的系统价值。

在图 12.3 中,左图表示原系统价值,中间图表示新设备的加入会引起原系统价值减少,因此该设备的系统价值小于其单一价值;右图表示新设备的加入会引起原系统价值增加,因此该设备的系统价值大于其单一价值。

12.2.2 系统价值评估方法

由于在电力系统中安装新设备一般不会引起原系统价值的减少,因此可采用数学中的"逼近理论"对设备的系统价值进行计算,即累加逼近法。该方法利用累加逼近的原则,明确设备加入电力系统后产生的直接价值、间接价值及附加价值,对设备的多重应用价值进行叠加计算,计算方法为

$$f = V_1 + V_2 + V_3 + \cdots + V_i \tag{12.1}$$

式中,f 为设备的系统价值;$V_1,V_2,\cdots,V_i$ 分别为设备参与第 $1,2,\cdots,i$ 种应用的价值。

在区域电网或大电网中,像储能这样的设备的系统价值贯穿于电力系统中发—输—变—配—用的各个环节,需要立足于系统本身对设备的价值进行系统性评估。

考虑到上述情形,依据系统价值评估理论的基本思路,可基于电力系统实际情况通过比较有设备与无设备两种情况下的整体综合效益,实现对系统内设备的系统价值评估。简言之,该方法即为计算含设备的新系统总价值与不含设备的原系统总价值之差,该差值为设备的系统价值,计算模型为

$$f = C_{\text{NES}} - C_{\text{INS}} \tag{12.2}$$

式中,C_{INS} 为不含设备的原系统综合技术成本效益;C_{NES} 为含设备的新系统综合技术成本效益。

12.3 本 章 小 结

本章全面分析了储能在电力系统中的价值构成,对储能在电力系统中的系统价值做出了定义,包括其直接价值和间接价值,依据美国桑迪亚国家实验室对储能价值收益划分的五大领域十七种类型,对储能系统的直接价值和间接价值做出了解释和划分,并分析了其实现直接价值的同时实现间接价值的可能性,给出了直观的表格予以表示。

然后,本章依据储能系统的运行特性和电力系统中不同类型应用对储能的各方面性能要求,给出了储能多重应用的协同效应矩阵。此外,随着储能系统装机容量的不断增加,其容量与其系统价值存在着某种特性关系,因此本章分析概括了储能的系统价值特征,即系统价值具有累积效应、跃变特性和多样性,并给出了储能的系统价值随储能系统配置容量变化的示意图。

最后,本章将价值论领域的"系统价值"概念引入价值评估方法中来,并根据价值论领域中"系统价值"的定义,对系统价值评估理论做出了定义。根据提出的系统价值评估理论,提出了电力系统中设备的系统价值评估方法。

参 考 文 献

［1］黎静华,汪赛.兼顾技术性和经济性的储能辅助调峰组合方案优化［J］.电力系统自动化,2017,41(9):44－50,150.

［2］王蓓蓓,赵盛楠,刘小聪,等.面向可再生能源消纳的智能用电关键技术分析与思考［J］.电网技术,2016,40(12):3894－3903.

［3］李姚旺,苗世洪,刘君瑶,等.考虑需求响应不确定性的光伏微电网储能系统优化配置［J］.电力系统保护与控制,2018,46(20):69－77.

［4］曾鸣,彭丽霖,王丽华,等.主动配电网下分布式能源系统双层双阶段调度优化模型［J］.电力自动化设备,2016,36(6):108－115.

［5］田世明,栾文鹏,张东霞,等.能源互联网技术形态与关键技术［J］.中国电机工程学报,2015,35(14):3482－3494.

［6］徐海翔.风光储电站参与电力市场的交易机制研究［D］.北京:华北电力大学,2014.

［7］OUREILIDIS K O,BAKIRTZIS E A,DEMOULIAS C S. Frequency-based control of islanded microgrid with renewable energy sources and energy storage［J］. Journal of Modern Power Systems and Clean Energy,2016,4(1):54－62.

第13章 电力系统中储能的系统价值评估方法

本章基于前文所述的系统价值评估理论与方法,考虑到累加逼近法适用于储能产生的应用价值效益领域较少的情况,如对用户侧储能的系统价值评估可采用此方法,而差值法反映储能的整体综合技术成本效益,适用于区域电网中的储能系统价值量化评估,本章首先对用户侧储能的系统价值进行分析,采用累加逼近法对用户侧储能的系统价值进行评估,然后在配电网场景中使用差值法建立模型对配电网中储能的系统价值进行计算。

13.1 用户侧储能的系统价值评估

13.1.1 用户侧储能的系统价值分析

1.削峰填谷

用户侧储能可以通过参与削峰填谷达到减少电费开支的目的。削峰填谷主要是在电价较低时购买价格低廉的电能来给储能充电,以便在价格较高时使用或出售储能储存的电能,通过低充高放的方式进行电价获利或减少电费支出。各国电力市场系统都通过电价信号来引导人们的用电方式,即制定各时段高低不同的电价(分时电价),通过电价差来缩小负荷峰谷差。在这种背景下,储能通过低充高放的形式可以为用户或储能投资商获得一定的收益。

储能参与削峰填谷的系统价值效益为

$$V_{\mathrm{ARV}} = \sum_{t=1}^{24} (P_{\mathrm{ARV},t}^{i,+} \pi_{\mathrm{peak}} - P_{\mathrm{ARV},t}^{i,-} \pi_{\mathrm{valley}}) \Delta t \tag{13.1}$$

式中,V_{ARV} 为储能参与削峰填谷的系统价值效益;$P_{\mathrm{ARV},t}^{i,-}$ 和 $P_{\mathrm{ARV},t}^{i,+}$ 分别为节点 i 上储能在第 t 时间段参与削峰填谷的充电和放电功率;π_{peak} 和 π_{valley} 分别为储能参与削峰填谷的峰时电价和谷时电价;Δt 为一个时间段的时长。

2.平滑风电场波动出力

风电场对其预测的风电出力曲线进行上报,调度中心会下发该风电场的发电计划,由于风电场出力具有间歇性和随机性,其实际出力曲线与发电计划曲线常存在偏差,储能通过补偿风电出力误差实现其与发电计划曲线达到一致,提高风电场跟踪发电计划的能力,提高风电并网消纳能力。

利用储能来补偿风电出力曲线,使得风电场出力在一定程度上保持平滑,可以降低风电场因预测出力不准确而带来的考核罚款,降低的考核费用一般有两种计算方案。

方案一是根据风电有功出力是否超过功率变化上限或者低于功率变化下限而制定的计

算方案,考核费用的降低按下式计算:

$$P_{\mathrm{W},t}^{i,-} = P_{\mathrm{W},t}^{i} - P_{\lim,t}^{i,+} \tag{13.2}$$

$$P_{\mathrm{W},t}^{i,+} = P_{\lim,t}^{i,-} - P_{\mathrm{W},t}^{i} \tag{13.3}$$

$$W_{\mathrm{PC}} = \sum_{t=1}^{24} (P_{\mathrm{W},t}^{i,-} + P_{\mathrm{W},t}^{i,+}) \Delta t \tag{13.4}$$

$$V_{\mathrm{PC}} = \pi_{\mathrm{w,feed-in}} W_{\mathrm{PC}} \tag{13.5}$$

式中,$P_{\mathrm{W},t}^{i}$ 为节点 i 上风电场第 t 时间段的实际出力;$P_{\lim,t}^{i,+}$ 和 $P_{\lim,t}^{i,-}$ 分别为节点 i 上风电场第 t 时间段出力相对于电网调度的偏差上限和下限;$P_{\mathrm{W},t}^{i,-}$ 和 $P_{\mathrm{W},t}^{i,+}$ 分别为节点 i 上储能第 t 时间段参与平滑风电场功率输出的充电和放电功率,即第 t 时间段超出上限和低于下限限值的功率变化值;W_{PC} 为储能平滑风电场波动出力的总充电和放电电量;V_{PC} 为通过储能平滑风电场波动出力后降低的考核费用;$\pi_{\mathrm{w,feed-in}}$ 为风电上网电价。

方案二是根据风电场日前预测准确率应大于或等于 80% 而制定的计算方案,当预测准确率小于 80% 时,按以下公式考核:

$$X = \left\{ 1 - \left[\sqrt{\frac{1}{n} \sum_{t=1}^{n} (P_{\mathrm{W},t}^{i} - P_{\mathrm{P},t}^{i})^{2}} \right] \Big/ P_{\mathrm{N}}^{i} \right\} \times 100\% \tag{13.6}$$

$$W_{\mathrm{check}} = (80\% - X) P_{\mathrm{N}}^{i} \Delta t \tag{13.7}$$

$$V_{\mathrm{check}} = \pi_{\mathrm{w,feed-in}} W_{\mathrm{check}} \tag{13.8}$$

式中,X 为风电预测准确率;$P_{\mathrm{P},t}^{i}$ 为节点 i 上风电场第 t 时间段的日前风电功率预测值;P_{N}^{i} 为节点 i 上风电场总装机容量;n 为样本个数;W_{check} 为日前准确率考核电量;V_{check} 为降低的日前风电功率考核费用。

综上,储能平滑风电场波动出力价值效益如式(13.9)或(13.10)所示:

$$V_{\mathrm{SW}} = V_{\mathrm{PC}} \tag{13.9}$$

$$V_{\mathrm{SW}} = V_{\mathrm{check}} \tag{13.10}$$

3.提高供电可靠性

储能用于提高供电可靠性,是指储能能够在供电不足或中断时将储存的电量供给用户,避免电能中断,以保证安全、稳定的电力供应。储能在提高供电可靠性方面的应用效益主要取决于稳定电力供应对于用户的价值,以及由于停电而获得的补偿费用。本节主要考虑由于供电不足或中断而获得的补偿收益。储能提高供电可靠性的价值效益为

$$V_{\mathrm{RE}} = \pi_{\mathrm{RE}} \min\{P_{\mathrm{AV}}, P_{\mathrm{ES}}\} T_{\mathrm{RE}} \tag{13.11}$$

式中,V_{RE} 为储能提高供电可靠性的价值效益;π_{RE} 为用户停电补偿价格;P_{AV} 为用户停电时间内可能的平均用电负荷;P_{ES} 为储能的额定功率;T_{RE} 为停电时间。

13.1.2　系统价值评估模型

1.目标函数

本节考虑储能同时参与削峰填谷、平滑风电场波动出力和提高供电可靠性三种应用,以储能的系统价值最大为控制目标的策略运行,目标函数为

$$\max\{V = V_{\mathrm{ARV}} + V_{\mathrm{SW}} + V_{\mathrm{RE}}\} \tag{13.12}$$

式中,V 为储能的系统价值。

2.约束条件

(1) 节点功率平衡约束。

$$\sum P_i + P_{G,i} + P_{W,i} + P_{ES}^i = \sum P_{L,i} \tag{13.13}$$

$$P_{ES}^i = u P_{out,t}^i - (1-u) P_{in,t}^i \tag{13.14}$$

$$P_{in,t}^i = P_{ARV,t}^{i,-} + P_{W,t}^{i,-} \tag{13.15}$$

$$P_{out,t}^i = P_{ARV,t}^{i,+} + P_{W,t}^{i,+} \tag{13.16}$$

式中,P_i 为节点 i 上注入的有功功率;$P_{G,i}$ 为节点 i 上发电机发出的有功功率;$P_{W,i}$ 为节点 i 上风电场发出的有功功率;P_{ES}^i 为节点 i 上储能的注入功率;$P_{L,i}$ 为节点 i 上的有功负荷功率;$P_{in,t}^i$ 和 $P_{out,t}^i$ 分别为节点 i 上储能第 t 时间段的充电和放电功率;u 取 0 或 1。

(2) 线路潮流约束。

$$P_{i-j} \leqslant \alpha_{i-j} P_{i-j,max} \tag{13.17}$$

式中,α_{i-j} 为输电线路 $i-j$ 上负载率约束参数,其取值范围是 $(0,1]$;P_{i-j} 为输电线路 $i-j$ 上的传输功率;$P_{i-j,max}$ 为输电线路 $i-j$ 上的传输功率最大值。

若所有输电线路的约束值相同,则 $\alpha_{i-j} = \alpha$。相应的,不等式约束(13.17)即可简化为

$$P_{i-j} \leqslant \alpha P_{i-j,max} \tag{13.18}$$

(3) 机组出力约束。

$$P_{G,i,min} \leqslant P_{G,i} \leqslant P_{G,i,max} \tag{13.19}$$

$$P_{W,i,min} \leqslant P_{W,i} \leqslant P_{W,i,max} \tag{13.20}$$

式中,$P_{G,i,min}$ 为节点 i 上发电机的最小技术出力;$P_{G,i,max}$ 为节点 i 上发电机的最大技术出力;$P_{W,i,min}$ 为节点 i 上风电场的最小技术出力;$P_{W,i,max}$ 为节点 i 上风电场的最大技术出力。

(4) 相角约束。

$$\theta_{min} \leqslant \theta_i \leqslant \theta_{max} \tag{13.21}$$

式中,θ_i 为节点 i 相角;θ_{max} 和 θ_{min} 分别为节点相角允许的最大、最小值。

(5) 储能充放电功率约束。

$$P_{in,t}^i \leqslant P_{PCSmax}^i \tag{13.22}$$

$$P_{out,t}^i \leqslant P_{PCSmax}^i \tag{13.23}$$

式中,P_{PCSmax}^i 为节点 i 上储能变流器(power conversion system,PCS)额定值。

(6) 储能 SOC 约束。

$$E_{ES,t-1}^i + P_{in,t}^i \Delta t \eta_{ch}^i \leqslant E_{ESmax}^i \tag{13.24}$$

$$E_{ES,t-1}^i - \frac{P_{out,t}^i \Delta t}{\eta_{disch}^i} \geqslant E_{ESmin}^i \tag{13.25}$$

式中,$E_{ES,t-1}^i$ 为节点 i 上储能第 $t-1$ 时间段的 SOC;E_{ESmin}^i 为节点 i 上储能的最小 SOC;E_{ESmax}^i 为节点 i 上储能的最大 SOC;η_{ch}^i 和 η_{disch}^i 分别为节点 i 上储能的充电和放电效率。

3.评估指标

(1) 设备使用率。

设备使用率(use rate of device,URD)定义为储能变流器负载不为零的时间与总时间

的比值：

$$\text{URD} = \left[\sum_{t=1}^{8\,760} \{ P_{\text{in},t} \neq 0 \bigcup P_{\text{out},t} \neq 0 \} \Delta t \right] / 8\,760 \tag{13.26}$$

（2）静态投资回收期。

静态投资回收期（static payback period, SPBP）表示收回储能初始全部投资所需的时间年限，不考虑资金的时间价值，是从初始投资之日起用获得的资金收益回收全部投资所需要的时间。对储能全生命周期最大时间进行评估以确定投资回收期，累积现金流（cumulative cash flow, CCF）等于零的年份（y）即为投资回收期。

$$C_{\text{ES}} = C_{\text{B}} E_{\text{ES}} + C_{\text{P}} P_{\text{PCS}} \tag{13.27}$$

$$C_{\text{CCF}} = \sum_{y=0}^{\text{LC}} V_y - C_{\text{ES}} \tag{13.28}$$

$$\text{SPBP} = \{ y, C_{\text{CCF}} y = 0 \} \tag{13.29}$$

式中，C_{ES} 为储能的投资成本；C_{B} 为储能单位容量成本；E_{ES} 为储能的配置容量；C_{P} 为储能变流器的单位成本；P_{PCS} 为储能变流器的额定功率；C_{CCF} 为累积现金流；V_y 为第 y 年储能的系统价值；SPBP 为储能的静态投资回收期。

（3）盈利能力指数。

盈利能力指数（profitability index, PI）表征了储能投资的价值和风险。盈利能力指数被定义为单位投资的现值，即初始投资后，所有预期未来的储能的系统价值现值和初始投资额的比值。对于经济上有利的投资，盈利能力指数应该高于 1。盈利能力指数计算公式为

$$\text{PI} = \left[\sum_{y=0}^{\text{LC}} V_y (1+\rho)^{-y} \right] / C_{\text{ES}} \tag{13.30}$$

式中，ρ 为银行年利率。

13.1.3　算例分析

以 Garver 6 节点测试系统为算例，其接线图如图 13.1 所示，发电机运行参数见表13.1。在节点 2 和节点 5 位置配置储能，以磷酸铁锂离子电池储能系统为例进行分析计算，储能变流器单位成本 $C_{\text{P}} = 350$ 元/kW，储能的单位容量成本 $C_{\text{B}} = 1\,500$ 元/(kW·h)，储能的生命周期 LC 为 10 年，储能的充放电深度为 20% ～ 80%，充放电效率 $\eta_{\text{ch}} = \eta_{\text{disch}} = 80\%$。

表 13.1　发电机运行参数

序号	$P_{\max}$/MW	$P_{\min}$/MW
1	150	0
3	360	108
6	600	180

典型日 24 个时间段负荷功率和电网电价如图 13.2 所示，电网峰时、平段、谷时电价分别为 1.307 9 元/(kW·h)、0.789 2 元/(kW·h) 和 0.295 5 元/(kW·h)。

风电场的额定装机 $P_{\text{N}} = 150$ MW，风电上网电价为 0.57 元/(kW·h)。本算例采用北

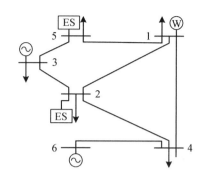

图 13.1 　Garver 6 节点测试系统接线图

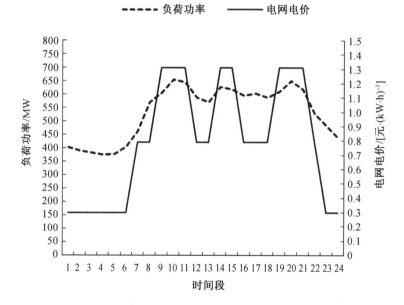

图 13.2 　典型日 24 个时间段负荷功率和电网电价

京市 2014 年风电夏季典型日出力曲线作为电网的调度曲线,如图 13.3 所示,调度曲线时间尺度为 15 min,一天 24 h 共 96 个时间段,并对该曲线各时段的出力值随机波动 ±40% 模拟 10 000 次,作为风电的实际出力曲线。

取输电线路负载率约束参数为 $\alpha = 0.80$,银行年利率为 5%。一年以 330 天计,用户停电时间采用 2017 年全国城市平均停电时间 $T_{RE} = 5.02$ h/户,用户停电补偿价格按用户电度电费的 4 倍进行补偿。

本算例在节点 2 和节点 5 配置功率和容量相同的储能,配置的储能功率为 5 MW、7.5 MW、10 MW、12.5 MW 和 15 MW,容量按照满功率储能(充电)小时数分别为 0.5、1、1.5、2、2.5、3、3.5 和 4 进行配置。另外,储能参与平滑可再生能源应用降低风电场考核费用采用第一种方案进行计算,当风电实际出力曲线超出或低于调度曲线的 ±20% 时将受到惩罚,以此为基础计算储能的系统价值,取 10 000 次计算的平均值作为典型日储能的系统价值。

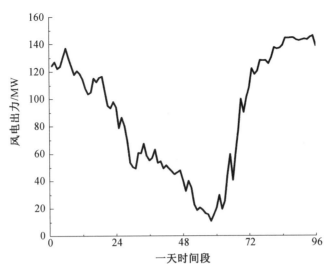

图 13.3　　电网调度曲线

表 13.2 为储能在不同应用中的设备使用率。

表 13.2　　储能在不同应用中的设备使用率

应用	多重应用	平滑可再生能源	削峰填谷
设备使用率	80.47%	41.87%	66.67%

　　储能在削峰填谷应用中的使用率为 66.67%,削峰填谷只发生在一天的特定时间段,所以储能单独参与削峰填谷应用时的设备使用率较为确定,不会高于特定时间段占一天时间段的比例。而平滑可再生能源应用比较特殊,理论上设备使用率可以接近 100%,这主要受两个因素影响:储能的配置功率和容量;一天时间段中风电的实际出力与调度出力上下限之间的关系。储能在平滑可再生能源应用中的设备使用率为 41.87%,主要是因为风电实际出力在大部分时间中都处于调度出力的上下限之间,导致储能使用率较低。储能单独用于提高供电可靠性的设备使用率极低,故未在表中列出,主要是因为全国平均供电可靠率的大幅提升,2017 年全国平均供电可靠率为 99.814%,储能在一年内需要动作的次数极少,导致了其在提高供电可靠性应用中使用率远远低于其他几种应用。储能参与多重应用的设备使用率最高为 80.47%,这是由于储能在参与削峰填谷的同时可以平滑可再生能源,储能动作的时间段更多,因此设备使用率最高。

　　储能单独应用于削峰填谷和提高供电可靠性,由其价值量化模型可知,其价值与储能容量呈线性相关。储能单独参与削峰填谷应用时,因为储能的配置容量相对于负荷还不够大,储能在谷时、峰时能够进行完全的充放电,并且峰谷电价确定,导致储能的系统价值与储能的配置容量成正比。但当储能的配置容量持续增加到谷时不能充满或峰时不能完全放出时,储能参与削峰填谷的系统价值曲线斜率将会变小,最终趋向于 0 达到饱和。

　　储能单独用于提高供电可靠性的系统价值极低,出现这一情况的主要原因与储能单独用于提高供电可靠性的设备使用率最低类似。此外用于提高供电可靠性的系统价值与储能的充放电功率、用户停电时间内可能的平均用电负荷和储能的配置容量有关。所以,储能提高供电可靠性应用不具备单独获得投资的价值,储能用于提高供电可靠性属于储能的间接价值。

储能用于平滑可再生能源和参与多重应用时其价值与储能容量为非线性关系,图13.4和图13.5所示为储能参与平滑可再生能源和多重应用的系统价值。

由图13.4可见,储能参与平滑可再生能源的系统价值曲线在配置容量为充放电功率的2倍处就开始趋于一条水平的直线,由此可以看出,储能在参与平滑可再生能源应用时对储能的容量要求不高,主要的价值收益是储能进行频繁的充放电,这对于储能的充放电功率要求较高。

由图13.5可见,储能参与多重应用的系统价值随着储能充放电功率和配置容量的增加不断增大,在配置容量为充放电功率的1倍处前,系统价值曲线斜率最大,此为储能系统价值跃变特性的第一跃变阶段。在长时间尺度下,随着储能配置容量的增加,储能将在规划层面体现其系统价值,同时与运行层面系统价值累积,实现系统价值的再一次跃变。储能参与多重应用的系统价值比其单独参与各应用系统价值之和平均高出440.65万元,说明储能在参与削峰填谷和平滑可再生能源应用时协同关系较强,这与表12.3列出的应用协同效应矩阵是相符合的。

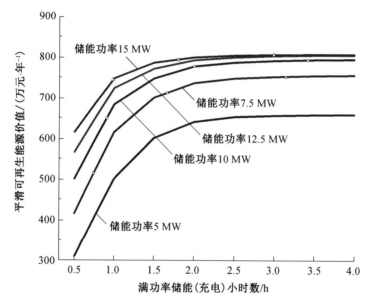

图 13.4 储能参与平滑可再生能源的系统价值

图13.6所示为储能生命周期内的盈利能力指数和储能静态投资回收期。当盈利能力指数应该高于1时,表示可以进行投资,并且盈利能力指数越大表示该投资的经济效益越高。由图13.6可知,储能参与多重应用时的 PI 均在1以上,并且静态投资回收期明显低于参与其他应用的静态投资回收期。储能参与削峰填谷应用时,在生命周期内,其 PI 不存在高于1的情况,但是其 PI 曲线随储能配置容量的增加而增大,静态投资回收期不断降低,由此可见削峰填谷应用需要较大的储能配置容量才能在生命周期内实现成本回收甚至盈利。储能参与平滑可再生能源与参与削峰填谷相反,其 PI 曲线随着储能配置容量的增加而减小,静态投资回收年限不断增加,在储能配置容量较高的情况下其 PI 出现低于1的情况,所以储能参与平滑可再生能源对于储能的配置容量要求不高。综上所述,储能参与多重应用

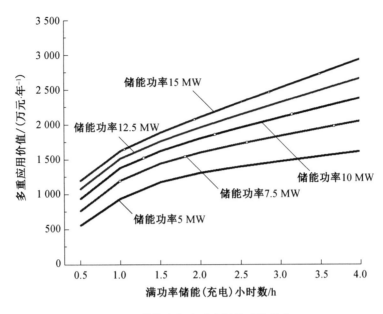

图 13.5　　储能参与多重应用的系统价值

时具备良好投资条件,参与削峰填谷应用需要较大的储能配置容量才能体现其经济性,与参与削峰填谷应用的情况相反,参与平滑可再生能源只需要较少的配置容量就能达到良好的经济性并且盈利。

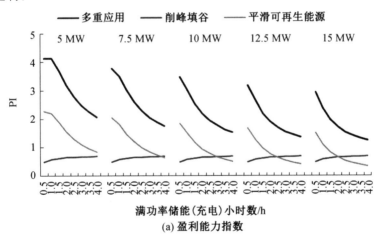

(a) 盈利能力指数

图 13.6　　储能生命周期内的盈利能力指数和静态投资回收期

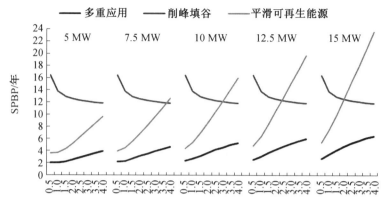

(b) 静态投资回收期

续图 13.6

综上,储能参与各应用在一定条件下都具备投资价值和盈利能力,需要根据具体的参与应用、负荷情况和可再生能源装机等合理地配置储能,使其系统价值达到最大。

13.1.4 小结

本节采用累加逼近的方法对用户侧储能的系统价值进行评估,并以储能系统同时参与削峰填谷、平滑可再生能源和提高供电可靠性为例,充分分析储能参与这三种应用的价值效益并进行量化,建立以储能系统价值最大为目标函数的系统价值评估模型并求解。以 Garver 6 节点测试系统为算例,分析计算储能在该应用场景下的系统价值。研究得出如下结论:

(1)系统价值评估方法以储能的实际应用场景为基础,可以有效避免单一价值评估、多元价值评估和平准成本等现有评估方法的局限性,可以更加客观全面地评估储能的价值。

(2)储能系统参与多重应用可以有效提高储能的经济性,通过合理的功率和容量配置,储能设备投资的静态投资回收可以缩短至 3 ~ 6 年,在现有投资条件下,具备市场化投资价值。

(3)未来高比例可再生能源场景下,通过合理地规划储能的功率和容量,参与多重应用,可以实现更高的经济性,为储能在电力系统中的多场景应用提供了依据。

13.2 配网侧储能的系统价值评估

网侧储能作为实现储能规模化发展的重要途径,应用领域涉及电力系统各个环节,应用价值具有多样性,因此需要科学的评价体系对储能发挥的效益进行评估,为网侧储能规划应用与政策机制制定提供决策支撑。本节根据系统价值理论体系,以差值法建立储能系统价值评估模型,对配电网中储能的各类价值进行系统性的评估。

13.2.1　差值法计算模型

差值法立足于储能所服务的大系统,即整个区域电网,是对各类价值的整体计算,通过比较系统中有储能与无储能两种情况下的生产运行成本与社会效益的不同来计算储能的系统价值。

目标函数为

$$\max\{F = f_2 - f_1\} \tag{13.31}$$

式中,F 为配电网中储能的系统价值;f_1 为原系统价值;f_2 为储能加入后的新系统价值。

1.原系统价值计算

在安装储能装置之前,整个配电网的系统价值主要来源于其购电与售电价差获利。

$$f_1 = C_s - C_{eg} - C_{em} \tag{13.32}$$

式中,C_s 为电网公司售电收益;C_{eg} 为配电网购电成本;C_{em} 为环境治理承担成本。

(1)电网公司售电收益。

$$C_s = \sum_{t=1}^{24} e_{u,t} P_{L,t} \Delta t \tag{13.33}$$

式中,$e_{u,t}$ 为第 t 时段配电网售电分时电价;$P_{L,t}$ 为第 t 时段配电网总负荷。

(2)配电网购电成本。

$$C_{eg} = \sum_{t=1}^{24} e_{g,t} P_{grid,t} \Delta t \tag{13.34}$$

式中,$e_{g,t}$ 为第 t 时段售电网购电分时电价;$P_{grid,t} = P_{L,t} - P_{w,t} + P_{loss,t}$,表示第 t 时段配电网从主网购电功率;$P_{w,t}$ 为第 t 时段系统风电消纳功率;$P_{loss,t}$ 为第 t 时段的配电网网络总损耗。

(3)环境治理承担成本。

$$C_{em} = \sum_{t=1}^{24} \lambda_t c_{co2} P_{grid,t} \Delta t \tag{13.35}$$

式中,λ_t 为单位质量二氧化碳排放成本;c_{co2} 为单位电量二氧化碳排放量。

配电网所需购电量由燃烧煤炭的火力发电厂发出,相应的碳排放成本由配电网承担。

2.新系统价值计算

配电网中安装储能后,新系统价值涵盖了储能的价值收益与储能作用于原系统造成的价值变化,利用配电网售电净收益进行计算。

$$f_2 = C_s - C'_{eg} - C'_{em} - C_{ess} \tag{13.36}$$

式中,C'_{eg} 为储能安装后配电网购电成本;C'_{em} 为储能安装后环境治理承担成本。

(1)含储能的配电网购电成本。

$$C'_{eg} = \sum_{t=1}^{24} e_{g,t} P_{grid,t}^{ess} \Delta t \tag{13.37}$$

(2)含储能的环境治理承担成本。

$$C'_{em} = \sum_{t=1}^{24} \lambda_t c_{co2} P_{grid,t}^{ess} \Delta t \tag{13.38}$$

式中，$P_{\text{grid},t}^{\text{ess}} = P_{\text{L},t} - P_{\text{w},t}^{\text{ess}} + P_{\text{loss},t}^{\text{ess}}$，表示储能系统加入后第 t 时段配电网从主网购电功率；$P_{\text{w},t}^{\text{ess}}$ 为含储能的配电网第 t 时段风电消纳功率；$P_{\text{loss},t}^{\text{ess}}$ 为含储能的配电网第 t 时段网络总损耗。

3.约束条件

储能的系统价值评估模型的约束条件包括配电网潮流约束、节点电压约束和储能运行约束。

（1）配电网潮流约束。

$$\begin{cases} P_{i,s} = U_{i,s} \sum_{j=1}^{N} U_{j,s}(G_{ij}\cos\delta_{ij,s} + B_{ij}\sin\delta_{ij,s}) \\ Q_{i,s} = U_{i,s} \sum_{j=1}^{N} U_{j,s}(G_{ij}\sin\delta_{ij,s} - B_{ij}\cos\delta_{ij,s}) \end{cases} \tag{13.39}$$

式中，$P_{i,s}$ 和 $Q_{i,s}$ 分别为 s 时刻注入节点 i 的有功、无功功率；$U_{i,s}$ 和 $U_{j,s}$ 分别为节点 i、j 在 s 时刻的电压幅值；G_{ij} 和 B_{ij} 分别为导纳矩阵中第 i 行第 j 列元素的实部与虚部；$\delta_{ij,s}$ 为节点 i、j 在 s 时刻的相角差。

规定配电网功率不允许向上级电网倒送，即

$$P_{\text{grid},t} \geqslant 0 \tag{13.40}$$

（2）节点电压约束。

$$U_{\min} \leqslant U_{i,s} \leqslant U_{\max} \tag{13.41}$$

式中，$U_{\min}$ 为节点电压允许最小值；$U_{\max}$ 为节点电压允许最大值。

（3）储能运行约束。

$$\begin{aligned} & 0 \leqslant P_{\text{out},i,t}^{+} \leqslant P_{\text{ES},N} \\ & 0 \leqslant P_{\text{in},i,t}^{-} \leqslant P_{\text{ES},N} \\ & \text{SOC}_{\text{ES},i,t-1} + \eta_{\text{c},i} P_{\text{in},i,t}^{-} \Delta t \leqslant \text{SOC}_{\text{ES},i}^{\max} \\ & \text{SOC}_{\text{ES},i,t-1} - \frac{P_{\text{out},i,t}^{+} \Delta t}{\eta_{\text{d},i}} \geqslant \text{SOC}_{\text{ES},i}^{\min} \end{aligned} \tag{13.42}$$

式中，$P_{\text{out},i,t}^{+}$ 和 $P_{\text{in},i,t}^{-}$ 分别为储能放电、充电功率；$P_{\text{ES},N}$ 为储能额定功率；$\text{SOC}_{\text{ES},i,t-1}$ 为储能在节点 i 上第 $t-1$ 时段末的 SOC；$\eta_{\text{c},i}$ 和 $\eta_{\text{d},i}$ 分别为储能的充电和放电效率；$\text{SOC}_{\text{ES},i}^{\max}$ 和 $\text{SOC}_{\text{ES},i}^{\min}$ 分别为储能 SOC 的上限与下限。

13.2.2 算例分析

1.基础数据

为验证提出的储能系统价值计算方法的有效性，采用 IEEE 33 节点配电网系统进行分析。节点 9、15、20、24、29 上接入额定容量为 1.6 MW 的分散式风电；节点 10、15、20、29 上接入 0.25 MW/1.0 MW·h 的储能装置。配电网系统结构如图 13.7 所示，系统基准容量为 10 MV·A，基准电压为 12.66 kV，配电网从主网购电分时电价见表 13.3。储能设备参数见表 13.4。各时段 CO_2 排放因子如图 13.8 所示。

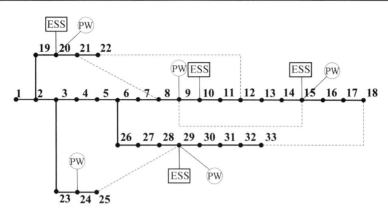

图 13.7　　配电网系统结构

表 13.3　　分时电价

时段	时间	购电电价 /[元·(kW·h)$^{-1}$]
峰时段	11:00－15:00,19:00－21:00	1.00
平时段	8:00－10:00,16:00－18:00,22:00－24:00	0.70
谷时段	1:00－7:00	0.35

表 13.4　　储能设备参数

参数名称	符号	数值
单位功率成本 /(元·kW^{-1})	$C_{i,p}$	500
单位容量成本 /[元·(kW·h)$^{-1}$]	$C_{i,e}$	1 500
单位容量年运行成本 /[元·(kW·h)$^{-1}$]	$C_{i,m}$	0.47
使用年限 / 年	y	10
贴现率	τ	0.10
充电效率	$\eta_{c,i}$	0.95
放电效率	$\eta_{d,i}$	0.95
SOC 下限	$SOC_{ES,i}^{min}$	0.10
SOC 上限	$SOC_{ES,i}^{max}$	0.90

2.储能的系统价值计算

本节选取春、夏、秋、冬四个典型场景,典型负荷与风电出力曲线如图 13.9 和图 13.10 所示。利用 GUROBI 分别求解上述建立的储能系统价值评估模型,得到四季度储能系统价值,见表 13.5。

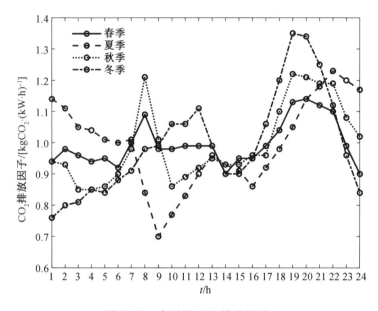

图 13.8　各时段 CO_2 排放因子

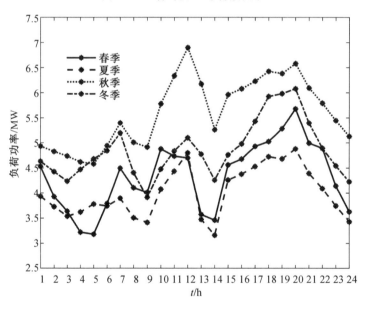

图 13.9　典型负荷曲线

表 13.5　差值法收益分布

场景	购电成本减少 / 万元	减排收益 / 万元	合计 / 万元
春	23.89	2.44	26.33
夏	24.88	1.69	26.57
秋	19.23	2.04	21.27
冬	19.52	1.58	21.10

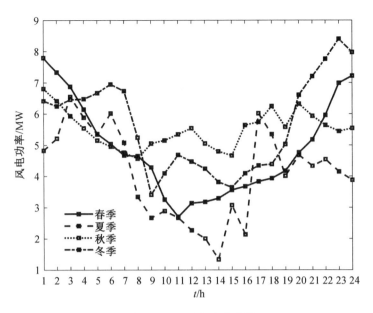

图 13.10　风电出力曲线

为研究储能在不同接入节点下的系统价值,本节基于夏季场景,采用以下三种方案进行分析比较。

方案一,储能装置接入方案与上节一致。

方案二,储能装置接入节点为 15、20、24、29,均为风电接入节点。

方案三,储能装置接入节点为 5、10、15、24。其中,节点 15、24 为风电接入节点。

由图 13.11 可知,在给定的三个方案中,方案一得到的储能系统价值最大。当储能全部安装于风电接入节点时(即方案二),储能充放电收益与网损收益下降,风电消纳收益得到提升,与方案一相比系统价值略微下降。在方案三中储能接入风电节点数量仅为 15、24 节点,此时储能充放电收益得到明显提升,风电消纳收益大幅下降,然而系统价值显著下滑。因此,随着接入节点的变动,储能自身充放电收益与风电消纳收益比例为影响储能系统价值的主导因素。

图 13.12 为方案一中储能 24 h SOC,由此可看出储能充电时间段集于 1:00－7:00 谷时段与 16:00－18:00 平时段,分别对应 11:00－15:00 峰时段与 19:00－21:00 峰时段两个放电时段,实现低储高发的效果及对风电量的消纳。

为研究储能不同接入容量对其系统价值的影响,基于方案一,分别选取总容量为 0.6 MW/2.0 MW·h、1.0 MW/4.0 MW·h、2.0 MW/6.0 MW·h、2.5 MW/8.0 MW·h 与 4.0 MW/10.0 MW·h 的储能(各节点具体配置情况见附录 3),得到的结果如图 13.13 所示。

由图 13.13 可以看出,当储能接入容量较小时,储能系统价值随着容量的增大变化趋势明显,静态投资回收期不断变长;而当储能接入容量达到 8～10 MW·h 时,储能系统价值增长幅度变缓,静态投资回收期先下降后上升,储能系统价值趋于饱和。

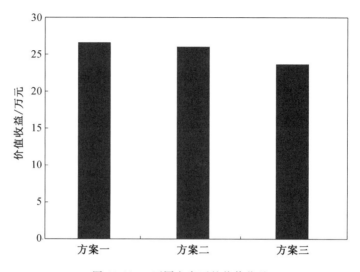

图 13.11　不同方案下的价值收益

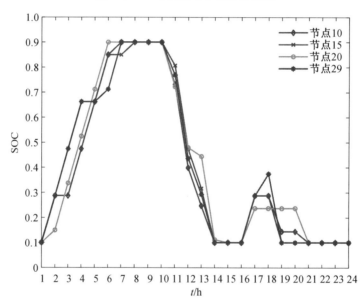

图 13.12　方案 1 中储能 24 h SOC

13.2.3　小结

本节基于系统价值评估理论,采用差值法建立了储能的系统价值评估模型,实现了对配电网中储能的系统价值分析与评估,通过算例仿真得到以下结论:

(1)系统中配置储能可实现有效消纳风电,降低网损,减少碳排放总量,其中储能的价值构成主要来源于储能充放电收益与风电消纳收益。

(2)差值法能反映储能的整体综合技术成本效益,其从系统角度出发,将储能与配电网视为新系统,以新系统与原系统价值之差可对储能的系统价值进行科学的评估。

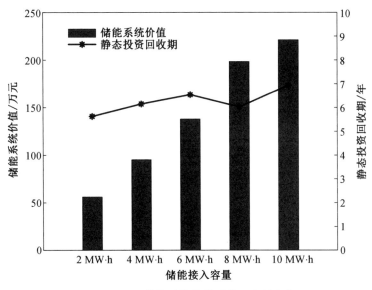

图 13.13　储能系统价值随接入容量变化

13.3　本章小结

　　本章第一部分将系统价值评估方法首先应用于用户侧储能,利用累加逼近的原则使得计算值无限接近于储能系统的真实价值;分析量化储能应用于削峰填谷、平滑可再生能源和提高供电可靠性的价值,建立以储能的系统价值最大为目标函数的多重价值评估模型;计算不同容量配置下储能兼顾上述三个应用场景的系统价值,验证系统价值评估方法的科学性。

　　本章第二部分基于系统价值评估理论,以配电网场景为研究对象,将价值最大化作为目标函数,使用差值法建立了储能的系统价值计算模型,最后以 IEEE 33 节点配电网系统作为测试系统,对系统中储能的系统价值进行科学的评估。

参　考　文　献

[1] 史林军,杨帆,刘英,等. 计及社会发展的多场景用户侧储能容量优化配置[J]. 电力系统保护与控制,2021,49(22):59 — 66.

[2] 李建林,马会萌,袁晓冬,等. 规模化分布式储能的关键应用技术研究综述[J]. 电网技术,2017,41(10):3365 — 3375.

[3] 谭伟,何光宇,刘锋,等. 智能电网低碳指标体系初探[J]. 电力系统自动化,2010,34(17):1 — 5.

[4] 刘英军,刘亚奇,张华良,等. 我国储能政策分析与建议[J]. 储能科学与技术,2021,10(4):1463 — 1473.

[5] 季宇,熊雄,寇凌峰,等. 基于经济运行模型的储能系统投资效益分析[J]. 电力系统保护与控制,2020,48(4):143 — 150.

第 14 章　　高比例可再生能源背景下考虑储能系统价值的储 — 输多阶段联合规划

高比例可再生能源是未来电力系统的一种新常态。储能因具有将电能的生产和消费从时间和空间上分隔开来的能力,而成为未来高比例可再生能源电力系统的关键支撑技术。为了实现储能与电网联合规划中资源效用最大化,本章首先考虑储能的运行特性,运用系统价值评估理论,分析储能在电网规划和运行层面的系统价值。其次,考虑电网规划周期内投资成本、系统运行成本、储能系统价值及固定资产折旧,建立以经济性最优为目标的储能与输电网联合规划模型。最后,以改进的 Garver6 节点系统对所提出模型和方法进行验证,并与传统线路规划方案进行对比。研究发现,在一定场景下储 — 输联合规划可实现规划和运行层面多种服务价值,其综合经济效益优于单纯的线路规划。研究结果可为未来储 — 输联合规划的发展提供参考。

14.1　储能的系统价值与成本分析

14.1.1　储能的系统价值分析

本章主要考虑储能延缓输电网升级改造的规划层面价值和用于平滑可再生能源输出减少考核罚款,减小火电旋转备用容量,通过削峰填谷降低网损,以及在缺电或断电情况下作为应急电源为重要用户供电减少停电损失、提高供电可靠性等四个运行层面价值,分析各个应用在含有储能和不含储能两种情况下的综合技术成本效益,采用差值法进行建模。

1.延缓升级改造

在许多地区,供电容量并没有跟上峰值负荷需求的增长。因此,在用电高峰期间线路会发生阻塞或者过负荷现象,此时需要对电网进行改造。传统方法包含升级或者扩建变电站、线路等措施。然而线路升级及扩容往往需要大量投资,随着储能系统大范围地应用于电网,可通过配置储能系统,达到转移负荷电量需求的目的,从而减小输电线路或变压器的传输功率,延缓对电网进行升级或者扩建,实现无新增线路或少新增线路解决方案。

设定配置储能系统前后电网的投资成本为 V_1 和 V_1'。V_1 计算式为

$$V_1 = \sum_{(i,j) \in \Omega} C_{i-j} n_{i-j} \tag{14.1}$$

式中,V_1 为配置储能前电网的投资成本(即电网线路的投资成本);Ω 为待选线路集合;C_{i-j} 为节点 i 和 j 之间单条输电线路造价;n_{i-j} 为节点 i 和 j 之间新建输电线路的数量。

V_1' 计算式为

$$V_1' = \sum_{i=1}^{n} (C_{\mathrm{B}} E_{\mathrm{ES}}^i + C_{\mathrm{P}} P_{\mathrm{PCS}}^i) + \sum_{(i,j) \in \Omega} C_{i-j} n_{i-j} \tag{14.2}$$

式中，V_1' 为配置储能后电网的投资成本（即包含储能和电网线路的投资成本）；C_{B} 为储能的单位容量造价；E_{ES}^i 为节点 i 上储能的配置容量；C_{P} 为储能变流器的单位成本；P_{PCS}^i 为节点 i 上储能变流器的额定功率。

2.平滑可再生能源输出

储能可用于平滑风电场的出力波动，以降低风电场有功功率变化超出变化限值部分的考核罚款，其平滑风电场波动出力的价值即为减少的考核罚款。储能平滑风电场波动出力原理示意图如图 14.1 所示。

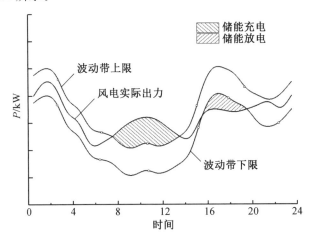

图 14.1　储能平滑风电场波动出力原理示意图

在不含储能系统的电网中，风电场需要缴纳的考核罚款为

$$V_2 = e_{\mathrm{W,feed-in}} \sum_{i=1}^{n} \int_{t=1}^{8\,760} (A_t^i + B_t^i) \, \mathrm{d}t \tag{14.3}$$

当 $P_{\mathrm{W},t}^i - P_{\lim,t}^{i,\mathrm{up}} > 0$ 时，

$$A_t^i = P_{\mathrm{W},t}^i - P_{\lim,t}^{i,\mathrm{up}} \tag{14.4}$$

当 $P_{\lim,t}^{i,\mathrm{low}} - P_{\mathrm{W},t}^i > 0$ 时，

$$B_t^i = P_{\lim,t}^{i,\mathrm{low}} - P_{\mathrm{W},t}^i \tag{14.5}$$

式中，V_2 为在不含储能系统的配电网中风电场需要缴纳的考核罚款；$e_{\mathrm{W,feed-in}}$ 为风电上网电价；$P_{\mathrm{W},t}^i$ 为节点 i 上风电场第 t 时段的实际有功出力；$P_{\lim,t}^{i,\mathrm{up}}$ 和 $P_{\lim,t}^{i,\mathrm{low}}$ 分别为节点 i 上风电场第 t 时段出力相较于电网调度的波动上、下限；A_t^i 和 B_t^i 分别为节点 i 上第 t 时段越出上限和下限的功率。

在电网中配置储能后，风电场需要缴纳的考核罚款减少为

$$V_2' = e_{\mathrm{W,feed-in}} \sum_{i=1}^{n} \int_{t=1}^{8\,760} (C_t^i + D_t^i) \, \mathrm{d}t \tag{14.6}$$

当 $P_{\mathrm{W},t}^i - P_{\mathrm{W},t}^{i,-} - P_{\lim,t}^{i,\mathrm{up}} > 0$ 时，

$$C_t^i = P_{\mathrm{W},t}^i - P_{\mathrm{W},t}^{i,-} - P_{\lim,t}^{i,\mathrm{up}} \tag{14.7}$$

当 $P_{\lim,t}^{i,\mathrm{low}} - P_{\mathrm{W},t}^{i} - P_{\mathrm{W},t}^{i,+} > 0$ 时,

$$D_t^i = P_{\lim,t}^{i,\mathrm{low}} - P_{\mathrm{W},t}^{i} - P_{\mathrm{W},t}^{i,+} \tag{14.8}$$

式中,$P_{\mathrm{W},t}^{i,-}$ 和 $P_{\mathrm{W},t}^{i,+}$ 分别为节点 i 上储能第 t 时段参与平滑风电场波动出力的充、放电功率;C_t^i 和 D_t^i 分别为节点 i 上第 t 时段储能充放电后越出上、下限的功率;V_2' 为在储能作用后需缴纳的考核罚款。

3.减小火电旋转备用容量

为了缓解可再生能源并网对电网的冲击,储能系统可通过快速地充放电动作平抑可再生能源出力的波动性,并由此抵消购买或"租赁"额外可调度容量的需求,减小火电机组的旋转备用容量。

在不含储能系统的电网中,火电旋转备用成本可表示为

$$V_3 = C_{\mathrm{CR}} h \int_{t_1}^{t_2} (P_{\mathrm{W},t}^{i} - P_{\lim,t}^{i,\mathrm{up}})\,\mathrm{d}t, \quad P_{\mathrm{W},t}^{i} - P_{\lim,t}^{i,\mathrm{up}} > 0 \tag{14.9}$$

式中,V_3 为电力系统不含储能的情况下的火电旋转备用成本;C_{CR} 为每小时火电旋转备用容量价格;h 为一年内的总补偿小时数;$[t_1,t_2]$ 为补偿风电功率预测误差的时间域。

在配置储能系统的电网中,火电旋转备用成本可表示为

$$V_3' = C_{\mathrm{CR}} h \int_{t_1}^{t_2} (P_{\mathrm{W},t}^{i} - P_{\mathrm{W},t}^{i,-} - P_{\lim,t}^{i,\mathrm{up}})\,\mathrm{d}t, \quad P_{\mathrm{W},t}^{i} - P_{\mathrm{W},t}^{i,-} - P_{\lim,t}^{i,\mathrm{up}} > 0 \tag{14.10}$$

式中,V_3' 为储能系统平滑风电出力波动后的火电旋转备用成本。

4.减少网损成本

通过低充高放,储能系统能起到改善电网潮流、平滑负荷曲线、降低电网损耗的作用,由于高峰时段电网的等效电阻大于低谷时段,且峰时电价高于谷时电价,因此系统总网损电量及对应的费用得以降低。

设配置储能前后线路的网损费用分别为 V_4 和 V_4'。

根据

$$I^2 = \frac{P^2}{U^2 \cos^2 \alpha} \tag{14.11}$$

线路网损费用的计算式可确定为

$$V_4 = \sum_{i=1}^{n} \sum_{t=1}^{8\,760} \frac{P_{\mathrm{L},t}^2}{U^2 \cos^2 \alpha} R_t^i e_t \tag{14.12}$$

$$V_4' = \sum_{i=1}^{n} \sum_{t \in T_{\mathrm{H}}} \frac{(P_{\mathrm{L},t} - \Delta P_{\mathrm{ES},t}^{i,+})^2}{U^2 \cos^2 \alpha} R_t^i e_t + \sum_{i=1}^{n} \sum_{t \in T_{\mathrm{L}}} \frac{(P_{\mathrm{L},t} + \Delta P_{\mathrm{ES},t}^{i,-})^2}{U^2 \cos^2 \alpha} R_t^i e_t + \sum_{i=1}^{n} \sum_{t \notin T_{\mathrm{L}} \cup T_{\mathrm{H}}} \frac{P_{\mathrm{L},t}^2}{U^2 \cos^2 \alpha} R_t^i e_t \tag{14.13}$$

式中,n 为节点个数;$P_{\mathrm{L},t}$ 为第 t 时段的有功负荷功率;U 为电压;α 为功率因数角;$\cos \alpha$ 为负荷功率因数;R_t^i 为第 t 时段 i 节点上储能和负荷间线路的等效电阻;e_t 为第 t 时段的电网电价;$\Delta P_{\mathrm{ES},t}^{i,+}$ 和 $\Delta P_{\mathrm{ES},t}^{i,-}$ 分别为 i 节点上储能在第 t 时段的放电和充电功率;T_{H} 和 T_{L} 分别为用户用电高峰和低谷的时段集合。

5.提高供电可靠性

一般采用缺电成本对可靠性效益进行定量评估。在电网中配置一定容量的储能系统,

在缺电或断电时可作为应急电源提供电能,能够提高供电可靠性,有效减少用户停电损失。

配置储能系统前后,由于供电不足所导致的缺电成本可表示为

$$V_5 = \sum_{i=1}^{n} \lambda_S R_{IEA}^i E_{ENS}^i \tag{14.14}$$

$$V_5' = \sum_{i=1}^{n} \lambda_S R_{IEA}^i E_{ENS}^i P\{E_{ES,t}^i < E_{ENS}^i\} \tag{14.15}$$

式中,V_5 和 V_5' 分别为配置储能系统前后,由电力供给不足所导致的缺电成本;λ_S 为停电率,次 / 年;R_{IEA}^i 为位于节点 i 处重要用户的缺电损失评价率,即重要用户缺失单位电量所引发的经济损失;$E_{ES,t}^i$ 为节点 i 第 t 时段储能的剩余电量;E_{ENS}^i 为由电网停电造成无法满足重要用户用电需求的期望值。

$$E_{ENS}^i = T_S^i (1 - A_S^i) P_0^i \tag{14.16}$$

$$P\{E_{ES,t}^i < E_{ENS}^i\} = \frac{h(E_{ES,t}^i < E_{ENS}^i)}{24} \tag{14.17}$$

式中,$P\{E_{ES,t}^i < E_{ENS}^i\}$ 为电网停电后储能系统剩余电量无法满足用户需求的概率;$h(E_{ES,t}^i < E_{ENS}^i)$ 为 $E_{ES,t}^i$ 小于 E_{ENS}^i 的小时数;T_S^i 为位于节点 i 处重要用户的年用电小时数;A_S^i 为节点 i 处的供电可靠度;P_0^i 为节点 i 处保障重要用户电力供应所需的功率。

14.1.2　储能的投资与运行成本分析

系统的投资成本包括储能和线路的投资建设成本,具体如式(14.2)所示。将各年的系统投资成本折算为现值,然后计算规划周期内系统总投资成本的现值,表达式为

$$C_{inv}' = \sum_{y=1}^{T} V_{2,y}' (1+\rho)^{1-y} \tag{14.18}$$

式中,C_{inv}' 为规划周期内系统总投资成本的现值;T 为规划年限;ρ 为折现率;$V_{2,y}'$ 为第 y 年初的投资成本。

系统的发电成本表示为

$$C_{ope} = \sum_{i=1}^{n} (a_i P_{G,i}^2 + b_i P_{G,i} + c_i) \tag{14.19}$$

式中,C_{ope} 为系统发电成本;$P_{G,i}$ 为节点 i 处发电机的有功出力;a_i、b_i、c_i 为节点 i 处发电机运行的经济参数。

规划周期内系统运行总成本的现值为

$$C_{ope}' = \sum_{y=1}^{T} \sum_{i=1}^{n} (a_i P_{G,i,y}^2 + b_i P_{G,i,y} + c_i) h_{i,y} (1+\rho)^{-y} \tag{14.20}$$

式中,C_{ope}' 为规划周期内系统运行总成本的现值;$P_{G,i,y}$ 为节点 i 发电机在第 y 年的典型有功出力值;$h_{i,y}$ 为节点 i 发电机在第 y 年的投运时间。

储能系统在规划和运行过程中具有上述 5 方面价值,将储能的价值折算到现值,可以表示为

$$V_{ES} = \sum_{y=1}^{T} \left(\sum_y f_1 - \sum_y f_2 \right) (1+\rho)^{-y} \tag{14.21}$$

其中,

$$\sum f_1 = V_1 + V_2 + V_3 + V_4 + V_5 \tag{14.22}$$

$$\sum f_2 = V_1' + V_2' + V_3' + V_4' + V_5' \tag{14.23}$$

在规划周期末,为方便与传统线路规划方案对比,本章使用固定资产折旧计算储能和输电线路在规划周期末的残值,并将其折算为现值:

$$S_{ES} = \sum_{y \in k} \sum_{i=1}^{n} (C_B^y E_{ES}^{i,y} + C_P^y P_{PCS}^{i,y}) \left[1 - (10 - y) r_1\right] (1 + \rho)^{1-y} \tag{14.24}$$

$$S_L = \sum_{y \in k} \sum_{(i,j) \in \Omega} C_{i-j}^y n_{i-j}^y \left[1 - (10 - y) r_2\right] (1 + \rho)^{1-y} \tag{14.25}$$

$$S_D = S_{ES} + S_L \tag{14.26}$$

式中,S_{ES} 为储能在规划周期末残值的现值;$k = \{1,4,7\}$;C_B^y 为第 y 年初储能的单位容量造价;$E_{ES}^{i,y}$ 为 i 节点上第 y 年初新建储能的配置容量;C_P^y 为第 y 年初储能变流器的单位成本;$P_{PCS}^{i,y}$ 为第 y 年初 i 节点上新建储能变流器的额定功率;r_1 为储能的固定资产折旧率;S_L 为输电线路在规划周期末残值的现值;C_{i-j}^y 为第 y 年初节点 i 和 j 间单条输电线路造价的现值;n_{i-j}^y 为第 y 年初节点 i 和 j 之间新建输电线路的数量;r_2 为输电线路的固定资产折旧率;S_D 为储能和线路在规划周期末残值的现值之和。

14.2　多阶段电网规划模型

多阶段规划是指由于规划周期长,在制定电网长期发展规划时采取分阶段进行的一种规划方法。前一阶段方案作为后续电网规划布局的基础,直接影响后续电网的结构和投资情况,因此每阶段方案均需综合考虑整个规划周期的要求。

为此,考虑规划周期内投资成本、运行总成本、储能在规划周期内的运行价值及规划周期末的固定资产折旧,建立以经济性最优为目标的储—输多阶段联合规划模型。

1.目标函数

$$\min\{f_{total} = C_{inv}' + C_{ope}' - V_{ES} - S_D\} \tag{14.27}$$

2.约束条件

节点功率平衡约束为

$$\sum P_i + P_{G,i} + P_{W,i} + P_{ES}^i = \sum P_{L,i} \tag{14.28}$$

线路潮流约束为

$$P_{i-j} \leqslant \alpha_{i-j} P_{i-j,max} \tag{14.29}$$

机组出力约束为

$$P_{G,i,min} \leqslant P_{G,i} \leqslant P_{G,i,max} \tag{14.30}$$

$$P_{W,i,min} \leqslant P_{Wi} \leqslant P_{W,i,max} \tag{14.31}$$

储能 SOC 约束为

$$E_{ES,t-1}^i + P_{in,t}^i \Delta t \eta_{ch} \leqslant E_{ESmax}^i \tag{14.32}$$

$$E^i_{\text{ES},t-1} - \frac{P^i_{\text{out},t}\,\Delta t}{\eta_{\text{disch}}} \geqslant E^i_{\text{ESmin}} \tag{14.33}$$

储能完全充放电约束为

$$\sum_{t=1}^{24}\left(\frac{P^{i,+}_t}{\eta_{\text{disch}}} - P^{i,-}_t\,\eta_{\text{ch}}\right) = 0 \tag{14.34}$$

储能充放电功率约束为

$$\left|P^i_{\text{ES}}\right| \leqslant P^i_{\text{PCSmax}} \tag{14.35}$$

储能系统作为应急电源的保有功率约束为

$$P^i_{\text{PCSmax}} \geqslant P_0 \tag{14.36}$$

式中，P_i 为节点 i 处注入的有功功率；$P_{\text{w},i}$ 为节点 i 处风电场发出的有功功率；P^i_{ES} 为节点 i 储能充／放电功率；$P_{\text{L},i}$ 为节点 i 处有功负荷功率；a_{i-j} 为输电线路 $i—j$ 上的负载率限制，其取值范围是 $(0,1]$；P_{i-j} 为输电线路 $i—j$ 处的传输功率；$P_{i-j,\text{max}}$ 为输电线路 $i—j$ 处的传输功率最大值；$P_{\text{G},i,\text{min}}$ 为节点 i 处发电机的最小技术出力；$P_{\text{G},i,\text{max}}$ 为节点 i 处发电机的最大技术出力；$P_{\text{w},i,\text{min}}$ 为节点 i 处风电场的最小技术出力；$P_{\text{w},i,\text{max}}$ 为节点 i 处风电场的最大技术出力；$E^i_{\text{ES},t-1}$ 为节点 i 处储能第 $t-1$ 时段的 SOC；E^i_{ESmin} 和 E^i_{ESmax} 分别为节点 i 处储能的最小 SOC 和最大 SOC；$P^i_{\text{in},t}$ 和 $P^i_{\text{out},t}$ 分别为储能充、放电功率；η_{ch} 和 η_{disch} 分别为节点 i 处储能的充电和放电效率；$P^{i,+}_t$ 和 $P^{i,-}_t$ 分别为节点 i 处储能在第 t 时段的放电和充电功率；P^i_{PCSmax} 为储能 PCS 额定最大功率；P_0 为应急保有功率。

此外，在多阶段储 — 输联合规划周期内，需考虑 14.1.1 节中储能在多个运行层面系统价值的协同效应。根据协同问题研究的文献可知，协同度的计算主要基于耦合度和耦合协调度 2 种评价模型，其中耦合协调度更能反映 2 个系统在动态耦合过程中的协调程度。为便于量化各系统价值间的耦合协调度，储能运行层面的系统价值可被视为多个系统，并将储能总系统价值视为综合系统。具体模型为

$$D = \sqrt{C + Z} \tag{14.37}$$

$$Z = \sigma U_a + \mu U_b \tag{14.38}$$

$$C = \frac{2\sqrt{U_a U_b}}{(U_a + U_b)} \tag{14.39}$$

式中，D 为耦合协调度；C 为耦合度；Z 为反映了储能系统价值间协同效应的综合评价指数；σ 和 μ 为待定系数，鉴于 5 种运行层面价值重要程度难分伯仲，故取值均为 0.5；U_a 和 U_b 分别表示运行层面价值 a 和运行层面价值 b 对储能总系统价值的贡献度，可将其视为各类运行层面价值的占比。

根据耦合协调度的大小可将其分为表 14.1 所示的 6 个阶段，为保证储能在实际规划应用中运行层面的价值相互协同，两两运行层面价值间的耦合协调度需达到一定要求。

表 14.1　耦合协调度范围与协调关系

耦合协调度范围	协调关系	耦合协调度范围	协调关系
$D = 0$	无协调关系	$0 < D \leqslant 0.2$	严重失调状态
$0.2 < D \leqslant 0.4$	轻度失调状态	$0.4 < D \leqslant 0.5$	濒临失调状态

续表14.1

耦合协调度范围	协调关系	耦合协调度范围	协调关系
$0.5 < D \leqslant 0.6$	勉强协调状态	$0.6 < D \leqslant 0.8$	中度协调状态
$0.8 < D < 1$	良好协调状态	$D = 1$	完全协调状态

本书所提出的储—输联合多阶段规划流程如图14.2所示。

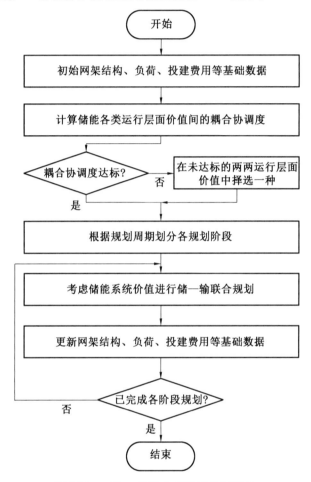

图 14.2　储—输联合多阶段规划流程

14.3　算例仿真

本章采用改进的 Garver 6 节点测试系统作为算例,算例中电网的规划周期为 9 a,每个阶段 3 a,计算时间点为规划周期初始时间,$k = \{1, 4, 7\}$。各节点发电机与负荷参数见表14.2,设本书中第 1 阶段负荷为 P_d,第 2 阶段负荷为 $1.25P_d$,第 3 阶段负荷为 $1.625P_d$。在节点 2、3、5 分别接入额定容量为 50 MW 的风电场,风速服从威布尔分布。Garver 6 节点测试系统线参数见表14.3,各节点间新建线路上限为 4 条,线路造价为 100 万元 /km。最后使用本章算例结果与不考虑储能时的常规线路规划结果进行对比。

表 14.2　各节点发电机与负荷参数

节点	发电机	a	b	c	负荷
1	1	0.000 889	0.103 33	20	80
2					240
3	3	0.000 741	0.108 33	24	40
4					160
5					240
6	6	0.000 533	0.116 69		0

表 14.3　Garver 6 节点测试系统线路参数 (容量基准值 $S_B = 100$ MV·A, 电压基准值 $V_B = 220$ kV)

支路	长度 /km	电阻值 /p.u.	电抗值 /p.u.	容量 /MW
1 — 2	64.37	0.10	0.40	100
1 — 3	61.16	0.09	0.38	100
1 — 4	96.56	0.15	0.60	80
1 — 5	32.19	0.05	0.20	100
1 — 6	109.44	0.17	0.68	70
2 — 3	32.19	0.05	0.20	100
2 — 4	64.37	0.10	0.40	100
2 — 5	49.89	0.08	0.31	100
2 — 6	48.28	0.08	0.30	100
3 — 4	94.95	0.15	0.59	82
3 — 5	32.19	0.05	0.20	100
3 — 6	77.25	0.12	0.48	100
4 — 5	101.39	0.16	0.63	75
4 — 6	48.28	0.08	0.30	100
5 — 6	98.17	0.15	0.61	78

本章选择磷酸铁锂离子电池储能系统为例进行分析计算, 储能变流器各规划阶段单位成本分别为 350 元 /kW、250 元 /kW 和 200 元 /kW, 储能的单位容量成本在各规划阶段分别为 1 200 元 /(kW·h)、1 000 元 /(kW·h) 和 800 元 /(kW·h), 储能的生命周期为 10 a, 储能一年的利用天数按 330 d 计, 储能的充放电深度为 10% ~ 90%, 充放电效率 $\eta_{ch} = \eta_{disch} = 90\%$。本章电价采用上海市电网 220 kV 两部制夏季峰、平、谷时电价 1.063 元 /(kW·h)、0.635 元 /(kW·h) 和 0.233 元 /(kW·h), 风电上网电价为 0.52 元 /(kW·h)。其他相关数据为: $R_{IEA}^i = 6$ 万元 /(MW·h); $\lambda_S = 0.34$ 次 / 年; $T_S^i = 8\ 760$ h; $A_S^i = 99.973\%$; $P_0^i = 4$ MW; $C_{CR} = 46$ 元 /(MW·h); $r_1 = 9.5\%$; $r_2 = 4.75\%$; 耦合协调度最低限度设为 0.6。

根据各类储能运行层面价值占系统总价值的百分比, 计算相应的耦合协调度, 结果如图

14.3 所示。显然,本章考虑的 5 种价值均可达到中度协调状态,因此在规划方案中 5 类储能价值均可协同增长。

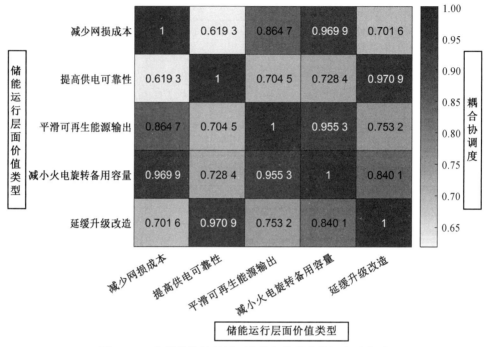

图 14.3 各类储能运行层面价值间的耦合协调度示意图

在上述给定约束条件下优化得到的储—输多阶段联合规划方案如图 14.4 所示,各项费用见表 14.4。

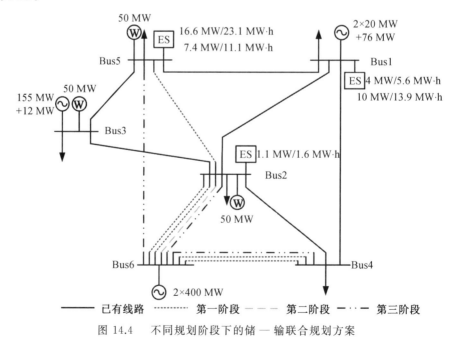

图 14.4 不同规划阶段下的储—输联合规划方案

表 14.4　储 — 输联合规划方案及各项费用

规划阶段	规划方案	投资成本 / 百万元	运行费用 / 百万元	固定资产折旧 / 百万元
1	2 − 5(1),2 − 6(2),4 − 6(2)	249.81	1 123.99	140.11
2	2 − 6(1)	76.36	1 438.21	46.59
3	2 − 6(1),4 − 6(1),5 − 6(1)	220.64	2 081.48	185.50
	总费用（现值）	480.42	10 674.06	318.79

从表 14.4 中可以看出,规划阶段 1 线路投建最多,此时初始网架中最大负荷为
190 MW,仅有 6 条输电线路,完全由节点 1、3 中的发电机进行供电。随着负荷增加,节点 6
中的发电机投入使用,从规划结果可以看出,与节点 6 相关的线路有 8 条,增加的线路实现
了节点 6 中低成本电量的外送。另一方面,考虑到资金的时间价值,输电线路和储能的缓建
在一定程度上降低了投资成本。在本算例中,为实现满足各阶段用电需求和系统约束前提
下的经济最优,规划阶段 2 和阶段 3 均有线路和储能增加。如果所有规划方案均在规划初
期投运,那么投资费用将由现在的 48 041.55 万元增加 13.82% 到 54 680.68 万元,固定资产
折旧费用将由现在的 31 878.57 万元减少 9.95% 到 28 706.13 万元。

储能在上述确定规划方案下的价值见表 14.5。

表 14.5　不同规划阶段下的储能价值

规划阶段	储能价值 / 万元			
	减少网损成本	提高供电可靠性	平滑可再生能源输出	减小旋转备用容量
1	26.75	0.81	343.20	30.36
2	295.27	4.16	926.64	81.97
3	456.38	8.00	669.24	59.20
总价值(现值)	1 694.88	28.25	4 474.47	395.81

储能系统的主要价值体现在减少网损成本、平滑可再生能源输出和延缓升级改造上,
由于延缓升级改造的费用已经包含于投资费用中,故延缓升级改造的价值未在表 14.5 中列
出。由表 14.5 可知,储能减少网损成本的价值不断增加归功于其配置功率和容量的增加。
储能在规划阶段 3 的平滑可再生能源输出价值低于规划阶段 2,是由于规划阶段 3 的负荷较
大,能够消纳更多的风电,储能平滑的风电相对减少,导致其平滑风电的价值低于规划阶段
2。此外,平滑可再生能源输出对储能的容量无过高要求,其主要价值体现在储能进行频繁
的充放电动作,这要求储能有较高的充放电功率。

在规划前提条件相同时,不考虑储能时的常规线路规划,其方案及各项费用见表 14.6。

表 14.6　常规线路规划方案及各项费用

规划阶段	规划方案	投资成本 / 百万元	运行费用 / 百万元	固定资产折旧 / 百万元
1	2 − 5(1),2 − 6(4),4 − 6(2)	339.57	1185.43	194.40

续表14.6

规划阶段	规划方案	投资成本 / 百万元	运行费用 / 百万元	固定资产折旧 / 百万元
2	4－6(1),5－6(1)	146.45	1427.77	104.71
3	5－6(1)	98.17	2067.16	84.18
	总费用(现值)	539.34	10 787.68	347.68

在投资成本和运行费用方面,储－输多阶段联合规划方案比常规线路规划方案减少了 17 254.28 万元,可见储能的接入减少了输电线路投资,且由此增加的储能在系统其他环节可以发挥更多的价值。受限于储能系统的使用寿命,其固定资产折旧费用相对较少。综合投资成本现值、运行费用现值、固定资产折旧费用和储能系统价值现值,储－输多阶段联合规划方案比常规线路规划总费用节省了 19 263.79 万元。

对比表 14.4 和表 14.6 所示的线路规划方案可以看出,整个规划周期内线路的投建数量分别为 9 条和 10 条。由于未涉及储能投建,常规线路规划只能通过增设线路及时满足负荷供电需求,因此线路投建计划主要分布在规划前中期,其线路投建数量逐阶段递减,呈倒三角形趋势。而储能对系统价值的影响缓解了电网在规划阶段对线路投建的需求,故随着各阶段系统中储能容量的增加,联合规划减少了线路投建的数量,这一点反映在取消了节点 5 和节点 6 之间的一条线路投建上。根据投资成本的数值显示,规划阶段 1 和规划阶段 2 下联合规划的投资成本较常规线路规划分别减少了 26.43% 和 47.86%。与之相反,阶段 3 下常规线路规划的投资成本比联合规划减少了 55.51%。这是因为联合规划在满足用户用电需求的情况下,尽可能将储能投建在单位成本最低的规划阶段后期,而储能容量的增长需要辅以相应容量的线路,故联合规划中线路投建数量趋势呈哑铃形。

为校验系统是否处于安全运行范围内,图 14.5 ～ 14.7 分别选取各规划阶段周期内所有线路上负载率的最大值和最小值以划定潮流变化范围。

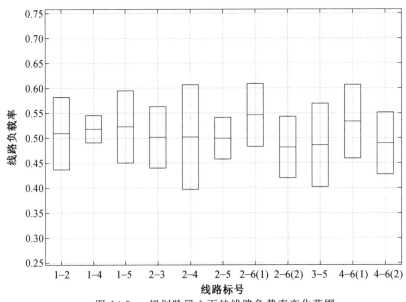

图 14.5 规划阶段 1 下的线路负载率变化范围

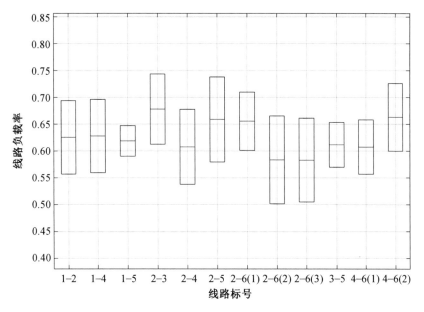

图 14.6　规划阶段 2 下的线路负载率变化范围

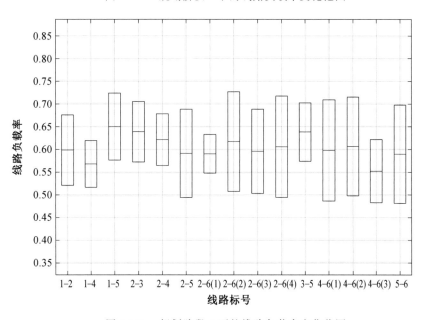

图 14.7　规划阶段 3 下的线路负载率变化范围

14.4　本 章 小 结

（1）储能与输电网的联合规划方案相较于传统输电线路规划方案具有良好的经济性，总投资成本可节省 10% 左右。储能的价值效益约占投资成本费用的 13% 左右，主要体现在平滑可再生能源输出、延缓新建和减少系统的运行成本,而在其他应用中价值体现较小。

(2)储能的灵活调节特性有助于缓解高比例风电消纳问题。随着系统规模增大,风电渗透率不断提高,储能系统技术不断成熟,单位成本降低,配合风电并网的储—输联合规划经济效益会更加显著。

本章使用狭义储能磷酸铁锂离子电池储能系统验证所提模型和规划方案的正确性,未来期望通过使用广义储能、需求响应等其他灵活性资源同狭义储能一起参与到电力系统调度中,进一步提高系统经济性,降低投资和运行成本。

参 考 文 献

[1] 丁明,方慧,毕锐,等. 基于集群划分的配电网分布式光伏与储能选址定容规划[J]. 中国电机工程学报,2019,39(8):2187－2201.

[2] 柳璐,程浩忠,马则良,等. 考虑全生命周期成本的输电网多目标规划[J]. 中国电机工程学报,2012,32(22):46－54,19.

[3] 周媛媛. 改进粒子群算法在输电网络扩展规划中的应用研究[D]. 南宁:广西大学,2009:8－11.

[4] 孙伟卿. 智能电网规划与运行控制的柔性评价及分析方法[D]. 上海:上海交通大学,2013:52－55.

[5] 杜传忠,王鑫,刘忠京. 制造业与生产性服务业耦合协同能提高经济圈竞争力吗?——基于京津冀与长三角两大经济圈的比较[J]. 产业经济研究,2013(6):19－28.

[6] 张衡,程浩忠,柳璐,等. 基于点估计法随机潮流的输电网多阶段规划研究[J]. 电网技术,2018,42(10):3204－3211.

附录 1 IEEE－30 节点测试系统拓扑结构

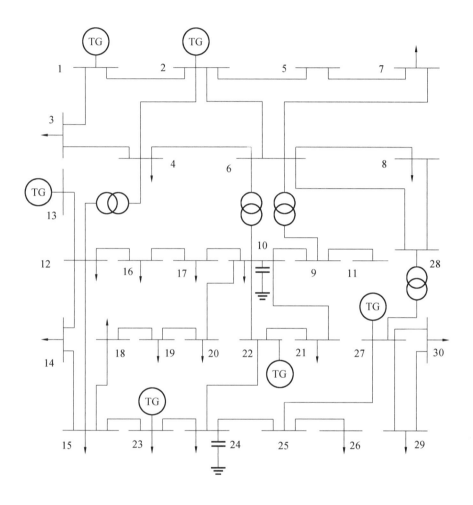

附录2　IEEE－30节点测试系统负荷信息

单位：p.u.

节点	1	2	3	4	5	6	7	8	9	10
负荷	0.0	21.7	2.4	7.6	0.0	0.0	22.8	30.0	0.0	5.8
节点	11	12	13	14	15	16	17	18	19	20
负荷	0.0	11.2	0.0	6.2	8.2	3.5	9.0	3.2	9.5	2.2
节点	21	22	23	24	25	26	27	28	29	30
负荷	17.5	0.0	3.2	8.7	0.0	3.5	0.0	0.0	2.4	10.6

附录 3 IEEE－30 节点测试系统线路参数

线路编号	发送节点	接收节点	阻抗 /p.u.	容量 /MW	成本 / $
1	1	2	0.06	130	65 000
2	1	3	0.19	130	65 000
3	2	4	0.17	65	32 500
4	3	4	0.04	130	65 000
5	2	5	0.2	130	65 000
6	2	6	0.18	65	32 500
7	4	6	0.04	90	45 000
8	5	7	0.12	70	35 000
9	6	7	0.08	130	65 000
10	6	8	0.04	32	16 000
11	6	9	0.21	65	32 500
12	6	10	0.56	32	16 000
13	9	11	0.21	65	32 500
14	9	10	0.11	65	32 500
15	4	12	0.26	65	32 500
16	12	13	0.14	65	32 500
17	12	14	0.26	32	16 000
18	12	15	0.13	32	16 000
19	12	16	0.2	32	16 000
20	14	15	0.2	16	8 000
21	16	17	0.19	16	8 000
22	15	18	0.22	16	8 000
23	18	19	0.13	16	8 000
24	19	20	0.07	32	16 000
25	10	20	0.21	32	16 000
26	10	17	0.08	32	16 000
27	10	21	0.07	32	16 000
28	10	22	0.15	32	16 000
29	21	22	0.02	32	16 000

续表

线路编号	发送节点	接收节点	阻抗 /p.u.	容量 /MW	成本 / $
30	15	23	0.2	16	8 000
31	22	24	0.18	16	8 000
32	23	24	0.27	16	8 000
33	24	25	0.33	16	8 000
34	25	26	0.38	16	8 000
35	25	27	0.21	16	8 000
36	28	27	0.4	65	32 500
37	27	29	0.42	16	8 000
38	27	30	0.6	16	8 000
39	29	30	0.45	16	8 000
40	8	28	0.2	32	16 000
41	6	28	0.06	32	16 000

附录 4　部分彩图

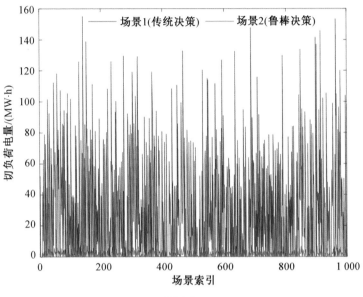

图 3.8

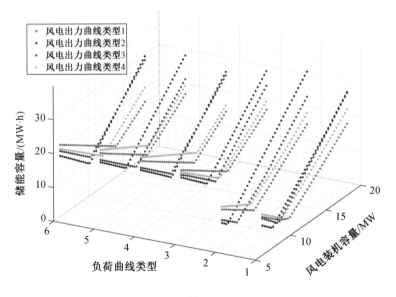

图 5.8

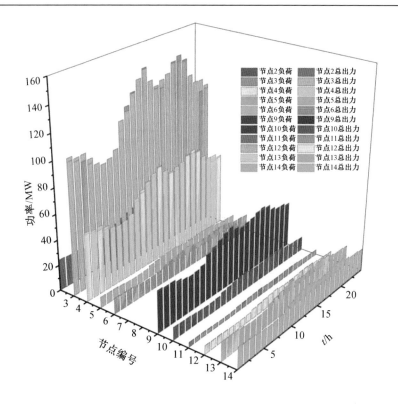

图 6.4(a)

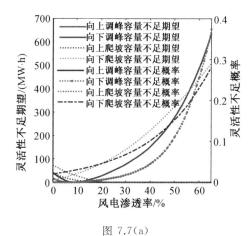

图 7.7(a)

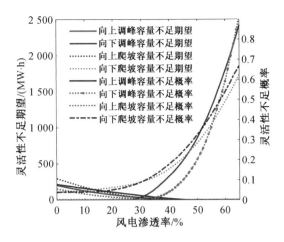

图 7.9(a)

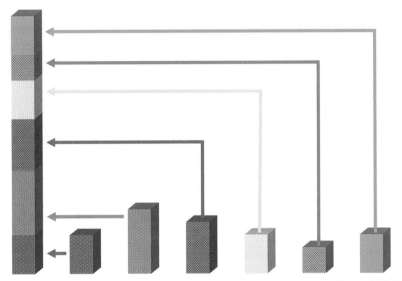

图 12.1